Sonntag

Über die Autorinnen

Dr. med. vet. Barbara Langen

28.10.1963	geboren in Bonn
1983	Abitur
1983–1985	Studium der Anglistik und Physik
1985–1991	Studium der Veterinärmedizin
1991	Approbation
1991–2001	wissenschaftliche Mitarbeiterin im Bereich Veterinärmedizinische Pharmakologie (Schwerpunkt Neuropharmakologie und Verhalten)
2000–2002	Weiterbildung zur Pferdeosteotherapeutin am Deutschen Institut für Pferde-Osteopathie im Dülmen

Beatrix Schulte Wien

06.03.1952	geboren in Rheine/Steinfurt
1968	Realschulabschluss
1970	Abschluss der Höheren Handelsschule
1973	Staatsexamen als Physiotherapeutin
1975	Niederlassung in eigener Praxis in Recklinghausen
1982	Prüfung zur Amateurreitlehrerin an der Westfälischen Reit- und Fahrschule in Münster
1976–1995	Weiterbildung mit Prüfungsabschluss zur Manualtherapeutin Sporttherapeutin Osteopathin
1997–1999	Weiterbildung und Prüfung zur DIPO-Pferdeosteotherapeutin
1997	Gründung des Deutschen Instituts für Pferde-Osteopathie auf dem elterlichen Hof in Dülmen/Westfalen

Barbara Langen
Beatrix Schulte Wien

Osteopathie für Pferde

Grundlagen und Praxis

3., aktualisierte und erweiterte Auflage

141 Abbildungen

Sonntag Verlag · Stuttgart

Bibliografische Information
der Deutschen Nationalbibliothek

Die Deutsche Nationalbibliothek verzeichnet diese Publikation in der Deutschen Nationalbibliografie; detaillierte bibliografische Daten sind im Internet über http://dnb.d-nb.de abrufbar.

Anschrift der Autorinnen:
Barbara Langen
Herderstr. 1
01445 Radebeuel

Beatrix Schulte Wien
Mitwick 32
48249 Dülmen

1. Auflage 2004
2. Auflage 2008

Oswald-Hesse-Str. 50, 70469 Stuttgart

Unsere Homepage: www.sonntag-verlag.de

Printed in Germany

Umschlaggestaltung: Thieme Verlagsgruppe
Umschlagfoto: Rainer Weppelmann, Dülmen
Satz: medionet Publishing Services Ltd, 10789 Berlin
gesetzt in: 3B2
Druck: Grafisches Centrum Cuno, 39240 Calbe

ISBN 978-3-8304-9348-8 1 2 3 4 5 6

Auch erhältlich als E-Book:
eISBN (PDF) 978-3-8304-9349-5
eISBN (ePub) 978-3-8304-9350-1

Wichtiger Hinweis: Wie jede Wissenschaft ist die Veterinärmedizin ständigen Entwicklungen unterworfen. Forschung und klinische Erfahrung erweitern unsere Kenntnisse, insbesondere was Behandlung und medikamentöse Therapie anbelangt. Soweit in diesem Werk eine Dosierung oder eine Applikation erwähnt wird, darf der Leser zwar darauf vertrauen, dass Autoren, Herausgeber und Verlag große Sorgfalt darauf verwandt haben, dass diese Angabe dem Wissensstand bei Fertigstellung des Werkes entspricht.

Für Angaben über Dosierungsanweisungen und Applikationsformen kann vom Verlag jedoch keine Gewähr übernommen werden. Jeder Benutzer ist angehalten, durch sorgfältige Prüfung der Beipackzettel der verwendeten Präparate – gegebenenfalls nach Konsultation eines Spezialisten – festzustellen, ob die dort gegebene Empfehlung für Dosierungen oder die Beachtung von Kontraindikationen gegenüber der Angabe in diesem Buch abweicht. Eine solche Prüfung ist besonders wichtig bei selten verwendeten Präparaten oder solchen, die neu auf den Markt gebracht worden sind. Vor der Anwendung bei Tieren, die der Lebensmittelgewinnung dienen, ist auf die in den einzelnen deutschsprachigen Ländern unterschiedlichen Zulassungen und Anwendungsbeschränkungen zu achten. Jede Dosierung oder Applikation erfolgt auf eigene Gefahr des Benutzers. Autoren und Verlag appellieren an jeden Benutzer, ihm etwa auffallende Ungenauigkeiten dem Verlag mitzuteilen.

Geleitwort zur 1. Auflage

Mit der ab 2003 eingeführten Zusatzbezeichnung „Pferdeosteotherapeut" hat die Tierärztekammer Westfalen-Lippe als Erste in Deutschland diese Weiterbildung offiziell anerkannt. Damit ist die Pferdeosteopathie in den Kreis der alternativen oder komplementären Behandlungsmethoden aufgenommen worden.

Diese ursprünglich amerikanische und später auch in England praktizierte Behandlungsmethode wurde durch den Franzosen Dominique Giniaux auf dem europäischen Kontinent eingeführt. Mit der Gründung und dem Betrieb des Deutschen Instituts für Pferde-Osteopathie (DIPO) als Weiterbildungsstätte hat Frau Beatrix Schulte Wien einen mutigen und erfolgreichen Schritt unternommen.

Es sind unterdessen auch nur 3 Jahre vergangen, seit Frau Schulte Wien ihr erstes Buch über „Osteopathie – Bewegungsblockaden vorbeugen, erkennen und beheben" herausgegeben hat und von dem bereits die 2. Auflage vorliegt. Es war das Ziel jenes Buches, ein breiteres Publikum über die Grundlagen der Osteopathie zu informieren und die damit zusammenhängenden Einflüsse von Sattelproblemen, Zahnstatus und Hufbeschlag aufzuzeigen.

Den beiden Autorinnen ist es in dem vorliegenden Buch gelungen, gewissermaßen ein Lehrmittel für die Ausbildung des Pferdeosteotherapeuten zu schaffen. Als Vorbildung wird ein abgeschlossenes Arzt- bzw. Tierarztstudium oder eine physiotherapeutische Ausbildung verlangt.

Die Tierärztin Dr. Barbara Langen hat in diesem Buch die anatomischen und physiologischen Grundlagen dargestellt. Dazu hat sie die Inhalte der einschlägigen anatomischen Lehrbücher zusammengefasst und ist dabei auf die wesentlichen Strukturen zur osteopathischen Behandlung von Pferden eingegangen.

Für die Praxis des Pferdeosteotherapeuten wird von den beiden Autorinnen mit dem näher beschriebenen Untersuchungsgang und den dazu gehörenden Tests eine sehr präzise Anleitung zum systematischen Erfassen der verschiedenen Strukturen gegeben, worauf er seinen Therapieplan aufbauen kann. Sehr hilfreich sind dabei auch die in der Beschreibung des Untersuchungsgangs integrierten Behandlungstipps. Am Schluss wird noch kurz auf die kraniosakrale Therapie eingegangen und 2 Techniken beschrieben, bei denen sich Pferde sehr gut entspannen.

Ich wünsche jedem Leser, der sich für die Ausübung der Pferdeosteopathie interessiert, dass er durch das Studium dieses Buches mehr und mehr Sicherheit in der Interpretation seiner Befunde bekommt und dass er dadurch befähigt wird, mit korrekten Handgriffen dem Pferd zu helfen, um seinen physiologischen Zustand zurückzugewinnen, worauf es sich in der Folge wieder schmerzfrei bewegen kann, streng nach dem Leitsatz von Aristoteles „Bewegen ist Leben".

Prof. Björn von Salis

Vorwort zur 3. Auflage

Vor 16 Jahren startete die Ausbildung zum Pferdeosteotherapeuten für Tierärzte, Ärzte und Physiotherapeuten im Deutschen Institut für Pferdeosteopathie (DIPO). Bis heute haben weit über 600 Teilnehmer die Prüfung zum Pferdeosteotherapeuten abgeschlossen. Das Buch „Osteopathie für Pferde" ist dabei als Lehrbuch fester Bestandteil, auch in den Weiterbildungen „Manuelle Therapie" und „Pferdephysiotherapie", geworden.

Dass sich die Pferdeosteopathie mit ihren medizinischen Handgrifftechniken nicht als Alleinstellungswerk im Gesundheitsmanagement des Pferdes und in der Pferderehabilitation sieht, sondern sich als Teil des Netzwerks der Gesamtbetreuung, also auch des Trainings, versteht, haben wir seit den Pionierjahren 1996/97 immer wieder deutlich gemacht und daran hat sich bis heute nichts geändert.

Es sind aber Probleme hinzugekommen, auf die wir reagieren müssen und die in dieser Auflage zumindest in ihren Grundzügen ausführlicher dargestellt werden. Zum einen sind es die Hufe und ihre Mechanik und zum anderen die Sättel.

„No hoof, no horse" – dieser Ausspruch ist heute noch so wahr wie am ersten Tag. Ist ein Pferd schlecht beschlagen, sind die Barhufe fehlerhaft bearbeitet und/oder hat das Pferd Schmerzen an den „Füßen" durch Fehlbelastungen, die ihrerseits wieder durch Beschlags- und Bearbeitungsmängel entstanden sind, kann ohne Korrekturen der Hufe kein Osteotherapeut mit seinen Behandlungen nachhaltig helfen. Dem Hufbeschlagsschmied Jürgen Jäger danke ich deshalb an dieser Stelle besonders, dass er seine Unterlagen zur Verfügung gestellt und viele Pferdeosteo- und -physiotherapeuten für die richtige Hufbearbeitung sensibilisiert hat. Seine Analysen zum Thema „Hufdeformitäten" durch fehlerhafte Sättel und fehlerhafte Einwirkungen durch den Reiter nehmen im Kontext dieses Buches einen hohen Stellenwert ein.

Das zweite große Thema, von dem Pferdeosteo- und -physiotherapeuten heute neben ihrer eigentlichen Tätigkeit Kenntnis haben müssen, ist das Wissen vom Bau und der Funktion des Sattels. „Alles wird auf meinem Rücken ausgetragen", würde sich so manches Pferd zu Recht beklagen, denn es existiert kein Beruf, in dem das Anpassen des Sattels gelehrt wird. Der Ausbildungsberuf des Sattlers ist ein Handwerksberuf, in dem Anatomie und biomechanische Einwirkungen nicht gelehrt werden. Bedauerlicherweise sind auch die großen und renommierten Sattelfirmen noch sehr zurückhaltend, was das Networking mit Pferdeosteo- und -physiotherapeuten betrifft, und so sind Sattelkunde und Sattelberatung Themen, die aus der Arbeit der Pferdetherapeuten nicht mehr wegzudenken sind. Deshalb ist in der nun vorliegenden Ausgabe das Kapitel 10 – Der Einfluss des Sattels auf Reiter und Pferd – neu aufgenommen worden und ich hoffe sehr, dass diese Grundlagen dazu beitragen, das Wissen um die Auswirkungen des Sattels auf Pferd und Reiter sowohl im Breiten- wie im Leistungssport zu vermitteln, denn dieses Feld ist auf nahezu allen Ebenen unbearbeitet.

Als dritte wesentliche Veränderung wurde die Darstellung der Faszien- und Mobilisierungstechniken (Kapitel 8) erweitert. Sie können nach der Anleitung durch den Therapeuten vom Pferdebesitzer oder Reiter selbst durchgeführt werden. Die Stabilisierung des Behandlungserfolgs hängt häufig von der Nachbehandlung ab. Denn ein blockiertes Gelenk ist in der Regel viel schneller zu mobilisieren, als dass verkürzte und verspannte Muskeln, Bindegewebe, Faszien usw. in die physiologischen Bewegungsmuster reintegriert werden können. Bei der fachgerechten Anleitung kann der Pferdebesitzer oder Reiter zum wichtigen „Co-Therapeuten" werden, dessen Wahrnehmung für die Probleme seines Pferdes durch das eigene Hand-Anlegen und Fühlen sensibilisiert wird. Auch hier ist das Wissen und die praktische Anleitung durch den Pferdeosteo- und -physiotherapeuten unerlässlich. Es gibt also viel zu bewegen oder wie Aristoteles sagte: „Alles Leben ist Bewegung."

Abschließend möchte ich recht herzlich Frau Sabine Dick, Dr. Bernd Dickreiter, Frau Irina Keller, Dr. Ulrich Warnke und Frau Jutta Wilbricht für Ihre Mithilfe bei der Entstehung dieses Buches danken.

Dülmen, Sommer 2013 Beatrix Schulte Wien

Vorwort zur 1. Auflage

Nachdem die Weiterbildung zum Pferdeosteotherapeuten in Deutschland in das achte Jahr geht, halten wir es für sinnvoll, ein erstes Lehrbuch vorzulegen.

Es beschäftigt sich mit den Grundlagen der Pferdeosteopathie und den Untersuchungsgriffen. Behandlungs- und Manipulationstechniken werden ganz bewusst nicht vorgestellt, weil für ihre Durchführung Übung und Erfahrung unerlässlich sind und sie unserer Meinung nach nur unter fachgerechter Anleitung gelernt werden können.

Um sich zu reifen Pferdeosteotherapeuten zu entwickeln, benötigt man Monate bzw. Jahre. Auch die innere Haltung, Demut vor der Schöpfung Pferd, gemäß dem Wort Goethes: „Wenn ihr's nicht erfühlt, ihr werdet's nicht erjagen", zeichnet einen guten Pferdeosteotherapeuten aus. Die Grundlage der Osteopathie ist, neben den genauen anatomischen Kenntnissen, die gute Palpationsfähigkeit mit der Hand.

Sie ist durch ein Fernstudium nicht zu vermitteln. Deshalb müssen wir auch immer wieder denjenigen eine Absage erteilen, die nach Fernunterricht fragen. Es ist aber unser Bestreben, dass sich die Pferdeosteotherapie weiter verbreitet und das auf hohem Niveau.

Uns wird täglich bewusst, wie notwendig die Behandlung Osteopathie für Pferde ist, denn durch die heutige Art der Pferdehaltung, verbunden mit Bewegungsmangel und einseitigem, Pferde ungerechtem Training, falscher Ausrüstung, gepaart mit Unwissen, ist das „Leiden, das von den Pferdeknochen kommt" – im wahrsten Sinne also „Pferdeosteopathie" – groß.

Mit diesem Buch möchten wir, neben der Unterstützung für diejenigen, die sich in der Weiterbildung zum Pferdeosteotherapeuten befinden, auch all diejenigen ansprechen, die sich mit Pferdetherapie beschäftigen (wollen), um über mehr Information auch zu mehr Qualifikation zu gelangen.

Unseren Dank möchten wir an dieser Stelle all denjenigen aussprechen, die uns bei der Erstellung des Buches unterstützt haben. Allen voran Cäcilie Fromme, die das Manuskript bearbeitet, Tabellen und Fotounterschriften usw. geordnet und übertragen hat. Ebenfalls danken möchten wir Gudrun Potthink, die geduldig alle Untersuchungsgänge durchgeführt hat, bis die Fotos für das Buch tauglich waren und die sich mit Kirsten Hartbecke intensiv der Korrektur angenommen hat, ebenso Stefan Stammer, der sich besonders den biomechanischen Abbildungen des Buches widmete und Christa Scheipers, der Bereiterin des DIPO, die sämtliche Zeichnungen des Buches erstellte.

Besonders bedanken möchten wir uns beim Sonntag Verlag, namentlich Herrn Lückenhaus, der uns die Anregung zu diesem Buch gegeben hat.

Dresden, Dülmen im Herbst 2003
Dr. med. vet. Barbara Langen
Beatrix Schulte Wien

Inhaltsverzeichnis

Teil 2
Untersuchung

Teil 3

Therapie und Belastungssituationen

Teil 4

Anhang

Teil 1 Grundlagen

1 Geschichte und Entwicklung der Osteopathie

In der Veterinärmedizin stellt die Osteopathie eine noch recht junge Therapieform dar. Doch hat sie in der Humanmedizin bereits eine mehr als hundertjährige Tradition. Begründet wurde sie durch den US-amerikanischen Arzt **Andrew Taylor Still** (1828–1917).

Andrew Taylor Still wurde als Sohn eines Methodistenpfarrers in Virginia geboren. Seine stark glaubensorientierte Erziehung hatte maßgeblichen Einfluss auf die Entwicklung der Osteopathie. So betont Still immer wieder die von Gott gegebene, vollkommene Anatomie bzw. Struktur des Menschen, die für die einwandfreie Funktion des Organismus unentbehrlich ist. Die Natur „in ihrer von Gott geschaffenen Vollkommenheit“ war für ihn der beste Lehrmeister. Auch seine Schüler hielt er immer dazu an, sich nicht hinter den Büchern zu vergraben, sondern korrekte Strukturen und Bewegungsabläufe fühlen zu lernen.

Als Still 9 Jahre alt war, wurde sein Vater in eine kleine Stadt im Nordosten von Missouri versetzt. Hier übernahm er neben seiner seelsorgerischen Tätigkeit auch die medizinische Versorgung der Indianer im nahegelegenen Reservat. Schon bald begann Andrew, seinem Vater bei dieser Arbeit zu helfen und den Beruf des Arztes zu erlernen. Bereits damals legte er seinen Schwerpunkt auf die Anatomie. 1860 vervollständigte er seine Ausbildung zum Arzt an der Kansas School of Medicine and Surgery.

Mit 21 Jahren heiratete er seine erste Frau Niary M. Vaugh. Aus dieser Ehe gingen 3 Kinder hervor. Seinen Lebensunterhalt verdiente er zu der Zeit teils als Mediziner, teils aber auch als Farmer. Da er damals auch Landmaschinen reparierte, stammt aus dieser Periode wohl auch sein Vergleich zwischen Osteopathie und Mechanik. Eine Maschine kann nur einwandfrei arbeiten, wenn jede Schraube an ihrem Platz sitzt und sich jedes Zahnrad einwandfrei dreht. Repariert ein Mechaniker eine Maschine, ist er gezwungen, jedes einzelne Teil auf seine Funktion hin zu überprüfen und die Beweglichkeit der blockierten Teile wieder herzustellen. Genauso muss ein Osteopath jede kleinste anatomische Struktur eines Menschen genau erfassen können und auf ihre Funktion hin überprüfen, um die Ursache einer Erkrankung aufzuspüren und sie beheben zu können.

Nach dem frühen Tod seiner ersten Frau heiratete Still 1860 Mary E. Turner, die ihn bis an sein Lebensende begleitete.

Schaut man auf das Leben von Still, gibt es 2 maßgebliche Ereignisse, die ihn dazu bewegten, in der Medizin neue Wege zu gehen. Das eine ist der frühe Tod von dreien seiner Kinder, die 1864 während einer Meningitisepidemie umkamen, ohne dass er ihnen helfen konnte. Das andere Ereignis ist der amerikanische Bürgerkrieg. Als überzeugter Gegner der Sklaverei stand Still aufseiten der Unionstruppen und diente während des Krieges als Militärarzt. Angesichts der meist lebensgefährlich verletzten Soldaten wurde ihm bewusst, wie wenig die damalige Medizin eigentlich ausrichten konnte. Die Fortschritte in den Naturwissenschaften ermöglichten zwar eine bessere Diagnose der Krankheiten, doch waren die therapeutischen Möglichkeiten weiterhin gering. Es gab nur wenige Arzneimittel, wobei eines der wichtigsten immer noch der Whisky zur Betäubung von Schmerzen war. Vor allem die Whisky-Therapie machte Still als gläubigen Menschen zu einem Gegner von Arzneimitteln.

In den folgenden Jahren beschäftigte er sich intensiv mit der Entwicklung der neuen Heilmethode. Bei seinen Studien fand er immer deutlichere Anzeichen dafür, dass viele Krankheiten durch Bewegungsverluste bzw. Blockaden von Gelenken, Muskeln, aber auch Organen und anderen Geweben hervorgerufen werden und eine Korrektur dieser Bewegungsverluste zu einer Genesung führt. 1874 schuf er schließlich den Begriff der Osteopathie.

Definition

Der Begriff „Osteopathie“ setzt sich aus den griechischen Wörtern „os“ für Knochen und „pathos“ für Leiden zusammen, also „Knochenleiden“.

Zunächst wurde er für seine Ideen vehement angegriffen, sogar von seiner eigenen Familie. Doch gaben ihm seine therapeutischen Erfolge recht.

1892 gründete er die erste Schule für Osteopathie in Kirksville, Missouri. In den folgenden Jahren breitete sich die Osteopathie immer mehr in den Staaten aus. Dank Präsident Roosevelt, der sich selbst erfolgreich osteopathisch behandeln ließ, wurde sie nach dem 1. Weltkrieg in Amerika offiziell als Heilmethode anerkannt.

Nach Europa kam die Osteopathie mit einem Schüler von Still, dem Arzt **John Martin Littlejohn.** Er gründete 1917 die erste britische Osteopathie-Schule (British School of Osteopathy) in London.

Seit ihrer Entdeckung durch Andrew T. Still hat sich die Osteopathie parallel zu den wissenschaftlichen Fortschritten stetig weiter entwickelt. So beschrieb Garner Sutherland (1873–1954) zu Beginn des letzten Jahrhunderts als Erster das kraniosakrale System, das die Grundlage für die kraniosakrale Therapie darstellt. Ein Zweig der Osteopathie, der sich dem zentralen Nervensystem (ZNS) und der funktionellen Einheit von Schädel (Kranium) und Kreuzbein (Sakrum) widmet. Nennenswert ist auch **Jean-Pierre Barral,** der sich intensiv um die **viszerale Osteopathie** bemühte, die sich mit dem Lösen von Blockaden der inneren Organe befasst, und **Viola Frymann,** die sich mit neuromotorischen Problemen von Kindern beschäftigt.

Die Anwendung der Osteopathie in der Tiermedizin ist schließlich dem französischen Tierarzt **Dominique Giniaux** zu verdanken, der das humane osteopathische Prinzip auf die Pferde übertrug.

Nach Deutschland kam die Pferdeosteopathie durch die Zusammenarbeit von **Pascal Evrard** und **Beatrix Schulte Wien,** einer Physiotherapeutin und Human-Osteopathin. Sie gründeten 1997 auf dem Hof Thier zum Berge in Dülmen das erste **Deutsche Institut für Pferde-Osteopathie** (DIPO). Das Institut ist die erste anerkannte Ausbildungsstätte für Pferdeosteotherapeuten in Deutschland.

Während der Begriff „Osteopathie" sprachlich korrekt das Leiden bezeichnet, das von den Knochen ausgeht, irritiert der Begriff „Osteopath", weil man denken könnte, dass damit der Leidende gemeint ist, analog zur Bezeichnung „Psychopath". Deshalb wird in diesem Buch – auch wenn es sich in der Osteopathie noch nicht durchgesetzt hat – der Begriff „Osteotherapeut" verwendet.

2 Grundlagen der Osteopathie

2.1 Osteopathisches Prinzip

Das von A. T. Still begründete Behandlungskonzept der Osteopathie basiert darauf, dass nur ein Lebewesen, dessen Körperpartien im physiologischen Rahmen voll beweglich sind, seinen Organismus funktionsfähig und gesund erhalten kann. So können Bewegungseinschränkungen Kompensationsmechanismen in Gang setzen, die zu Fehlbelastungen bzw. Überlastungen anderer Bereiche oder zu Dysfunktionen der Mikrozirkulation führen, die das Gewebe schädigen.

Merke

Ein Osteotherapeut ist bestrebt, Bewegungseinschränkungen zu diagnostizieren und mithilfe manueller Techniken zu beseitigen, damit der Körper sein Gleichgewicht wiederfinden und die Dysfunktionen ausgleichen kann.

Dieses osteopathische Prinzip wurde in **4 Leitsätzen** zusammengefasst, die den Kern des Behandlungskonzepts bilden:

1. **Abhängigkeit von Struktur und Funktion:** Der Körper bildet eine Einheit, in der Struktur (Anatomie) und Funktion (Physiologie) voneinander abhängig sind. Durch den Verschleiß des Strahlbeins (Struktur) entsteht eine Entzündung der Hufrolle, die eine Bewegungseinschränkung (Funktion) der vorderen Gliedmaße zur Folge hat.
2. **Die arterielle Regel:** Gemäß A. T. Still sind die Zellen und Gewebe des Körpers nur voll funktionsfähig, wenn die Zu- und Ableitung von Blut und der Abfluss der Lymphe geregelt verlaufen. Durch Narben, Verletzungen und Entzündungen wird die Mikrozirkulation eingeschränkt und es kommt zu lokalen Stoffwechselstörungen, die sich bei längerem Bestehen auch ausbreiten können.
3. **Der Körper als Einheit:** Alle Körpersysteme bilden eine physiologische Einheit. Läuft ein Rädchen im Uhrwerk langsamer, leidet der Gesamtmechanismus.
4. **Selbstregulations- und Selbstheilungsfähigkeit des Körpers:** Der gesunde Körper hat die Fähigkeit, Störungen, die von außen an ihn herantreten, wie Infektionserreger und Verletzungen aus eigener Kraft heraus zu bekämpfen. Erst wenn die Selbstregulationsmechanismen gestört und überlastet sind, muss ein Therapeut hinzugezogen werden.

2.2 Osteopathische Läsion

Die osteopathische Läsion entspricht prinzipiell dem Begriff der „Krankheit“ und „Verletzung“ in der Schulmedizin. Da sich die Osteopathie mit der Beweglichkeit eines Organismus beschäftigt, handelt es sich bei der osteopathischen Läsion um einen Bewegungsverlust oder eine Einschränkung der physiologischen Beweglichkeit in einem bestimmten Teil des Körpers. Dies kann den Bewegungsapparat, aber auch die Organe mit ihrem Aufhängeapparat betreffen. Allerdings werden beim Pferd vorwiegend die Bewegungseinschränkungen in den Gelenken und weichen Geweben des Bewegungsapparats behandelt.

Verantwortlich für diese Bewegungseinschränkungen können die Gelenkflächen und -kapseln, aber auch Bänder, Faszien und Muskeln sowie das gesamte Bindegewebe sein.

Praxistipp

Bei der Untersuchung einer Läsion ist es nicht nur wichtig, das **Bewegungsausmaß** zu testen, sondern auch die **Qualität** und den **Endpunkt der Bewegung** (Endgefühl) zu beurteilen.

Ein Ödem wird eher ein teigiges Gefühl am Ende der Bewegung ergeben, während Muskelverhärtungen und -verkürzungen eher ruckartig die Bewegung beenden bzw. sich in einem hart-/festelastischen Stopp zeigen.

Irritationen ruft oft die Bezeichnung einer **spezifischen Läsion** hervor. So wird eine Läsion nicht nach der Richtung benannt, in der die Bewegungsbegrenzung zu spüren ist, sondern genau nach der

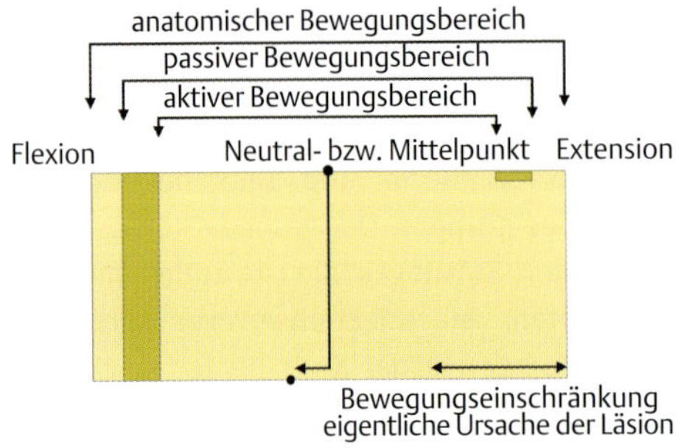

▶ **Abb. 2.1** Bewegungsausmaß und Verschiebung des Neutralpunkts in der grafischen Darstellung.

Gegenrichtung, in der die Bewegung noch vollständig möglich ist. Doch ist dies die Richtung, in die sich der Neutralpunkt einer Bewegung bei einer einseitigen Bewegungseinschränkung hin bewegt. ▶ **Abb. 2.1** verdeutlicht dies schematisch.

Die **Ursachen** einer osteopathischen Läsion können in einem Unfall liegen, bei dem eine unkontrollierte Bewegung eine starke Dehnung und große Scherkräfte in den Gelenken, Muskeln, Bändern oder Sehnen hervorruft. Ebenso können durch länger anhaltende Schmerzen oder durch andere Stresssituationen (z. B. ein unpassender Sattel und/oder Hufbeschlag/Hufbearbeitung, Läsionen des Reiters oder fehlerhafte Reittechnik) hervorgerufene Muskelverspannungen Läsionen verursachen, da die verspannte Muskulatur nicht mehr fähig ist, auf Haltungsänderungen adäquat zu reagieren. Aber auch die Erkrankung eines inneren Organs kann der Anlass für Störungen und eine nachfolgende Blockade sein. Die genauen nervalen Mechanismen, die von den Ursachen zur Läsion führen, sind sehr komplex und werden daher in Kap. 4 ausführlicher beschrieben.

Die Symptomatik einer osteopathischen Läsion kann je nach Lokalisation sehr vielfältig sein. Den meisten Pferdebesitzern fallen sie zunächst durch reiterliche Probleme und Widersätzlichkeiten auf. Doch können die Auswirkungen auch weitreichender sein, wenn die Läsion über längere Zeit besteht.

Zunächst liegt nur die **reine Bewegungseinschränkung** des betroffenen Gelenks und Gewebes vor. Wird die Blockade nicht behoben, kommt es zu einer Fehlbelastung des Gelenks und zu lokalen Störungen der Mikrozirkulation, die zu Entzündungen und auf Dauer zu einer Minderversorgung des Gelenkknorpels und zu einer Arthrose des Gelenks führen können.

Neben diesen lokalen Reaktionen vermag eine osteopathische Läsion aber auch **Symptome in entfernt gelegenen Körperarealen** hervorzurufen, die das ursprüngliche Krankheitsbild überlagern können. Dies geschieht über sog. auf- und absteigende Ketten. Solche Ursache-Folge-Ketten können über eine eingenommene **Schonhaltung** erzeugt werden, die zu einer Verspannung der Muskulatur und einer Überlastung anderer Körperbereiche führt. So wird ein Pferd mit einem schmerzhaften Prozess in der linken Vordergliedmaße immer versucht sein, seine Hauptkörperlast auf die rechte Vordergliedmaße zu verlagern, die dadurch überlastet wird.

Auf- und absteigende Ketten können jedoch auch entlang des Nervensystems und der Körperfaszien aufgebaut werden. So können bei der Blockade eines Wirbels Sensibilitätsstörungen in der Haut des von dem gleichen Spinalnerv versorgten Dermatoms auftreten oder über das vegetative Nervensystem Organfunktionen gestört werden. Eine Blockade im 2. Lendenwirbel kann z. B. zu häufigen Koliken führen. Auch über das **Fasziensystem** des Körpers können Bewegungseinschränkungen weitergeleitet werden und zusätzliche Läsionen zur Folge haben. Dabei handelt es sich um Kompensationsmechanismen, die versuchen, die Bewegungseinschränkung über die Dehnung anderer Bereiche auszugleichen. Die Vielfalt der Symptome macht deutlich, wie wichtig eine gründliche Untersuchung des Patienten ist, um die primäre Ursache der Beschwerden zu lokalisieren.

Cave

Eine osteopathische Läsion oder Blockade eines Gelenks darf nicht mit einer röntgenologisch darstellbaren Luxation bzw. Dislokation eines Gelenks verwechselt werden. Dies geschieht leicht, da oft statt vom „Lösen einer Blockade" von einem „Einrenken" gesprochen wird. Bei Gelenkblockaden handelt es sich jedoch um geringfügige Verlagerungen, die vornehmlich nur die kleinen Bewegungen eines Gelenks betreffen, die zwar im Raum eine größere, innerhalb des Gelenks aber nur eine geringe physiologische Amplitude haben (▶ Abb. 2.2).

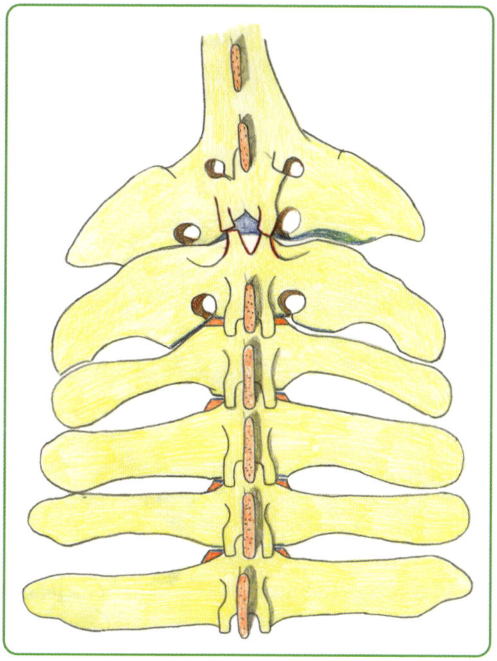

▶ **Abb. 2.2** Schema einer geringfügigen Verlagerung im Gelenk des Segments L 6/S 1. Es handelt sich nicht um eine echte Luxation.

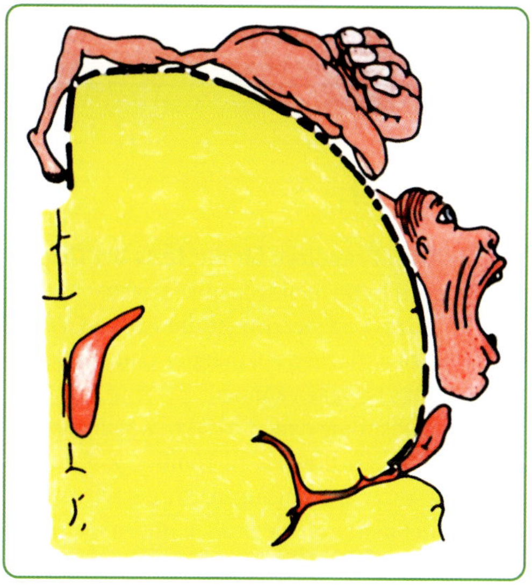

▶ **Abb. 2.3** Homunculus: Die Punkt-zu-Punkt-Zuordnung der Körperperipherie mit den Arealen des Gehirns verdeutlicht, welch großes Projektionsareal die Motorik der Hand im Gehirn einnimmt.

2.3 Instrumentarium eines Osteotherapeuten

Ein Osteotherapeut mag des Öfteren belächelt werden, da er nicht wie ein Arzt oder Tierarzt mit einem großen Arztkoffer voller Instrumente beim Pferd erscheint. Doch das wichtigste Instrument des Osteotherapeuten, um Bewegungseinschränkungen diagnostizieren und behandeln zu können, sind seine Hände. Nur mit einem gut ausgebildeten Tastsinn können osteopathische Läsionen palpiert und korrigiert werden. ▶ **Abb. 2.3** zeigt den sog. Homunculus, eine Punkt-zu-Punkt-Zuordnung der Körperperipherie mit dem Gehirn. Hier wird deutlich, welch großes Projektionsareal die Motorik der Hand im Gehirn einnimmt.

Durch ein grobes Abtasten und Hin- und Herziehen der Gliedmaße werden Blockaden eines Gelenks eher durch Bewegungen anderer Gelenke verdeckt, sodass keine eindeutigen Diagnosen gestellt werden können. Auch die Beurteilung der Bewegungsqualität, z. B. ein „Quietschen" bei Sehnenscheidenentzündungen oder das Knistergefühl bei Hämatomen, ist nicht mehr möglich.

Ebenso wichtig wie die Feinfühligkeit ist aber auch die Fingerfertigkeit der Hände bei der Durchführung der Korrekturen. Nur durch feinmotorisch ausgereifte manuelle Techniken kann eine Schädigung der Gelenke und des umgebenden Gewebes während der Manipulation vermieden werden.

Ein weiteres wichtiges Instrument, das der Osteotherapeut neben seinen Händen niemals vergessen darf, ist das Wissen um die anatomischen und physiologischen Gegebenheiten des Körpers und die physiologischen Bewegungsmöglichkeiten der Gelenke (Biomechanik). Ohne dieses Wissen im Hintergrund kann keine gezielte Untersuchung durchgeführt werden.

Ein unwissender und in den Techniken ungeschulter Untersucher wird seinem Patienten eher schaden, als ihn heilen. Pferdeosteopathie ist keine Technik, die man „mal eben schnell" erlernt. Sie setzt sehr viel Fachwissen über die Anatomie, Physiologie, Neurologie und Pathologie des Pferdes und ein intensives Training der Tests und Korrekturen der Läsionen voraus.

3 Grundlagen der Biomechanik

3.1 Einführung

Eine wichtige Grundlage für die Tests der Gelenkbewegungen ist die Biomechanik (griech. = Mechanik des Lebens). Sie beschreibt die Art und Weise, wie sich Gelenkflächen zueinander und die Gelenke als Ganzes bewegen können.

Um die Richtung von Gelenkbewegungen allgemeingültig beschreiben zu können, werden zunächst bestimmte Richtungen, Körperachsen und -ebenen definiert, um die bzw. in denen die jeweiligen Bewegungen stattfinden.

3.2 Richtungsbeschreibungen

▸ **Tab. 3.1** fasst die lateinischen Richtungsbezeichnungen mit ihren Übersetzungen zusammen. Die Darstellung der Richtungsbezeichnungen wird zudem in ▸ **Abb. 3.1** verdeutlicht.

3.3 Ebenen

Es werden 4 Hauptebenen unterschieden (▸ **Abb. 3.1**):

1. **Medianebene:** Sie teilt den Körper vom Kopf bis zum Schweif in 2 gleich große, seitengleiche Hälften (Antimere). Daher wird sie auch als Symmetrieachse bezeichnet.
2. **Sagittalebenen:** Sie verlaufen parallel zur Medianebene durch den Körper, unterteilen diesen jedoch in ungleich große Längsteile.
3. **Horizontal- oder Frontalebenen:** Die Frontalebenen liegen im rechten Winkel zu den Sagittalebenen. Sie teilen den Körper in einen zum Rücken weisenden und einen zum Bauch weisenden Anteil. Beim Menschen entspricht dies einer hinteren (dorsalen) und einer vorderen (ventralen) Hälfte. Beim Pferd teilen sie den Körper jedoch durch seinen Vierfüßlerstand in eine obere (dorsale) und untere (ventrale) Partie, verlaufen also parallel zum Boden.

▸ **Tab. 3.1** Lateinische Richtungsbezeichnungen am Körper, ihre Abkürzung und Übersetzung.

Bezeichnung	Abkürzung	Übersetzung
kranial bzw. cranialis	cran.	schädelwärts
kaudal bzw. caudalis	caud.	schwanzwärts
dorsal	dors.	rückenwärts
ventral	ventr.	bauchwärts
medial	med.	zum Median hin
lateral	lat.	seitwärts, vom Median weg
proximal	prox.	oberhalb (gelenksbezogen)
distal	dist.	unterhalb (gelenksbezogen)
palmar	palm.	handflächenwärts
plantar	plant.	fußsohlenwärts
superficialis	supf.	oberflächlich gelegen
medius	-	mittlere Lage
profundus	prof.	tiefer gelegen
internus	int.	innen gelegen
externus	ext.	außen gelegen

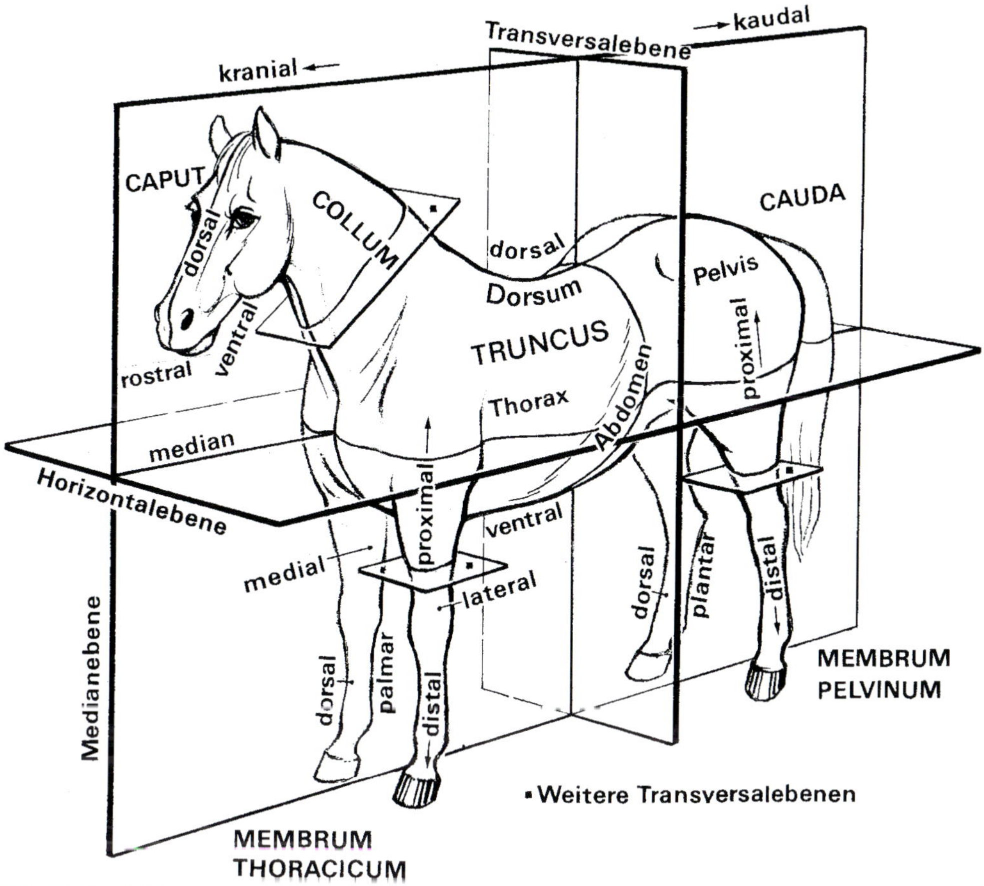

▸ **Abb. 3.1** Körperteile, Richtungsbezeichnungen und Ebenen des Tierkörpers. (aus: Nickel R, Schummer A, Seiferle E. Lehrbuch der Anatomie der Haustiere. Band I, Bewegungsapparat. 8. Aufl. Stuttgart: Parey in MVS Medizinverlage Stuttgart; 2003)

4. **Transversalebenen:** Sie verlaufen im rechten Winkel sowohl zur Median- als auch zur Horizontalebene. Beim Pferd verlaufen sie quer durch den Körper und teilen ihn in eine vordere (kraniale) und eine hintere (kaudale) Portion. Beim Menschen verlaufen diese Teilungsebenen entsprechend parallel zum Boden und teilen seinen Körper in eine obere (kraniale) und eine untere (kaudale) Partie.

Merke

Da die Gliedmaßen beim Pferd im rechten Winkel zur Körperlängsachse stehen, verlaufen die Horizontalebenen von dorsal durch die Gliedmaße hindurch und teilen sie in einen kranialen und kaudalen Anteil, während die Transversalebenen quer und parallel zum Boden durch die Gliedmaße laufen und diese in eine obere (proximale) und eine untere (distale) Portion teilen.

3.4
Achsen

Es werden 3 Achsen unterschieden:

1. **Vertikale bzw. longitudinale Achse:** Sie hat einen kraniokaudalen Verlauf, parallel zu den Sagittal- und Frontalebenen.
2. **Sagittale Achse:** Sie zieht von dorsal nach ventral, läuft also parallel zu den Transversalebenen.
3. **Tansversale Achse:** Sie verläuft von links nach rechts durch den Körper und liegt parallel zu den Transversalebenen.

3.5
Arthrokinematik (Gelenkbeweglichkeit)

Echte Gelenke bilden die Verbindung zwischen 2 oder auch mehreren Knochen, die durch eine Gelenkkapsel verbunden sind. Die Form der Gelenkflächen und die Größe der Gelenkkapsel entscheiden dabei über die Art und den Spielraum der Bewegungen der knorpelbedeckten Gelenkflächen zueinander. Die Bewegung des gesamten Gelenks wird wiederum durch die Bewegung bestimmt, die die Gelenkflächen innerhalb der Kapsel zueinander ausführen.

Innerhalb eines Gelenks werden schematisch 2 Arten von Bewegungen unterschieden:

1. **Gleiten:** Es ist eine Bewegung zwischen 2 Körpern, wobei ein Punkt des einen Körpers (Punctum fixum) mit immer neuen Punkten (Punctum mobile) des anderen Körpers in Kontakt kommt. Es ist die Bewegung, die die Kufen eines Schlittens über das Eis machen. Gleiten erfordert immer absolut kongruente Flächen. Beim Gleiten können 2 verschiedene Arten unterschieden werden:
   a) Das **translatorische** Gleiten (▶ Abb. 3.2) entspricht der Bewegung des Schlittens über das Eis. Der Schlitten legt dabei innerhalb eines Zeitraums eine bestimmte Wegstrecke zurück.

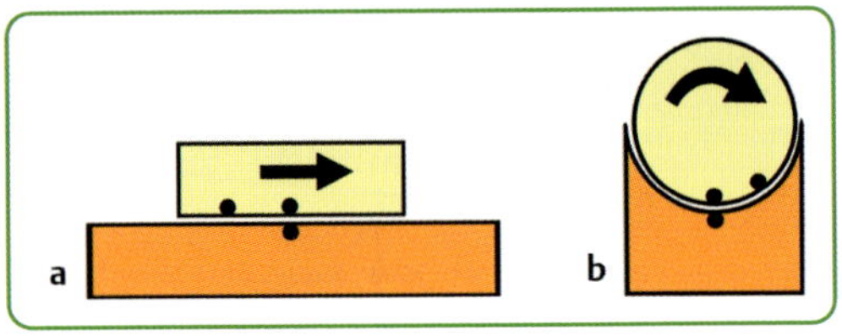

▶ **Abb. 3.2** Schema über die biomechanischen Komponenten der Gelenkbewegung: translatorisches Gleiten (**a**) und Gleiten bei Rotation (**b**).

   b) Bei dem Gleiten bei **Rotation** (▶ Abb. 3.2) bewegt bzw. dreht sich der gleitende Körper auf der Stelle, weist also keinen Raumgewinn auf. Die Rotationsachse wandert nicht.
2. **Rollen:** Es wird als eine Rotationsbewegung des einen Körpers zum anderen definiert. Hierbei treffen immer neue Punkte des einen Körpers (Punctum mobile) auf ebenfalls immer neue Punkte des anderen Körpers (Punctum fixum). Die Rotationsachse des rollenden Anteils bewegt sich dabei im Raum. Es ist die Bewegung, die ein Ball auf dem Boden macht. Rollen ist auch bei inkongruenten Flächen möglich.

Die Bewegung in einem Gelenk setzt sich in der Regel aus einer Kombination aus Rollen und Gleiten zusammen (**Rollgleiten**), da die Gelenkflächen nie vollständig kongruent sind. Dabei laufen die Roll- und die Gleitbewegung nicht immer richtungsgleich ab. Die Richtung, in die eine Gelenkfläche rollt, stimmt immer mit der Richtung überein, in der sich der gesamte Knochen bewegt. Anders ist dies beim Gleiten. Die Richtung, in die eine Gelenkfläche im Verhältnis zur Gesamtbewegung des Knochens gleitet, hängt immer davon ab, ob die jeweilige Gelenkfläche konkav oder konvex ist. Bei einer konvexen Gelenkfläche gleitet die Gelenkfläche immer in die entgegengesetzte Richtung als die, in die sie rollt. Bei einer konkaven Gelenkfläche sind Roll- und Gleitrichtung dagegen gleichsinnig.

4 Anatomische und physiologische Grundlagen

4.1 Einführung

Wie es A. T. Still bereits für die Humanosteopathie postulierte, ist auch bei den Pferden eine genaue Kenntnis der Anatomie essenziell für den korrekten Einsatz der Osteopathie. Jedoch würde es den Rahmen dieses Buches sprengen, bis ins Detail auf die anatomischen Strukturen des Pferdes einzugehen. Hierfür möchten wir auf die einschlägigen Anatomiewerke verweisen, die auf dem Markt sind. Dieses Kapitel soll nur einen Überblick über die wichtigsten anatomischen Bereiche geben, mit denen sich ein Therapeut auseinandersetzen sollte, und einen Eindruck über die Zusammenhänge zwischen strukturellen Blockaden und funktionellen Störungen vermitteln.

4.2 Rumpf

Der Rumpf enthält, abgesehen vom Gehirn, alle lebenswichtigen Organe. Die Natur trägt dieser Tatsache Rechnung, indem sie einen großen Teil des Rumpfes mit einer knöchernen Schutzhülle umgeben hat, dem Brustkorb und dem Becken, innerhalb derer die meisten Organe liegen. Dennoch sind die knöchernen Strukturen des Rumpfes so beweglich, dass er sich geschmeidig in die Gesamtbewegung des Körpers einfügen kann. Grund dafür ist die Gliederung von Brustkorb und Wirbelsäule in viele kleine, durch Gelenke verbundene Anteile und die vorwiegend muskulöse Verbindung zwischen Brustkorb und Becken.

Merke

Obwohl im Gegensatz zur Humanosteopathie die viszeralen Techniken beim Pferd eine untergeordnete Rolle spielen, sollte sich der Pferdeosteotherapeut genau über die Lage und Innervation der Brust- und Bauchorgane im Klaren sein.

So können Blockaden der Wirbel die Spinalnerven des entsprechenden Rückenmarksegments beeinträchtigen, sodass es zu Funktionsstörungen der durch diesen Nerv versorgten Strukturen kommt (absteigende Kette).

Umgekehrt können Organerkrankungen aber auch die versorgenden Nervenfasern so weit stören, dass es zu einer fehlerhaften Reizweiterleitung im gesamten Bereich des betreffenden Spinalnervs kommt und sogar Blockaden induziert werden (aufsteigende Kette).

4.2.1 Brusthöhle

Die Brusthöhle (▶ **Abb. 4.1**) wird nach außen durch den Brustkorb (Thorax) begrenzt. Der Brustkorb wird dorsal durch die Wirbelsäule, lateral durch die Rippen und ventral durch das Brustbein (Sternum) gebildet und bedeckt im kaudalen Bereich noch einen Teil der Bauchhöhle (Abdomen). Vom Bauchraum ist der Thorax durch das **Zwerchfell** (Diaphragma) getrennt. Nach kranial dehnt er sich noch ein Stück weit über die 1. Rippe hinaus aus (Cupula pleurae).

In der Brusthöhle liegen **Herz** (Cor) und **Lunge** (Pulmo). Die einzelnen Lungenlappen füllen den größten Teil des Thorax aus. Die physiologische Grenze des Lungenfelds verläuft im Bereich der 10. Rippe auf Höhe des Buggelenks, über der 14. Rippe auf Höhe des Sitzbeinhöckers und über der 16. Rippe auf Höhe des Hüfthöckers. Die tatsächliche Größe des Lungenfelds kann durch Perkussion (Abklopfen) des Brustkorbs ermittelt werden. Die Lunge klingt durch ihren hohen Luftgehalt hohl.

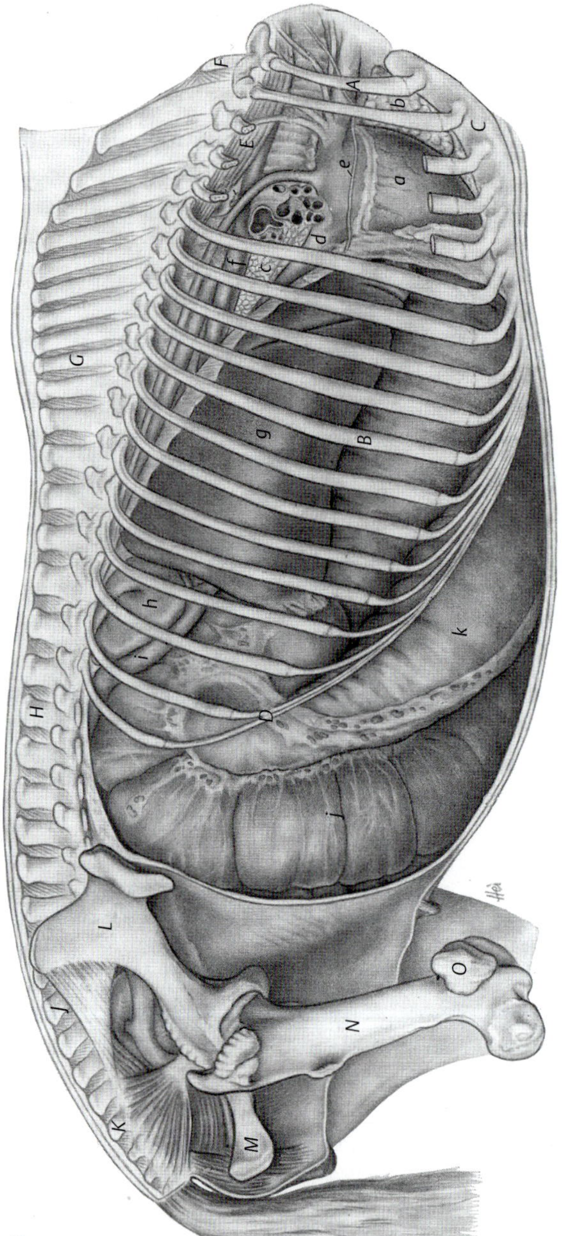

a

▸ **Abb. 4.1 a** Lage der Organe der Brust- bzw. Bauchhöhle (a: Herz; b: kraniales Mediastinum mit Fettgewebe; c: Teil der Lunge; d: V. cava caudalis; d': Aorta thoracica; e: N. phrenicus; f: Ösophagus; g: Leber; h: Niere; i: Duodenum; j: Zäkum; k: Colon; l: Magen; m: Milz; n: Jejunum; o: Rektum; p: Trachea; A: 1. Rippe; B: 10. Rippe; C: Sternum; D: Rippenbogen; E: M. longus colli; F: 1. Brustwirbel; G: 10. Brustwirbel; H: 1. Lendenwirbel; J: Kreuzbein; K: 1. Schwanzwirbel; L: Darmbein; M: Sitzbein; N: Femur; O: Patella).
Ansicht von rechts. (aus: Nickel R, Schummer A, Seiferle E. Lehrbuch der Anatomie der Haustiere. Band I, Bewegungsapparat. 8. Aufl. Stuttgart: Parey in MVS Medizinverlage Stuttgart; 2003)

Merke
Eine Verkleinerung oder Vergrößerung des Lungenfelds deutet in der Regel auf eine Entzündung bzw. ein Emphysem hin.

Das **Mediastinum,** der aus lockerem Bindegewebe bestehende Aufhängeapparat der Speiseröhre (Ösophagus), trennt den Thorax und damit die Lunge in eine linke und eine rechte Hälfte. Es entspringt unterhalb der Wirbelsäule und trennt die Brusthöhle in der Medianebene. Im Mediastinum verlaufen ne-

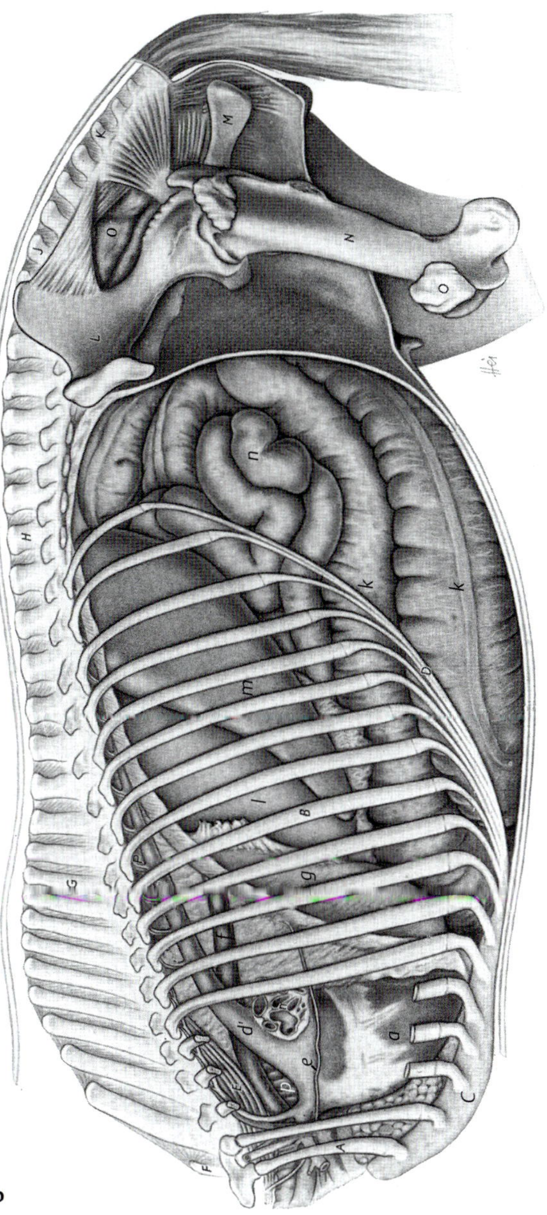

b

b Ansicht von links. (aus: Nickel R, Schummer A, Seiferle E. Lehrbuch der Anatomie der Haustiere. Band I, Bewegungsapparat. 8. Aufl. Stuttgart: Parey in MVS Medizinverlage Stuttgart; 2003)

ben dem Ösophagus noch weitere wichtige Leitungsstrukturen. Dazu gehört die Hauptschlagader (**Aorta**), die **Luftröhre** (Trachea), das Hauptsammelrohr der Lymphe (Ductus thoracicus), 2 Äste des **N. vagus,** die die parasympathische Versorgung der Brust- und Bauchorgane übernehmen (Trunci vagales dorsalis und ventralis), und der **N. phrenicus,** der das Zwerchfell innerviert.

Abgespalten in einer weiteren Gekrösefalte liegt die Hauptkörpervene (**V. cava caudalis**), die das sauerstoffarme Blut aus dem Körper zum Herzen führt. Bedingt durch diese Lage, ist die V. cava caudalis den wechselnden Drücken der Lunge während des Ein- und Ausatmens ausgesetzt. Auf diese Weise unterstützt die Atmung die Pumpfunktion des Herzens.

Die Lungenlappen sind mit einer serösen Haut, dem Lungenfell (**Pleura**), überzogen, das als Brustfell an den Lungenwurzeln auf die Brusthöhlenwand umschlägt und diese ebenfalls vollständig überzieht. Ein dünner Flüssigkeitsfilm sorgt dafür, dass beide Häute durch adhäsive Kräfte verschieblich, aber doch ohne Zwischenraum aufeinander haften.

Merke

Die Haftung zwischen Thoraxwand und Pleura ist wichtig, da das Lungengewebe viele elastische Fasern enthält und ohne die adhäsiven Kräfte und den Unterdruck im Brustraum zusammenfallen würde. Dies geschieht z. B., wenn durch eine Verletzung der Brustwand Luft in die Brusthöhle eindringt. Bei einem solchen Pneumothorax fällt der Lungenflügel zusammen und dehnt sich erst wieder aus, wenn nach Verschluss der Wunde die Luft aus der Brusthöhle entfernt oder vom Körper resorbiert wird. Hier zeigt sich der Vorteil einer durch das Mediastinum zweigeteilten Brusthöhle. In der Regel ist nur eine Seite der Lunge betroffen, während die andere Hälfte weiterhin ventiliert wird und dem Individuum das Atmen ermöglicht.

Die Verschieblichkeit von Lungen- und Brustfell zueinander erlaubt es der Lunge zudem, den Bewegungen des Brustkorbs flexibel zu folgen. Durch eine Entzündung können Brust- und Lungenfell verkleben. Eine solche Verklebung kann die Atmung und die Bewegung des Zwerchfells behindern. Dies kann wiederum einen Einfluss auf den Magen-Darm-Trakt haben, dessen Motilität eng mit der regelmäßigen Atembewegung des Zwerchfells verbunden ist.

Ventrokranial auf Höhe des 3.–5. Zwischenrippenspalts befindet sich schließlich das **Herz.** Es liegt zu ⅗ in der linken Brustkorbhälfte innerhalb des Mediastinums. Vornehmlich auf dieser Seite, direkt kaudal des Ellbogens des Pferdes, können die Herztöne abgehört werden. Bei sehr mageren Pferden kann man das Schlagen des Herzens sogar spüren. Das Herz wird vom **Herzbeutel** (Perikard) umschlossen. Herz- und Perikardwand sind ebenfalls von einer serösen Haut überzogen.

4.2.2 Zwerchfell und Atmung

Dem **Zwerchfell** (Diaphragma) kommt durch seine Lage im Körper, seine Funktion und seinen breiten Ansatz innerhalb des Rumpfes eine große Rolle in der Osteopathie zu. Es besteht aus einer flachen Muskelplatte mit einer im Zentrum gelegenen Sehne und bildet die Trennwand zwischen Brust- und Bauchhöhle. Mit seinem zentralen Sehnenspiegel wölbt es sich kuppelartig bis zur 7. Rippe in den Brustkorb vor und ist dort an der Durchtrittspforte der V. cava caudalis fixiert. Sein peripherer muskulöser Anteil setzt von kranioventral nach kaudodorsal an der 9.–18. Rippe und am letzten Brustwirbel an. Zwei Muskelstränge, die Zwerchfellpfeiler (Crus dexter und sinister), ziehen bis zum 3. und 4. Lendenwirbel. Daher kann sich eine Blockade in der Lendenwirbelsäule (LWS) auch auf die Funktion des Zwerchfells und der Atmung auswirken.

Das Diaphragma besitzt 3 **Durchtrittspforten** – eine für den Ösophagus (Hiatus oesophageus), eine für die V. cava caudalis (Foramen venae cavae) und eine für die Aorta (Hiatus aorticus).

Innerviert wird das Diaphragma durch den N. phrenicus. Dieser geht aus den Ventralästen der Spinalnerven der 5.–7. Halswirbelsegmente hervor.

Praxistipp

Bei Funktionsstörungen des Diaphragmas sollte immer auch an eine Blockade der 5.–7. Halswirbel gedacht werden.

Den Thorax durchzieht der **N. phrenicus** entlang der V. cava caudalis bis zum Zwerchfell.

Das Diaphragma wirkt als **Hauptinspirationsmuskel.** Bei der Inspiration kontrahiert sich sein peripher gelegener muskulärer Anteil, wodurch sich der zentrale Sehnenspiegel abflacht und nach kaudal bewegt. Die Kaudalbewegung wird durch die Bauchorgane und die Fixierung des Diaphragmas an der V. cava caudalis begrenzt. Gleichzeitig mit der Abflachung des Diaphragmas erweitert sich durch die Arbeit der anderen **Inspirationsmuskeln** (► **Tab. 4.1**) auch der Brustkorb. Dabei dehnen die kaudalen Rippen den Brustkorb vorwiegend nach lateral aus, erweitern also seinen transversalen Querschnitt. Die kranialen Rippen, die am Sternum befestigt sind, dehnen sich mit

▸ **Tab. 4.1** Atemmuskulatur.

Exspiratoren (Zug der Rippen nach kaudomedial)	Inspiratoren (Zug der Rippen nach kraniolateral)
M. serratus dors. caudalis	M. serratus dors. cranialis
Mm. intercostales interni	Mm. intercostales externi
M. retractor costae	M. rectus thoracis
M. transversus thoracis	Mm. levatores costarum
-	Diaphragma (Pars sternalis, Pars costalis [Hauptinspirator] und Pars lumbalis)

diesem eher nach kranioventral aus, vergrößern also den sagittalen Querschnitt des Brustkorbs. Die Bewegung der kaudalen Rippen wird auch mit der Bewegung eines Pumpschwengels, die der kranialen Rippen mit der eines Eimerhenkels verglichen.

Die **Atmung** des Pferdes ist eng mit seinem Bewegungsablauf verbunden. Ein lockeres Pferd macht bei jedem Galoppsprung einen Atemzug, wobei sich in der Phase des Abfußens der Vorderbeine das Zwerchfell und die Eingeweide nach hinten verschieben, das Tier also einatmet, und sich beim erneuten Auffußen der Vorderbeine wieder nach vorne verlagern und das Pferd ausatmet. Ein verspanntes Pferd zeigt vor allem im Galopp eine unrhythmische Atmung, sie sistiert zeitweise über mehrere Galoppsprünge. Dadurch wird die Muskulatur nicht mehr ausgewogen mit Sauerstoff versorgt. Die unterversorgten Muskeln übersäuern und verkrampfen sich. Es kommt zu Muskelschäden und später auch zu Gelenk- und Bänderschäden. Dieses Sistieren der Atmung kann mehrere Ursachen haben – Stress und innere Verspannung, Schmerzen, aber auch eine Blockade im Zwerchfell, in den Rippen oder in der Wirbelsäule.

4.2.3 Bauchhöhle

Schwieriger als in der Brusthöhle ist es, die Lage der Organe in der Bauchhöhle zu bestimmen. Ein Teil der Bauchorgane wird von den Rippen bedeckt, liegt also intrathorakal. Dazu gehören die **Leber** (Hepar), die sich eng an das Zwerchfell anschmiegt, der **Magen** (Ventriculus) und die **Milz** (Lien), die sich beide zwischen 9. und 18. Rippe dorsolateral auf der linken Bauchwand projizieren, die **Bauchspeicheldrüse** (Pankreas) und Teile des Darms. Während die rechte herzförmige **Niere** vollständig intrathorakal liegt, befindet sich die linke bohnenförmige Niere weiter kaudal auf Höhe der letzten Rippe und des 1. Lendenwirbels. Letztere kann z. T. rektal palpiert werden. Beide liegen ventrolateral der Wirbelsäule etwa 1–2 Handbreit unterhalb der Dornfortsätze.

Der Darmkanal setzt sich aus Dünn- und Dickdarm zusammen. Die Bezeichnung rührt von dem unterschiedlich großen Querschnitt der beiden Teile her. Der **Dünndarm** untergliedert sich weiter in **Zwölffingerdarm** (Duodenum), **Leerdarm** (Jejunum) und **Hüftdarm** (Ileum). Der **Dickdarm** besteht aus **Blinddarm** (Caecum), **Grimmdarm** (Colon) und **Mastdarm** (Rektum). Im Verhältnis zum Menschen und zum Fleischfresser hat das Pferd als Pflanzenfresser einen sehr langen Darm. Der Blinddarm nimmt fast die gesamte rechte Bauchwand kaudal der Rippen ein (▸ Abb. 4.1). Das Colon liegt ventrolateral der linken Bauchwand an, das Jejunum der linken dorsolateralen Bauchwand (▸ Abb. 4.1). In diesen Bereichen können die Geräusche der Peristaltik dieser Darmabschnitte abgehört werden. Weiter kaudal, im Beckenraum, liegen schließlich die Blase und die Geschlechtsorgane.

Wie in der Brusthöhle ist auch die Bauchhöhlenwand mit einer serösen Haut, dem **Peritoneum,** ausgekleidet, die auf die Oberfläche der Organe umschlägt. Der gesamte Magen-Darm-Trakt und die anderen intraperitonealen Organe sind über ihre gesamte Länge mit einem bindegewebigen Blatt (**Gekröse**) an der dorsalen Bauchwand aufgehängt. Der Magen besitzt zusätzlich zu dem dorsalen (**großes Netz** = Omentum majus) auch ein ventrales Gekröse (**kleines Netz** = Omentum minus). Im großen Netz ist die Milz und im kleinen Netz die Leber eingebettet. Die Gekröseplatten führen die Blutgefäße, Lymphbahnen und Nerven zu den entsprechenden Organen.

Im frühen Stadium der Entwicklung existiert eine recht straffe Verbindung zwischen Bauchwand und Magen-Darm-Trakt. Doch da das Längenwachstum des Magen-Darm-Trakts das des Körpers überschreitet, legt sich der Magen-Darm-Trakt in Falten und führt zu einem überproportionalen Wachstum des Aufhängeapparats. Dies bewirkt, dass er seiner Aufgabe, die Organe in der Bauchhöhle zu fixieren, nur noch bedingt nachkommt. So haben vor allem die kaudalen Anteile des Darms, z. B. die Beckenflexur des Colons, ein sehr langes Gekröse und eine entsprechend starke Beweglichkeit innerhalb der Bauchhöhle. Dies erklärt auch die Tatsache, dass Pferde im Laufe einer Kolik zu Darmverlagerungen neigen. Als Beispiel sei die Verlagerung der Beckenflexur des Colons nach lateral und dorsal über das Milz-Nieren-Band genannt. Die Gefahr bei einer solchen Verlagerung besteht darin, dass die Blutversorgung zu dem betreffenden Darmabschnitt unterbrochen wird und dieser abstirbt.

Die Blutversorgung der Bauchorgane übernehmen von kranial nach kaudal 3 große Abgänge der **Bauchaorta:** die A. coeliaca (Ösophagus, Magen, Milz, Pankreas, Leber, Teile des Duodenums), die A. mesenterica cranialis (Ileum, Colon, Jejunum, Teile des Duodenums und den Blinddarm) und die A. mesenterica caudalis (Rektum, Colon descendens). Die bei der Endaufteilung der Aorta abgehende A. iliaca interna versorgt die Blase und die Geschlechtsorgane.

4.2.4 Vegetatives Nervensystem

Die Bedeutung des vegetativen Nervensystems wird immer noch unterschätzt. Dabei reguliert es über seine beiden gegensätzlich arbeitenden Anteile, den Sympathikus und den Parasympathikus, die gesamten Körperfunktionen. Nur durch eine ausgewogene Funktion dieser beiden Gegenspieler kann das innere Gleichgewicht aufrecht- und der Organismus gesund erhalten werden. Hier kann ein Vergleich zur Traditionellen Chinesischen Medizin gezogen werden, nach der nur das gleichmäßige Zusammenspiel der gegensätzlichen Grundelemente Yin und Yang einen Organismus optimal gesund erhält.

! Merke

Für die Lokalisation von Blockierungen ist es wichtig zu wissen, von welchem Rückenmarksegment aus ein Organ bzw. eine Gewebestruktur innerviert wird.

Da die Brust- und Bauchhöhlenorgane durch das vegetative Nervensystem versorgt werden, sollen seine Struktur und Funktion in diesem Abschnitt besprochen werden, obwohl sein Wirkungsbereich über den Brust- und Bauchraum hinausgeht.

Das vegetative oder autonome Nervensystem ist für das innere Gleichgewicht der Körperfunktionen essenziell. Während die **sensiblen** und **motorischen Fasern** des somatischen Nervensystems für die bewusste Wahrnehmung, Aktion und Reaktion gegenüber der Außenwelt verantwortlich sind, sorgt das autonome Nervensystem für das harmonische Zusammenspiel der einzelnen Körperfunktionen. Es koordiniert die Organfunktionen untereinander und reguliert z. B. den Blutkreislauf, die Verdauung und den Energiehaushalt des Körpers entsprechend den Anforderungen, die an den Körper gestellt werden. Blockaden, die die vegetativen Nervenbahnen beeinträchtigen, können demzufolge tief greifende Störungen im Organismus hervorrufen.

Das **autonome** oder **vegetative Nervensystem** besteht aus 2 Gegenspielern, dem Sympathikus und dem Parasympathikus.

! Merke

Der Sympathikus sorgt für eine verstärkte Muskeldurchblutung und eine Steigerung der Herz- und Atemtätigkeit. Er wird in Angst- und Stresssituationen aktiviert (Fight-and-Flight-System).

Der Parasympathikus regt dagegen die Darm-, Speichel- und Nierentätigkeit an, ist also für die Regeneration des Körpers verantwortlich (Rest-and-Digest-System).

Ein Lebewesen, das dauernd unter Stress steht, wird vom Sympathikus dominiert, während die Regeneration des Körpers durch den Parasympathikus ins Hintertreffen gerät. Ist der Körper über einen langen Zeitraum solch einer Konstellation unterworfen, kann er sich nicht mehr erholen und besitzt schließlich keine Kraftreserven mehr.

Das vegetative Nervensystem besteht vorwiegend aus **efferenten Fasern,** die immer aus 2 hintereinander geschalteten Nervenzellen (Neuronen) bestehen. Die Umschaltung auf das 2. Neuron geschieht im parasympathischen Anteil organnah, im sympathischen dagegen organfern im Grenzstrang. Während beide Systeme an der Umschaltstelle des 1. auf das 2. Neuron die gleichen Botenstoffe (Acetylcholin) und die gleichen Rezeptoren benutzen, verwenden sie für die Reizweiterleitung im Zielgewebe unterschiedliche Botenstoffe und Rezeptoren. Der sympathische Transmitter ist das **Noradrenalin,** der parasympathische das **Acetylcholin.**

Der Sympathikus wirkt jedoch nicht nur über Nervenbahnen. Es ziehen auch Fasern zum Nebennierenmark, das nach Stimulation Adrenalin und Noradrenalin ins Blut abgibt. Bei den afferenten Leitungsbahnen wird nicht zwischen sympathischen und parasympathischen Fasern unterschieden. Eine Übersicht über die Wirkung der beiden Anteile am Zielorgan gibt ▸ **Tab. 4.2**. Das übergeordnete vegetative Regulationszentrum für das Vegetativum ist der **Hypothalamus.** Hier wird die Aktivität beider Systeme koordiniert.

Parasympathikus

Der Parasympathikus hat 2 Ursprungsgebiete im ZNS: das kraniale im Mittel- und Stammhirn und das sakrale in den Kreuzbeinsegmenten der Wirbelsäule (▸ **Abb. 4.2**). Daher wird es auch **kraniosakrales System** genannt. Die im Mittelhirn entspringenden Neurone ziehen mit dem N. oculomotorius (III) zum M. pupillae des Auges. Ein Individuum unter starkem parasympathischem Einfluss hat eine verengte Pupille. Die Stammhirnanteile versorgen über die Nn. facialis (VII) und glossopharyngeus (IX) die verschiedenen Drüsen des Kopfes (Speicheldrüsen, Tränendrüse etc.).

Der im Hinblick auf sein ausgedehntes Wirkungsgebiet wohl bedeutendste Nerv des parasympathischen Systems ist der 10. Gehirnnerv, **N. vagus.** Er entspringt paarig im Stammhirn und innerviert die gesamten Brust- und den größten Teil der Bauchorgane. Der lange Weg, den der Nerv bis zu den Zielorganen zurücklegt, ist entwicklungsgeschichtlich bedingt. Er macht ihn jedoch anfällig für Störungen.

Als Beispiel sei eine Besonderheit des Nervs erwähnt. Der N. vagus gibt, bereits in der Brusthöhle

▸ **Tab. 4.2** Die wichtigsten Wirkungen von Parasympathikus und Sympathikus (aus: Löscher W, Ungemach FR, Kroker R. Pharmakotherapie bei Haus- und Nutztieren. 7. Aufl. Stuttgart: Parey in MVS Medizinverlage Stuttgart; 2006).

Organ	Parasympathikus	Rezeptor	Sympathikus	Rezeptor
Herz				
Herzfrequenz	Abnahme	m	Zunahme	β_1
Kontraktionskraft	Abnahme	m	Zunahme	β_1
Leitungsgeschwindigkeit	Abnahme	m	Zunahme	β_1
Automatie	Abnahme	m	Zunahme	β_1
Gefäße (v. a. Arteriolen)				
	Dilatation	m	Konstriktion	α
			Dilatation	β_2
Lunge				
Bronchialmuskulatur	Kontraktion	m	Relaxation	β_2
Bronchialdrüsen	Sekretion	m	-	-
Magen-Darm-Trakt				
Motilität und Tonus	Steigerung	m	Abnahme	α, β_2
Sphinkteren	Relaxation	m	Kontraktion	α
Sekretion	Steigerung	m	Abnahme	β
Uterus				
	Kontraktion	m	Relaxation	β_2
			Kontraktion	α

▶ **Tab. 4.2** Fortsetzung.

Organ	Parasympathikus	Rezeptor	Sympathikus	Rezeptor
Harnblase				
Detrusor	Kontraktion	m	Relaxation	β_2
Sphinkter	Relaxation	m	Kontraktion	α
männliches Geschlechtsorgan				
	Erektion	m	Ejakulation	α
Speicheldrüse				
	seröse Sekretion	m	muköse Sekretion	α
Schweißdrüse				
	Sekretion	m	Sekretion	α, β_2
Auge				
M. sphincter pupillae	Kontraktion (Miosis)	m	-	α
M. dilatator pupillae	-	m	Kontr. (Mydriasis)	β
M. ciliaris	Kontraktion	-	Relaxation	-
Stoffwechsel				
Leber	Glykogensynthese	m	Glykogenolyse, Glukoneogenese	α, β_2
Fettgewebe	-	-	Lipolyse	β_1, β_2*
Pankreas	-	-	Insulinsekretion ↑	β_2
			Insulinsekretion ↓	α
Niere	-	-	Reninfreisetzung	β_2
vegetative Ganglien				
	Erregung	n	-	-
Nebennierenmark				
	-	n	Sekretion von Adrenalin und Noradrenalin	-

* Unter Umständen wird die Lipolyse vor allem über einen atypischen β-Rezeptor (β_3) vermittelt.
m: muskarinartige Cholinozeptoren; n: nikotinartige Cholinozeptoren; α: α-Adrenozeptoren; β: β-Adrenozeptoren

angekommen, noch einen Ast zurück in den Hals ab, den N. laryngeus recurrens. Dieser zieht entlang der Drosselvene (V. jugularis externa) bis zum Kehlkopf. Hier innerviert er bis auf einen alle Kehlkopfmuskeln. Eine Lähmung, vor allem des linken N. laryngeus recurrens, ist Ursache für das klinische Bild des **Kehlkopfpfeifers,** das verhältnismäßig oft beim Pferd vorkommt. Bei dieser Erkrankung kommt es durch die Lähmung eines oder beider Stimmbänder zu einem pfeifenden Atemgeräusch und einer Behinderung der Atmung.

Es gibt 2 weitere Prädilektionsstellen für Störungen des N. vagus. So verlässt er den Schädel durch das Foramen jugulare, das zwischen dem Kiefergelenk und dem Atlantookzipitalgenk liegt. Entzündungen und Blockaden in diesem Bereich können sich auf die parasympathische Innervierung des gesamten Brust- und Bauchraums auswirken. Der zweite „Engpass" liegt an der Durchtrittsstelle durch das Zwerchfell. Eine Blockade, die die Zwerchfellfunktion behindert, kann z. B. zu Verdauungsstörungen führen.

Der N. vagus versorgt die Schleimhautdrüsen und die Muskulatur von Trachea und Ösophagus, das Herz und die Lungen. In der Bauchhöhle angekommen, innerviert er Magen, Milz, Leber, Bauchspeicheldrüse, Dünn- und Dickdarm bis auf die kaudalen Anteile, Nieren, Nebennieren und die Eierstöcke.

Der sakrale Anteil des Parasympathikus entspringt in den 2.–4. Kreuzwirbelsegmenten. Seine Nervenfasern ziehen mit dem N. pudendus in die Beckenhöhle, wo sie Harnblase, Mastdarm, Uterus, Vagina, akzessorische Geschlechtsdrüsen und die Vasodilatatoren der Schwellkörper innervieren. So muss bei Fruchtbarkeitsstörungen von Stuten, bei denen zwar ein Eisprung, aber keine Einnistung des Eies in die Uterusschleimhaut stattfindet, u. a. auch an eine Blockierung im Bereich des Sakrums gedacht werden.

Merke

Eine Eigenheit des parasympathischen Systems ist es, dass seine Nerven sich kurz vor oder innerhalb der Organwände aufteilen und feine, weitläufige Nervengeflechte bilden, sog. Plexus. Sie ermöglichen den Kontakt und einen Informationsaustausch zwischen den einzelnen Nervenfasern des Systems.

Sympathikus

Das Ursprungsgebiet der sympathischen Nervenfasern liegt im Bereich der Brustwirbelsäule (BWS) und LWS (thorakolumbales System) (▶ Abb. 4.2). Die Umschaltung auf das 2. Neuron erfolgt organfern in den Ganglien des **Grenzstrangs** (Truncus sympathicus), der, wie eine Strickleiter geformt, ventral längs der Wirbelsäule liegt. Die sympathischen Nervenfasern treten aus den einzelnen Rückenmarksegmenten aus und ziehen zum Grenzstrang, innerhalb dessen sie Verbindungen zu den Nervenfasern der vorderen und hinteren Segmente und zu den Fasern der kontralateralen Seite bilden können.

Da die Ursprungsneurone des Sympathikus im Bereich der BWS und LWS liegen, geschieht die sympathische Versorgung des Hals- und Kopfbereichs vom **Ganglion stellatum** aus, das am Eingang des Brustkorbs liegt. Es erhält seine Fasern vornehmlich von den ersten 3 thorakalen Rückenmarksegmenten. Von dort ziehen die Fasern im Truncus vagosympathicus weiter kopfwärts zum Ganglion cervicale cranialis. Hier erfolgt die Umschaltung auf die postganglionären Fasern, die sich den Gehirnnerven anschließen und den M. dilatator pupillae und die Drüsen des Kopfbereichs sympathisch versorgen.

Beim Pferd liegt das Ganglion cervicale craniale ventral des Hinterhauptbeins (Os occiput) zusammen mit anderen wichtigen Leitungsstrukturen in einer Falte des Luftsacks eingebettet. Bei einer eitrigen Entzündung des Luftsacks, wie es bei der Druse vorkommt, können diese Strukturen mit angegriffen werden.

Der **Brust- und Bauchgrenzstrang** entlässt viele kleine Nervenfasern, die, wie es die Eigenheit des sympathischen Systems ist, zarte Nervengeflechte (Plexus) ausbilden. Diese bewegen sich entlang der Aorta und deren Ästen zu den Zielorganen. Die Ausbildung stabiler sympathischer Nerven ist seltener. Als Beispiel sei der aus den 6.–11. Brustsegmenten hervorgehende N. splanchnicus major genannt, der, zunächst noch dicht entlang des Grenzstrangs verlaufend, zwischen den Zwerchfellpfeilern hindurch in die Bauchhöhle zieht. Sie enthalten zumeist präganglionäre Fasern, die zu den Nervengeflechten im Bauchraum ziehen und erst dort umgeschaltet werden.

Das bedeutendste und größte Nervengeflecht des Bauchraums, das die Gekrösewurzel strahlenförmig umgibt, ist der **Plexus solaris,** umgangssprachlich Solarplexus genannt. Er setzt sich aus dem **Plexus coeliacus** und dem **Plexus mesenterialis cranialis** zusammen, die am Ursprung der gleichnamigen Arterien gelegen sind. Von den alten Anatomen wurde er als „Sitz der Seele“ bezeichnet. Von diesem Geflecht aus werden Magen, Milz, Leber, Pankreas, Dünndarm und die kranialen Anteile des Dickdarms versorgt. Anzumerken sei noch, dass die Geflechte neben den sympathischen Anteilen auch von parasympathischen Fasern durchzogen werden, die dann zusammen mit den sympathischen Fasern zu den einzelnen Organen ziehen.

- Das Herz, die Lunge und der Ösophagus werden von den 4. und 5. thorakalen Rückenmarksegmenten versorgt.
- Die 6.–11. thorakalen Segmente innervieren über den N. splanchnicus Leber, Magen, Milz, Pankreas und Darm.

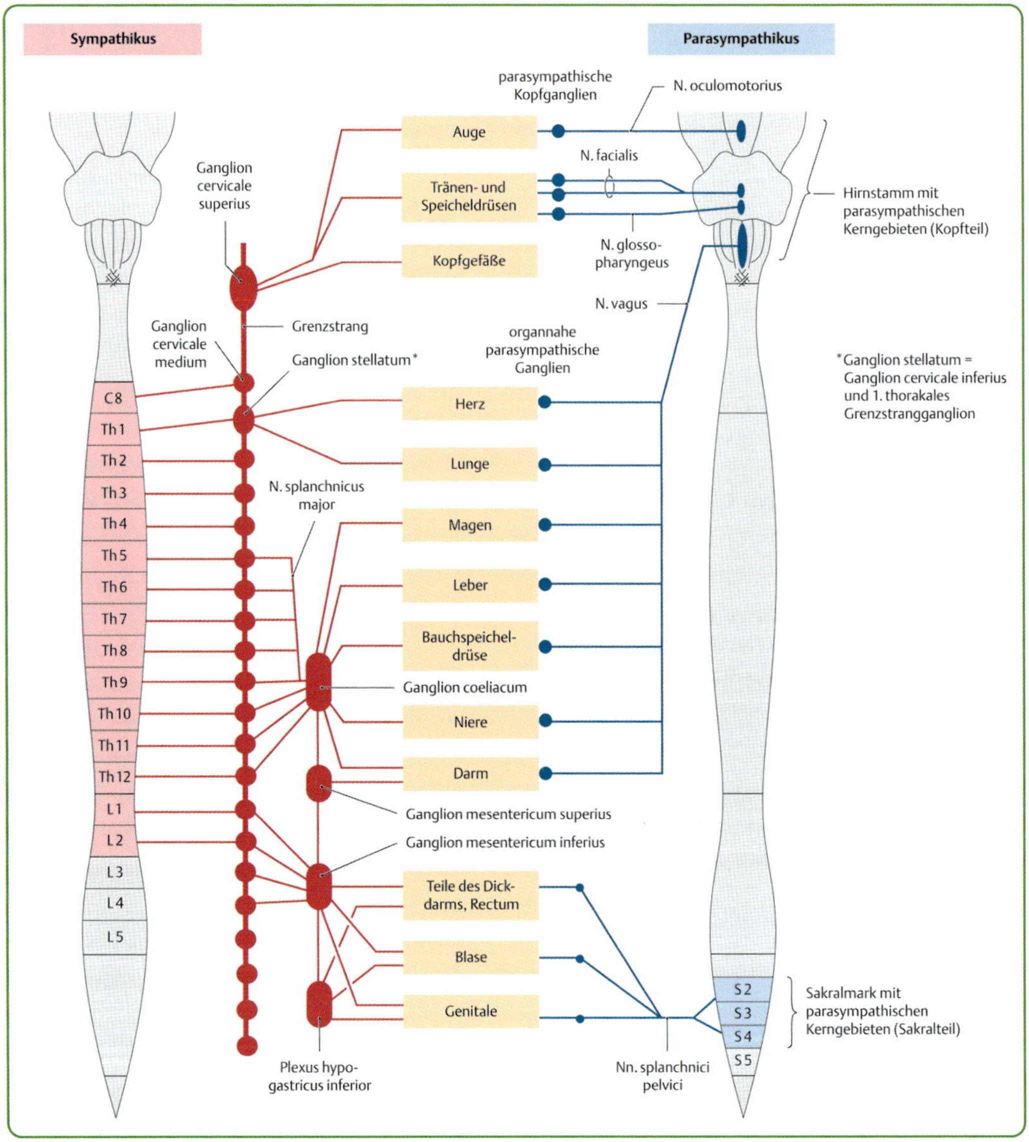

▸ **Abb. 4.2** Organisation von Sympathikus und Parasympathikus beim Menschen. (aus: Schünke M, Schulte E, Schumacher K, Voll M, Wesker K. Prometheus Lernatlas der Anatomie. Kopf und Neuroanatomie. Grafik: K. Wesker. Stuttgart: Thieme; 2006)

- Niere und Nebenniere werden von den letzten thorakalen Segmenten versorgt, während die lumbalen Segmente für die kaudalen Abschnitte des Darms, die Blase und die Geschlechtsorgane zuständig sind.

4.3 Körperfaszien

Die Körperfaszien sind eng mit den Mechanismen einer osteopathischen Läsion verbunden und werden daher in diesem Kapitel genauer beschrieben.

Vereinfacht dargestellt, besteht ein Lebewesen aus einer Anhäufung unterschiedlich differenzierter Zellen. Um diese zu einer Einheit zu verbinden, gibt es zum einen das Nervensystem als Informationsübermittler und zum anderen das Bindegewebe, das den mechanischen Zusammenhalt gewährleistet. Unterschieden werden das **lockere Bindegewebe,** das sich wie eine Füll- und Klebemasse in die Zellzwischenräume der Zellen schiebt, und das **straffe Bindegewebe.** Es bildet feine, aber feste Membranen aus, die sog. Faszien. Sie durchziehen den ganzen Körper, formen und strukturieren ihn. Sie umhüllen die einzelnen Muskeln und Organe, kleiden die Körperhöhlen aus und bilden großflächige Bindegewebszüge unter der Haut, die die Hautmuskeln umschließen.

Merke

Die Faszien übernehmen nicht nur eine statische Funktion im Organismus. Die straffe Beschaffenheit des Fasziengewebes ermöglicht zusätzlich eine Übertragung von feinen Druck-, Zug- und Scherkräften. Dies ist umso bedeutsamer, da die Faszien nicht als kleine separate Membranen vorliegen, sondern sich zu großflächigen Bindegewebsketten zusammenschließen. Diese bilden mehrere Schichten, die z. T. über die gesamte Länge des Körpers reichen.

Die äußerste Schicht (**Fascia externa superficialis**) ist dünn, verläuft direkt unter der Haut und umschließt mit ihren Lamellen die Hautmuskeln. Unterhalb der Unterhaut folgt die ebenfalls weitläufige, mittlere Faszienschicht (**Fascia externa profunda**). Diese wird im Rumpfbereich auch gelbe Bauchhaut genannt (**Fascia flava**), da sie durch ihren hohen Gehalt an elastischen Fasern gelb aussieht. Sie geht nach kranial in die Schulter- und Oberarmfaszie und weiter in die Halsfaszie über. Nach kaudal setzt sie sich in die Oberschenkelfaszie (**Fascia lata**) fort. Die tiefe Faszienschicht kleidet die Brust- und Bauchhöhle (Fascia endothoracica bzw. transversalis) aus und überzieht das Zwerchfell und die Organe. Auch die Hirnhäute (Meningen), die das ZNS umhüllen, gehören zu den längs verlaufenden Faszienzügen.

Neben diesen längs verlaufenden Faszienzügen existieren zusätzlich Querverbindungen, die als Pufferzonen dienen. Sie fangen auf- und abwärtsziehende Kräfte ab, verteilen sie und schwächen sie auf diese Weise ab. Zu diesen Pufferzonen gehören das Zungenbein, der Schulter- und der Beckengürtel, der zervikookzipitale Übergang und, als zentrales Organ, das Diaphragma.

Betrachten wir die Kraftübertragung der Faszien anhand eines Beispiels: Ein Pferd dreht seinen Hals nach rechts, um zu sehen was hinter ihm passiert. Die Drehung des Halses wird zunächst einen einseitigen Zug auf die linke Halsfaszie verursachen. Dieser Zug setzt sich dann auf die Bauchfaszie der gleichen Seite und weiter auf die Oberschenkelfaszie (Fascia lata) fort. Die Fascia lata steht wiederum mit dem M. tensor fasciae latae in Verbindung. Er ist ein Beuger des Hüftgelenks und ein Strecker des Kniegelenks und setzt mit der Fascia lata im Bereich des Knies an. Der Zug auf die Fascia lata wird also auf diesen Muskel übertragen, der sich auf diese Weise stimuliert kontrahiert. Die linke Hintergliedmaße wird ein Stück vorgeführt. Gleichzeitig wird sich über die Querverbindungen der Faszien der Zug der linken Bauchfaszie auch auf die andere Bauchseite übertragen. Die rechte Bauchseite wird eingezogen und die inneren Organe werden nach links verlagert.

Natürlich ist dies eine stark vereinfachte Darstellung dieser Abläufe, da auch die Propriozeptoren (Zug- und Druckmelder des Körpers), die Reflexe und das Bewusstsein mitwirken. Auch finden bei Blockierungen wesentlich feinere Kraftübertragungen statt. Doch vermag dieses Beispiel vielleicht einen Eindruck von dem Prinzip der Faszienketten zu vermitteln.

4.4 Spinalnerven und ihre Innervationsgebiete

Die einzelnen Funktionen des Körpers werden über das **ZNS** bestehend aus **Rückenmark**, und **Gehirn**, gesteuert. Auf- und absteigende Leitungsbahnen und quer verlaufende Fasern, die die rechte und linke Seite von Rückenmark und Gehirn verbinden, sorgen für die Koordination der unterschiedlichen Funktionen. Erst durch das perfekte Zusammenspiel dieser Leitungsbahnen verbinden sich die einzelnen Körperteile und -funktionen zu einem Ganzen.

Trotz dieser funktionellen Einheit ist das Rückenmark in der Wirbelzahl entsprechender Segmente gegliedert. Sie sind bereits makroskopisch an den in regelmäßigen Abständen paarig abgehenden Spinalnerven zu erkennen. Diese Segmentierung in sog. **Metamere** geht auf die embryonale Entwicklung zurück und beschränkt sich nicht nur auf das Rückenmark. Sie spiegelt sich auch in der Untergliederung der Wirbelsäule in einzelne Wirbelkörper und schließlich in den Innervationsgebieten der einzelnen Spinalnerven wider. Letztere sind radiär um das jeweilige Rückenmarksegment angeordnet und teilen den Körper, grob gesehen, in sich teils überlappende, transversale Scheiben ein.

Die Innervationsgebiete der einzelnen Spinalnerven sind unterschiedlich groß. In Abhängigkeit von der Art des Gewebes, das innerviert wird, werden verschiedene Einheiten unterschieden. Das **Dermatom** ist das von einem Spinalnerv innervierte Hautareal, das **Myotom** die von einem Spinalnerv versorgten Muskeln. Das durch den Spinalnerv innervierte Bindegewebe wird als **Sklerotom** und die inneren Organe zum **Viszerotom** zusammengefasst.

Obwohl sie Teil eines Ganzen sind, arbeiten die Segmente bei gewissen Aufgaben autonom, haben also eine gewisse Eigenständigkeit. So laufen bestimmte Reflexbögen nur über die Nervenbahnen eines Segments ab. Dazu gehören z. B. die Eigenreflexe, wie das durch den Schlag auf die Patellasehne ausgelöste automatische Strecken des Knies. Diese Selbstständigkeit der Metamere versetzt den Körper in die Lage, auf bestimmte Außenreize spontan zu reagieren. Beispielsweise ermöglicht es das schnelle Wegziehen der Hand von der Herdplatte, noch bevor der Schmerz bewusst wird. Andererseits kann diese Selbstständigkeit aber auch zu Störungen in der Reizweiterleitung führen.

Ein Beispiel für eine solche gestörte Informationsübermittlung sind die **Head'schen Zonen** (▸ **Abb. 4.3**). Entdeckt wurde dieses Phänomen von dem englischen Neurologen Sir Henry Head (1861–1940). Er stellte fest, dass bei der Erkrankung innerer Organe bestimmte Hautareale mit reagieren. Sie zeigen Hyperästhesien oder auch Hyperalgesien. Das heißt, die sensiblen Irritationen der inneren Organe finden sich in den entsprechenden Dermatomen der Haut wieder. Am bekanntesten ist sicher der in den linken Arm ausstrahlende Schmerz bei einem Herzinfarkt. Der genaue Mechanismus dieses Phänomens ist noch nicht bekannt. Doch zeigt es, wie wichtig es für die Diagnostik ist, sich über die Innervationsgebiete der einzelnen Spinalnerven im Klaren zu sein.

Der Spinalnerv bildet sich durch die Vereinigung einer dorsalen und einer ventralen Wurzel (Radix dorsalis und ventralis) zum sog. **Truncus spinalis.** Die Dorsalwurzel führt sensible Nervenfasern zum Rückenmark, über die Ventralwurzel verlassen motorische Fasern dasselbe. Die thorakolumbalen Segmente erhalten zusätzlich sympathische und die Kreuzbeinsegmente parasympathische Anteile. Nach ihrem Zusammenschluss durchmischen sich die sensiblen, motorischen und vegetativen Fasern und verlassen den Wirbelkanal über das Foramen intervertebrale. Hier spaltet sich der Truncus spinalis in mehrere, nun gemischte Nervenäste auf. Vorab führt jedoch ein kleiner Ast sympathische Fasern zum Truncus sympathicus (Rr. albi), wo sie auf das 2. Neuron umgeschaltet und als postsynaptische Rr. grisei zurückgeleitet werden.

Die Spinalnerven teilen sich in einen dorsalen und einen ventralen Ast. Der dorsale Ast innerviert mit seinem lateralen Anteil die dorsalen Hautpartien und mit seinem medialen die dorsale und autochtone Rückenmuskulatur. Die Aufteilung der ventralen Äste entspricht in weiten Teilen dem des dorsalen Astes. Die lateralen Äste versorgen das jeweilige Hautareal des Segments und die medialen Äste die Muskulatur, die vegetativen Nervenfasern die Organe.

Dieses Schema wird im Hals- und Thoraxgebiet gut eingehalten. Im Bereich der Schulter und des Beckens schließen sich jedoch mehrere Ventraläste zu Nervengeflechten, den **Plexus brachialis, Plexus lumbalis** und **Plexus sacralis,** zusammen.

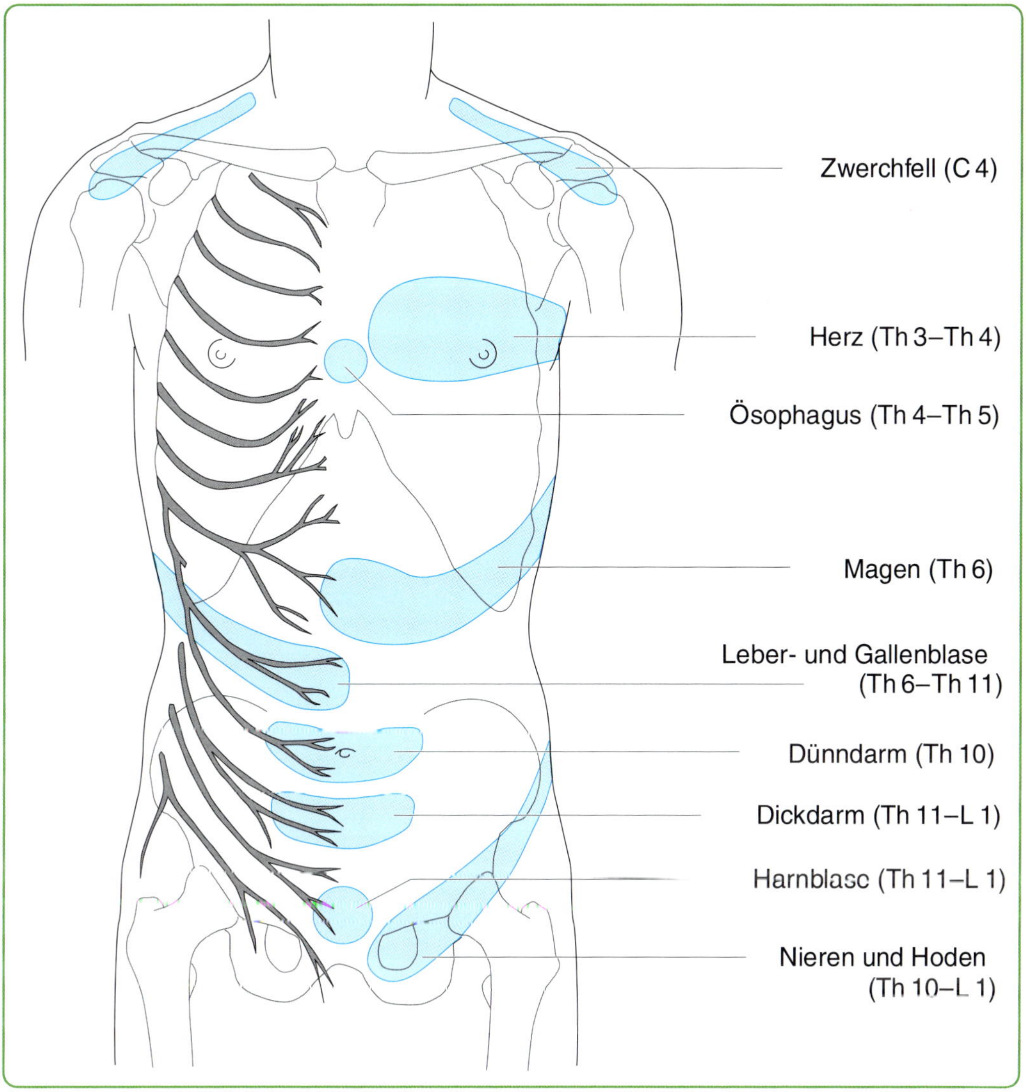

▶ **Abb. 4.3** Head'sche Zonen des menschlichen Körpers. (aus: Breidenbach O, Erlewein R. Lehrbuch Dorn-Therapie. Mit Breuß-Massage. 3. Aufl. Stuttgart: Karl F. Haug Verlag in MVS Medizinverlage Stuttgart; 2010)

Die aus den Plexus hervorgehenden Nerven versorgen die jeweiligen Gliedmaßen und Teile des Beckens. Da sich in diesen Plexus die Nervenfasern mehrerer Segmente vermischen, ist die radiäre Struktur der Innervation in diesen Gebieten nicht so deutlich zu erkennen, aber vorhanden. Allerdings bilden die motorischen Innervationsgebiete der einzelnen Nerven weniger räumliche abgegrenzte Einheiten als vielmehr funktionelle Einheiten. So versorgt der N. radialis z. B. alle Ellbogen-, Karpal- und Zehengelenksstrecker.

Die Lähmung eines bestimmten Nervs führt somit immer zum Ausfall einer ganz speziellen Funktion der Gliedmaße. Im Fall des N. radialis ist es die Streckung der Gliedmaße. Ein typisches Symptom der Lähmung ist eine kontinuierliche Beugehaltung, die sog. **Kusshandstellung.** Die Innervationsgebiete der Ventraläste der jeweiligen Spinal- bzw. Plexusnerven sind in den folgenden Kapiteln kurz beschrieben. Ausführliche Angaben sind den einschlägigen Anatomiewerken zu entnehmen.

4.4.1 Plexus brachialis

Der Plexus brachialis wird von den Ventralästen der letzten 3 Hals- und der ersten beiden Brustnerven gebildet (C6–T2). Die in ▶ **Tab. 4.3** aufgeführten Nerven gehen daraus hervor.

4.4.2 Plexus lumbosacralis

Der Plexus lumbosacralis besteht aus den untereinander in Verbindung stehenden Plexus lumbalis und sacralis. Diese werden von den Ventralästen der letzten 3–4 Lenden- (L3–L6) und der Sakralnerven (S1–S5) gebildet. Die Spinalnerven der ersten beiden Lendenwirbelsegmente werden nur bedingt hinzugerechnet, da sich ihre Ventraläste in der Regel nicht am Lumbalgeflecht beteiligen. Die in ▶ **Tab. 4.4** aufgeführten Nerven gehen aus dem Plexus lumbosacralis hervor.

▶ **Tab. 4.3** Nerven des Plexus brachialis und deren Versorgungsgebiete.

Nerv	Beteiligte Hals- (C) bzw. Brustnerven (T)	Sensibel	Motorisch
N. suprascapularis	C6–C8	-	M. supraspinatus M. infraspinatus Stabilisatoren des Schulterblatts Der Nerv zieht über den kranialen Rand des Schulterblatthalses und ist dort verletzungsanfällig; bei einer Lähmung verliert das Schulterblatt seine Stabilität. Suprascapularislähmung
N. musculocutaneus	C7 (6–8)	Haut des Unterarms medial und der Röhre dorsal bis zum Fesselgelenk	Strecker des Bug- und Beuger des Ellbogengelenks • M. coracobrachialis • M. biceps brachii (M. brachialis) 50 %
N. axillaris	C7–C8	Schultergelenk Haut des Unterarms dorsal (anterior)	Beuger des Buggelenks • M. deltoideus • M. teres major • M. teres minor • M. articularis humeri • M. subscapularis (kaudal)
Nn. subscapulares	-	-	M. subscapularis
N. thoracodorsalis	C8	-	M. latissimus dorsi
N. thoracicus longus	C7–C8	-	M. serratus ventr. (pars thoracalis)
N. thoracicus lat.	C8–T1	Haut um M. triceps brachii	M. cutaneus trunci M. cutaneus omobrachialis
Nn. pectorales	-	-	Mm. pectorales
N. radialis	C7–T(2)	Haut lateral am Unterarm und auf Höhe des M. triceps brachii	Strecker des Ellbogen- und des Karpalgelenks Strecker der Zehengelenke M. extensor carpi ulnaris (Ausnahme, Beuger) **Radialislähmung**: Es gibt 2 Stellen auf Höhe des Humerus, die anfällig für Verletzungen sind: Bei einer proximalen Lähmung oberhalb des Abgangs der Äste für den M. triceps brachii hängt die gesamte Gliedmaße herab mit einem Unvermögen, Karpal- und Zehengelenke zu strecken, bei der distalen Lähmung besteht nur das Unvermögen, Karpal- und Zehengelenke zu strecken *(Kusshandstellung)*.

▶ **Tab. 4.3** Fortsetzung.

Nerv	Beteiligte Hals- (C) bzw. Brustnerven (T)	Sensibel	Motorisch
N. medianus	C 8–T 2	stärkster Nerv Verbindung zum N. musculocutaneus Haut an der Hinterfläche des Mittelfußes Ellbogen- und Karpalgelenk mit N. ulnaris sensible Versorgung des Zehenbereichs (Haut, Gelenke, Hufrolle etc.) Periost des Unterarms	die eher medial gelegenen Beuger von Karpal- und Zehengelenken • Caput humerale und radiale des M. flexor digitalis prof. • M. flexor carpi radialis
N. ulnaris	(C 8)–T 2	Haut an der Hinterfläche des Unterarms, zusammen mit dem N. medianus den Zehenbereich	die eher lateral gelegenen Beuger von Karpal- und Zehengelenken • M. flexor digitalis supf. • Caput humerale und ulnare des M. flexor digitalis prof. • M. flexor carpi ulnaris • M. interosseus medius

▶ **Tab. 4.4** Nerven des Plexus lumbosacralis und deren Versorgungsgebiete.

Nerv	Beteiligte Lenden- (L) bzw. Sakralnerven (S)	Sensibel	Motorisch
Plexus lumbalis			
N. iliohypogastricus	L 1	Haut des Segmentbereichs Haut medial am Femur Euter bzw. Präputium	Bauchmuskelanteile des Segments
N. ilioinguinalis	L 2–L 3	Haut kaudal des Bereichs des N. iliohypogastricus peritonaeum in der Leistengegend	Bauchmuskelanteile des Segments
N. genitofemoralis	L 2–L 4	Präputium Skrotum Samenstrang Tunica vaginalis Euter	M. cremaster externus M. obliquus int. abdominis
N. cutaneus femoris lat.	L 3–L 5	Haut dorsal und medial des Kniegelenks	(M. psoas major)
N. femoralis N. saphenus	L 3–L 6	Haut medial an Unterschenkel und Metatarsus bis zum 1. Zehengelenk Kniegelenk	Beuger des Hüft- und Strecker des Kniegelenks • M. psoas minor • M. iliopsoas • M. sartorius • M. quadriceps femoris • M. pectineus Bei der **Femoralislähmung** ist das Pferd nicht mehr fähig, die entsprechende Hintergliedmaße zu belasten.

► **Tab. 4.4** Fortsetzung.

Nerv	Beteiligte Lenden- (L) bzw. Sakralnerven (S)	Sensibel	Motorisch
N. obturatorius	L4–L6	stellt die Verbindung zwischen Plexus lumbalis und sacralis her, da er auch Fasern der sakralen Spinalnerven führt	Adduktoren der Gliedmaße • M. obturatorius ext. • M. gracilis • M. adductor magnus (et brevis) • M. pectineus
Plexus sacralis			
N. glutaeus cranialis	Plexus ischiadicus L6–S2	-	M. glutaeus supf. M. glutaeus medius M. glutaeus prof. M. glutaeus accessorius M. tensor fasciae latae
N. glutaeus caudalis	Plexus ischiadicus L6–S2	-	M. glutaeus superficialis M. biceps femoris M. semitendinosus M. semimembranosus
N. cutaneus femoris caudalis	Plexus ischiadicus S1–S2	Haut unterhalb der Sitzbeinhöcker	-
N. ischiadicus	Plexus ischiadicus L5–S2	Hüftgelenk	Mm. gemelli M. obturatorius int. M. quadratus femoris
N. fibularis	-	Sprunggelenk Haut lateral an Knie und Unterschenkel Haut dorsolateral an Sprunggelenk, Mittelfuß und Zehe	Beuger des Sprung- und Strecker der Zehengelenke • M. tibialis cranialis • M. fibularis tertius • M. extensor digitalis longus • M. extensor digitalis lat. • M. extensor digitalis brevis
N. tibialis	-	Kniegelenk Haut plantar an Sprunggelenk, Mittelfuß und gesamter Bereich unterhalb des Fesselgelenks Zehengelenke	Strecker des Sprung- und Beuger der Zehengelenke • M. gastrocnemius • M. soleus • M. flexor digitalis supf. • M. flexor digitalis prof.
N. pudendus	S3–S4	innere und äußere Geschlechtsorgane Mastdarm Haut im Bereich des Afters, Präputiums bzw. Euters Skrotalhaut	Diaphragma urogenitale (Teile des Beckenbodens)
Nn. rectales caudd.	S4–S5	Haut von Damm und After kaudaler Abschnitt des Mastdarms	Diaphragma anale Diaphragma pelvis (Teile des Beckenbodens)

4.5 Kopf

Der Kopf beherbergt die höheren Sinnesorgane (Augen, Ohren, Geschmack, Geruch und Gleichgewichtsorgan) und das Gehirn und stellt somit die Steuerzentrale aller lebensnotwendigen Funktionen des Körpers dar. Aufgrund seiner Bedeutung ist jedes Lebewesen bestrebt, besonders seinen Kopf zu schützen. Dies ist ein Umstand, der auch bei der osteopathischen Untersuchung zu beachten ist. Die Prüfung aller Gelenksfunktionen im Kopf-, Genick- und Halsbereich ist nur realisierbar, wenn das Pferd dem Therapeuten vertraut, sodass es sich vollständig entspannt und die Untersuchung zulässt.

Als Steppen- und Fluchttier verfügt das Pferd über besonders leistungsfähige Sinnesorgane. Es hat die beweglichsten Ohren von allen Säugetieren, mit denen es die feinsten Geräusche orten kann. Durch die seitlich stehenden Augen hat es einen nahezu vollständigen Rundumblick. Die Augen ermöglichen es dem Pferd vornehmlich, Begebenheiten und Objekte in einiger Entfernung zu erfassen. Dagegen kann es die Bereiche direkt hinter sich bzw. vor und unterhalb seiner Nase nicht sehen. So schaut sich ein Pferd nicht sein Futter an, sondern ertastet es mit seinen Lippen und den Tasthaaren. Daher verbietet sich die Unsitte, zu lange Tasthaare aus kosmetischen Gründen abzuschneiden. Aus diesem Grund sollte man aber auch niemals direkt von hinten an ein Pferd herantreten oder die Hand direkt von vorne aufwärts in Richtung Nase des Pferdes bewegen.

4.5.1 Die 12 Gehirnnerven

Als Träger vieler wichtiger und differenzierter Funktionen ist der Kopf entsprechend intensiv innerviert. Diese Aufgabe wird von den 12 Gehirnnerven übernommen (▸ **Abb. 4.4**, ▸ **Tab. 4.5**). Sie führen sensorische, vegetative, sensible und motorische Fasern. Der wichtigste sensible Nerv ist der **N. trigeminus** (V.). Er versorgt den gesamten Kopfbereich. Die Kenntnis über die Austrittsstellen seiner Äste aus dem Schädel ist wichtig für die Durchführung von Leitungsanästhesien am Kopf. Bei einer Schädigung kann es zu Parästhesien kommen, die von einem Kribbeln bis zu starken

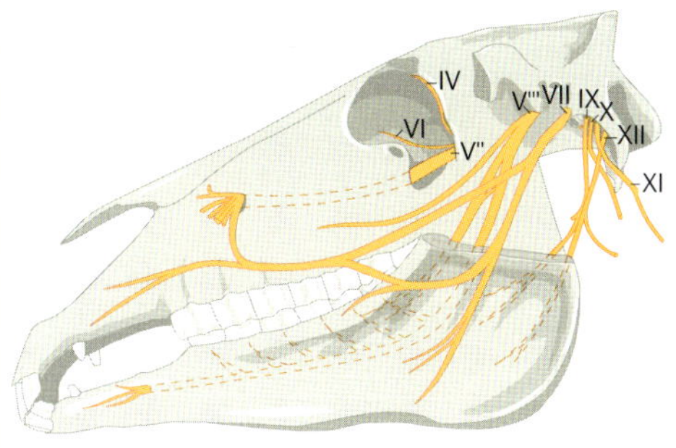

▸ **Abb. 4.4** Pferdeschädel mit vereinfachter schematischer Darstellung des Verlaufs der Gehirnnerven (Legende s. ▸ **Tab. 4.5**).

Schmerzzuständen reichen können. Dieses Phänomen (**Trigeminusneuralgie**) wird z. T. für das Syndrom des Headshakers verantwortlich gemacht. Typisch für diese Erkrankung ist, dass sich die Symptome des Kopfschlagens erst zeigen, wenn die Tiere bereits mit der Arbeit begonnen haben und warm werden.

Die motorische Versorgung übernimmt vornehmlich der **N. facialis** bzw. **intermediofacialis** (VII.). Er innerviert die Lippen- und Wangenmuskeln, die Augenlid- und die Ohrmuskeln. Die Kaumuskulatur wird dagegen von motorischen Fasern des N. trigeminus versorgt. Schließlich sei nochmals der **N. vagus** erwähnt (X. Gehirnnerv), der mit seinen parasympathischen Fasern fast die gesamten inneren Organe versorgt.

Ein großer Teil der Gehirnnerven verlässt den knöchernen Schädel unterhalb des Ohrgrunds auf Höhe des Kiefergelenks (▸ **Abb. 4.4**). Eine Entzündung dieses Gelenks kann daher auch von Fehlfunktionen der dort austretenden Nerven begleitet sein. In ▸ **Tab. 4.5** sind die Innervationsgebiete der Gehirnnerven knapp aufgeführt. Doch sollten Ausfälle der Nerven nicht automatisch auf eine Erkrankung des Kiefergelenks geschoben werden. Bei den Gehirnnerven der **Vagusgruppe** (IX., X. und XI.) muss zusätzlich beachtet werden, dass sie dicht am Luftsack vorbeiziehen und durch eine eitrige Entzündung desselben (**Druse**) stark in Mitleidenschaft gezogen werden können.

▸ **Tab. 4.5** Die 12 Gehirnnerven mit Innervationsgebiet.

Gehirnnerv		Innervationsgebiet	Bemerkungen
I.	N. olfactorius	Riechzellen der Nasenschleimhaut	-
II.	N. opticus	Retina	-
III.	N. oculomotorius	Augenmuskeln bis auf die, die durch IV. und VI. innerviert werden	-
IV.	N. trochlearis	M. obliquus dorsalis	-
V.	N. trigeminus: • N. ophthalmicus (V^{I}) • N. maxillaris (V^{II}) • N. mandibularis (V^{III})	sensible Innervation des größten Teiles der Haut und Schleimhäute am Kopf, ebenso der Zähne und Kaumuskulatur	Seine Äste können an folgenden Stellen anästhesiert werden: • N. mentalis am Foramen mentale (Unterkiefer) • N. infraorbitalis am Foramen infraorbitale (Oberkiefer) • N. frontalis am Foramen supraorbitale (Stirn)
VI.	N. abducens	M. rectus lateralis	-
VII.	N. intermediofacialis	Gesichts- und Hautmuskulatur	-
VIII.	N. vestibulocochlearis	Cochlea und Labyrinthorgan	-
IX.	N. glossopharyngeus	Rachenschleimhaut und Geschmackspapillen	Vagusgruppe
X.	N. vagus	Eingeweide	
XI.	N. accessorius	Halsmuskulatur	
XII.	N. hypoglossus	Zungenbein- und Zungenmuskulatur	-

4.5.2 Schädelknochen

Das Gehirn wird nach außen vom knöchernen Hirnschädel umgeben. Dieser besteht aus mehreren einzelnen Knochenplatten (▸ **Abb. 4.5**). Sie sind über Knochennähte (Suturae), schmale Bindegewebssäume, spaltfrei miteinander verbunden. Junge Tiere haben noch ausgeprägte bindegewebige Bezirke (Fontanellen), die dann mehr und mehr verknöchern. Bei älteren Tieren sind nur noch die hauchdünnen Knochennähte zu erkennen.

Merke

Obwohl die Schädelknochen teilweise vollständig ossifizieren können, bleibt eine geringfügige Beweglichkeit der Knochenplatten zueinander bestehen. Dadurch werden minimale divergierende und konvergierende Bewegungen innerhalb des Schädels auf der Außenfläche fühlbar, was bei der kraniosakralen Therapie ausgenutzt wird.

4.5.3 Gehirnhäute und Liquorraum

Innerhalb der Schädelhöhle schwimmt das Gehirn in einer Art Flüssigkeitsblase, die plötzliche Stöße und Erschütterungen abpuffert. Sie wird von den Gehirnhäuten und dem darin befindlichen Liquor cerebrospinalis gebildet.

Es werden eine harte (**Dura mater**) und eine weiche Hirnhaut (**Pia mater** und **Arachnoidea**) unterschieden. Im Schädel ist die Dura mater fest mit dem Periost verbunden, während sie im Rückenmarkskanal nur auf Höhe des 1. und 2. Halswirbels und auf Höhe des Kreuzbeins mit dem Knochen verbunden ist. Sie besteht aus 2 Blättern, zwischen denen die Sammelbecken für das venöse Blut des Gehirns liegen (Sinus venosus). Das innere Blatt bildet zwischen den Großhirnhemisphären ein sagittales Septum (Falx cerebri) und zwischen Groß- und Kleinhirn ein horizontales Septum (Tentorium cerebelli) aus. Seitlich des Kleinhirns existieren noch 2 flache sagittale Septen, die Falces cerebelli. Nach innen schließt sich der Dura mater die Spinnwebenhaut (Arachnoidea) an. Sie besteht aus feinen Bindegewebstrabekeln, die ihr ihren Namen geben. Direkt

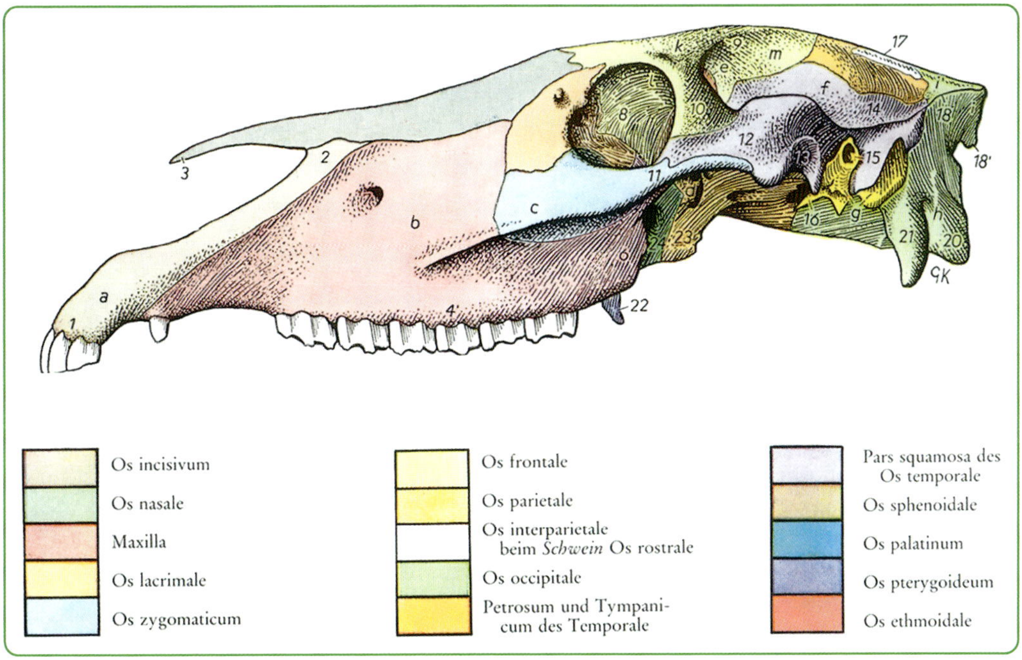

▶ **Abb. 4.5** Schematische Darstellung der Knochen des Schädels von links (1: Proc. alveolaris; 2: Proc. nasalis des Inzisivum; 3: Proc. rostralis des Nasale; 4': Proc. alveolaris der Maxilla; 6: Tuber maxillae; 8: Orbita; 9: Linea temporalis; 10: Proc. zygomaticus des Frontale; 11: Proc. frontalis des Zygomatikum; 12: Arcus zygomaticus; 13: Fossa mandibularis, davor Tuberculum articulare, dahinter Proc. retroarticularis; 14: Crista supramastoidea; 15: Meatus acusticus externus; 16: Proc. muscularis; 17: Crista sagittalis externa; 18: Crista nuchae; 18': Protuberantia occipitalis externa; 20: Condylus occipitalis; 21: Proc. paracondylaris; 22: Hamulus des Pterygoid; 23: Proc. pterygoideus des Basisphenoid; 24: Proc. spheonidalis des Palatinum; a: Corpus des Incisivum; b: Corpus der Maxilla; c: Corpus (Facies lateralis) des Zygomatikum; d: Ala ossis praesphenoidalis; e: Ala ossis basisphenoidalis; f: Facies temporalis des Squamosum; g: Pars petrosa et pars tympanica des Temporale; h-i': Os occipital; h: Pars lateralis; i: Squama occipitalis, ihr Planum nuchale; i': ihr Planum occipitale; k: Squama frontalis; l: Pars orbitalis; m: Facies temporalis des Frontale). (aus: Nickel R, Schummer A, Seiferle E. Lehrbuch der Anatomie der Haustiere. Band I, Bewegungsapparat. 8. Aufl. Stuttgart: Parey in MVS Medizinverlage Stuttgart; 2003)

dem Gehirn und dem Rückenmark aufgelagert, befindet sich die Pia mater. Zwischen der Arachnoidea und der Pia mater liegt der **äußere Liquorraum** (Cavum subarachnoidale), in dem Gehirn und Rückenmark „schwimmen".

Zusätzlich existiert ein **innerer Liquorraum,** der mit dem äußeren in Verbindung steht. Der innere Liquorraum besteht aus den 4 Gehirnventrikeln und dem Rückenmarkskanal. Der Liquor wird in den Arteriengeflechten (Plexus chorioidei) des 3. und 4. Gehirnventrikels kontinuierlich gebildet. Er ist ein Ultrafiltrat des Blutes, enthält aber auch aktiv sezernierte Stoffe aus dem Blut. Aus dem inneren Liquorraum fließt er in das Cavum subarachnoidale, aus dem er über das Venensystem des Gehirns zurück in den Blutkreislauf gelangt. Zusätzlich besteht die Möglichkeit, dass er in die benachbarten Lymphgefäße übertreten kann.

Die kontinuierliche wellenförmige Liquorproduktion und -resorption werden als Auslöser für die minimalen Bewegungen des Hirnschädels angesehen, die im Rahmen der kraniosakralen Therapie erfasst werden. Da der Liquor nicht nur einen mechanischen Schutz des ZNS bildet, sondern auch für den Stoffwechsel der Neuronen essenziell ist, können Störungen der Liquorzirkulation zu starken pathologischen Veränderungen führen.

Merke

Es sei nochmals erwähnt, dass die Dura mater zu den Körperfaszien gehört, die sich im Rahmen der kraniosakralen Therapie über eine Manipulation der Schädelknochen und des Sakrums beeinflussen lassen.

4.5.4 Genick

Ein neuralgischer Punkt des Kopfes ist das Genick. Es ist das lose Ende des langen Hebels Hals und bildet gleichzeitig die Aufhängung für den Kopf (▸ **Abb. 4.6**). Durch diese Funktion muss es, mehr als alle anderen Teile des Körpers, gegen die Schwerkraft ankämpfen.

Die dorsalen kurzen Kopfbeweger stehen entsprechend unter einer ständigen Spannung, die auch leicht zu einer Verspannung werden kann, und verspannte Muskeln sind anfälliger für Verletzungen. Diese Anfälligkeit ist umso erheblicher, da das Pferd alle Bewegungen über den Kopf-Hals-Bereich anbahnt und ausbalanciert. Dies ist am besten zu beobachten, wenn es aufsteht. Die kurzen Kopfbeweger sind dabei vornehmlich für die feinen, kleinsten Stellungsänderungen des Kopfes zuständig, durch die alle Bewegungen eingeleitet werden. Sie enthalten eine hohe Dichte an Propriozeptoren (Stellungsrezeptoren), damit sie ihre Aufgabe ausführen können. Sind die Muskeln jedoch verspannt, ist dies nicht mehr möglich, die Bewegungsabläufe des gesamten Körpers verlieren an Geschmeidigkeit und die Bewegungen sind nicht mehr perfekt koordiniert.

Wenn ein Reiter auf einem insgesamt verspannten Pferd sitzt, wird er merken, dass, wenn er die Verspannung zunächst im Genick löst, indem er es nach beiden Seiten stellt, sich der übrige Körper des Pferdes dann oft von selbst löst. Allerdings ist dies nur möglich, wenn im Atlantookzipital- und Atlantoaxialgelenk keine Blockierung vorliegt.

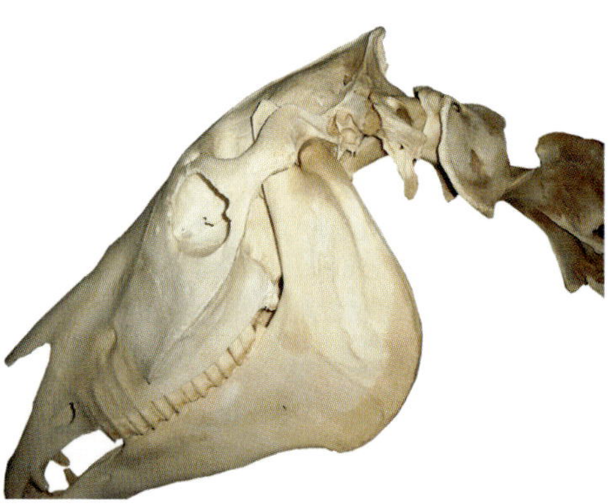

▸ **Abb. 4.6** Der okzipitoatlantoaxiale Übergang beim Pferd. (Foto: DIPO)

Praxistipp
Bei einem Pferd, das keine auffälligen Schmerzen hat, aber im Ganzen verspannt und hölzern läuft, sollte an eine Blockierung im Atlantookzipital- und Atlantoaxialgelenk gedacht werden.

4.5.5 Zähne

Bewegungsstörungen des Kiefergelenks können osteopathisch diagnostiziert werden. Doch sind Entzündungen und Arthrosen in diesem Gelenk osteopathisch nur eingeschränkt behandelbar. Daher sollte besonderes Augenmerk auf seine Gesunderhaltung gelegt werden. Zu den **Kaumuskeln** gehören der M. masseter, der M. temporalis und die Mm. pterygoidei medialis und lateralis. Da Equiden darauf angewiesen sind, ihr Futter gründlich durchzukauen, um es verdauen zu können, beanspruchen sie ihr Kiefergelenk sehr stark. Beim Kauen vollführen sie kreisende Mahlbewegungen mit dem Unterkiefer. Hauptbewegungsrichtung ist dabei der seitliche Ausschlag, wobei immer eine Seite bevorzugt wird. Dabei unterliegen die Pferdezähne im Gegensatz zum Menschen einem ständigen Abrieb durch die permanente Beanspruchung beim Zerkleinern von Rau- und Getreidefutter.

Schäden entstehen vor allem durch falsches oder zu weniges Kauen. Ursache dafür können **Zahnanomalien** sein, meistens erhalten die Pferde jedoch zuwenig Raufutter. Kaut das Pferd nicht richtig, entstehen sog. **Exsuperantien** oder **Schmelzspitzen** auf den Zähnen. Sie befinden sich bei den Zähnen des Oberkiefers in der Regel außen und bei denen des Unterkiefers auf der Innenseite, weil die Zahnreihen des Oberkiefers weiter auseinanderstehen als die des Unterkiefers. Durch die Spitzen wird die Mahlbewegung des Unterkiefers noch stärker eingeschränkt, weil die Pferde dem Schmerz ausweichen. Es entsteht ein Teufelskreis.

Eine weitere Zahnanomalie ist der sog. **Meißelzahn** (▸ **Abb. 4.7**). Der Begriff bezeichnet vordere oder hintere Backenzähne, die über das Niveau ihrer Zahnreihe hinauswachsen und dort, weil sie keinen Gegenkontakt haben, wie ein spitzer Meißel in den freien Raum hineinwachsen. Sie können so lang werden, dass sie bis in den gegenüberliegenden Kieferknochen hineinragen bzw. -beißen.

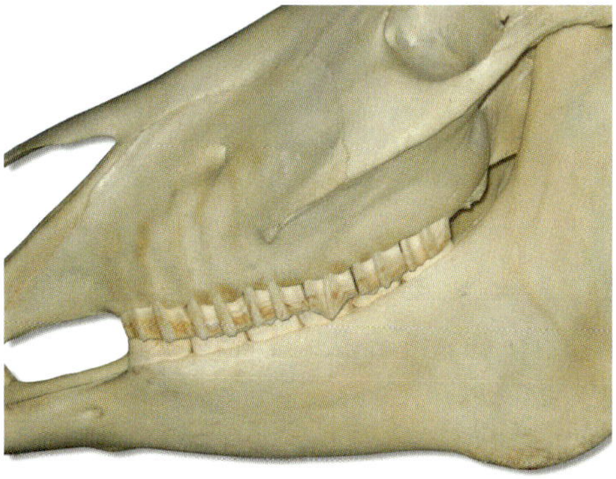

▶ **Abb. 4.7** Meißelzähne können bis in den gegenüberliegenden Kiefer einbeißen. (aus: Simon T, Herold I, Schlemper H. Praxisleitfaden Zahn- und Kiefererkrankungen des Pferdes. Parey in MVS Medizinverlage Stuttgart; 2008)

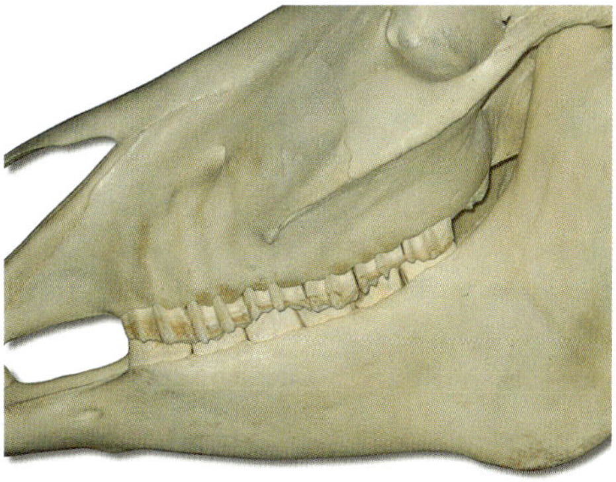

▶ **Abb. 4.8** Das Wellengebiss führt zu erheblichen Einschränkungen beim Kauvorgang und in den Kiefergelenken. (aus: Simon T, Herold I, Schlemper H. Praxisleitfaden Zahn- und Kiefererkrankungen des Pferdes. Parey in MVS Medizinverlage Stuttgart; 2008)

Als Ursache kommen anlagebedingt fehlende oder extrahierte Zähne (z. B. nach Verletzungen und Brüchen) oder zu kurze Zähne im Gegenkontakt in Betracht. Auch bei überzähligen Zähnen kann es zur Bildung eines Meißelzahns kommen, wenn dieser nicht in, sondern neben der Zahnreihe steht und entsprechend keinen Gegenkontakt hat.

Meißelzähne verletzen die Schleimhaut und/oder das Zahnfach (Alveole) des Gegenspielers und sind damit ein schmerzhaftes Hindernis auch bei der Nahrungsaufnahme. Sie müssen in einer oder mehreren Behandlungen gekürzt und geschliffen werden. Zudem sollte das Pferd einmal jährlich vom Pferdezahnarzt kontrolliert und ggf. nachbehandelt werden.

Das **Wellengebiss** (▶ Abb. 4.8), eine weitere Zahnanomalie, kommt besonders häufig bei Ponys und älteren Pferden vor. Das vorsichtige Abschleifen, möglichst in mehreren Sitzungen, ist hier die Therapie der Wahl. Kautechnisch führt die Ausbildung eines Wellengebisses zu einer schweren Störung für das Pferd, die bis zur Schädigung der Kiefergelenke führen kann, weil die kreisende Mahlbewegung nicht mehr möglich ist und Kompression in den Kiefergelenken vorwiegend auf einer Stelle stattfindet, sodass die Kiefergelenksknorpel einer verstärkten Abnutzung unterliegen. Die Gelenkkapseln, die die Kiefergelenke umgeben, können durch den verminderten Bewegungsausschlag beim Kauen ebenfalls eine Einschränkung ihrer Dehnfähigkeit erfahren. Als Folge wird die Bildung der knorpelernährenden Gelenkflüssigkeit reduziert und auf Dauer das ganze Gelenk geschädigt.

Auch hier muss wieder das Augenmerk auf die in der Nähe verlaufenden Hirnnerven, vor allen Dingen auf den N. trigeminus, gerichtet werden. Aus der Humanmedizin wissen wir, dass Trigeminusneuralgien starke Kopf- und Gesichtsschmerzen auslösen. In der Veterinärmedizin gibt es nach Wissen der Autoren trotz der weltweiten Vernetzung noch keine Arbeiten zu diesem Thema. Es ist aber zu vermuten, dass mancher Headshaker ein klassischer Kopfschmerzpatient ist.

Praxistipp

Bei einer Untersuchung sollte nie die Frage nach der Gebisspflege fehlen, ebenso wenig wie der Blick ins Maul. Der Osteotherapeut muss über Zahnwechsel, Abrieb der Backenzähne und Symptome eines faulen oder frakturierten Zahnes Bescheid wissen.

4.6 Gleichgewichtssystem und Propriozeption

4.6.1 Gleichgewichtssystem

Bei dem Begriff „Sinnesorgan" denkt man meist nur an Augen, Ohren, Nase und Geschmack, da wir die dort entstehenden Sinneseindrücke bewusst wahrnehmen. Die Reize des Labyrinthorgans, des

5. Sinnesorgans, werden dagegen unbewusst vom Körper verarbeitet. Daher wird es meist vernachlässigt. Doch ohne das Gleichgewichtsorgan wäre eine aufrechte Körperhaltung nicht möglich.

Das **Labyrinthorgan** bildet zusammen mit der Gehörschnecke (Cochlea) das Innenohr, das, von Perilymphe umgeben, in der Felsenbeinpyramide (Pars petrosum des Os temporale) liegt. Es dient der Wahrnehmung von Linear- und Drehbeschleunigungen und damit der Gleichgewichtsempfindung. Die hier entstandenen Reize werden zu übergeordneten Regulationszentren weitergeleitet und dort in unbewusst durchgeführte Reflexbewegungen umgesetzt, die das Gleichgewicht des Körpers und seine aufrechte Haltung im Raum erhalten. Die afferenten Nerven des Gleichgewichtsorgans ziehen u. a. direkt zum Kleinhirn (Cerebellum), das für die zeitliche und räumliche Koordination von Bewegungen zuständig ist.

Zudem werden die Reize aus dem Labyrinthorgan zu den Nerven der Augenmuskeln weitergeleitet. Mithilfe der von dort kommenden Informationen werden die Augen bei jeder Bewegung des Kopfes innerhalb von Millisekunden so ausgerichtet, dass sie immer ein aufrechtes Bild geben und auch ein bewegtes Objekt länger fixieren können. Über eine Verbindung zu den Nackenmuskeln erfolgt zudem die Abstimmung von Augen- und Kopfbewegungen. Ein aufrechtes Bild und die Haltung des Kopfes sind also essenziell für die Gesamtkörperhaltung. Dies erklärt, weshalb Bewegungen des ganzen Körpers über den Kopf-Nacken-Bereich eingeleitet werden und Verspannungen der Nackenmuskulatur, wie sie z. B. Blockaden in diesem Bereich verursachen, oft zu Schwindelgefühlen führen. Daher spielt der Kopf-Hals-Übergang in der osteopathischen Therapie auch eine zentrale Rolle.

Weiterhin existiert eine Verbindung zu den motorischen Wurzelzellen des Rückenmarks (α- und γ-Motoneuronen der Extensorenmuskulatur). Über diese Bahnen werden die Haltung des Körpers und dessen Teile reflektorisch gesteuert. Tritt jemand beim Gehen in eine unerwartete, tiefe Mulde, verliert er zwar kurz sein Gleichgewicht, doch macht sein Körper sofort eine Ausgleichsbewegung, um sich zu fangen. Diese Ausgleichsbewegung läuft automatisch, ohne vorherige Planung ab und wird über die o. g. Leitungsbahn gesteuert.

4.6.2 Propriozeption (Tiefensensibilität)

Um jedoch eine aufrechte Körperhaltung beizubehalten und Bewegungen koordiniert durchzuführen, sind zusätzlich zu den Informationen aus dem Labyrinthorgan auch Kenntnisse über die Position der Körperteile zueinander und im Raum notwendig. Diese Informationen erhält der Körper über die Propriozeptoren. Die Propriozeptoren gehören zu der Gruppe der Mechanorezeptoren. Sie erfassen Zug- und Druckkräfte. Zu ihnen gehören die Muskelspindeln, die Sehnenorgane und die Druckrezeptoren in den Gelenkkapseln (Vater-Pacini- und Ruffini-Körperchen). Auch die unbehaarte Haut enthält Mechanosensoren.

Vater-Pacini- und Ruffini-Körperchen

Es existieren verschiedenartige Druckrezeptoren in den Gelenkkapseln. Die Vater-Pacini-Körperchen adaptieren sehr schnell, sodass sie dicht aufeinanderfolgende Reize und Geschwindigkeitsänderungen wahrnehmen können, während die Ruffini-Körperchen langsam adaptieren und Druckintensitätsmesser sind.

Golgi-Organ (Sehnenorgan)

Das Golgi-Organ liegt am Muskel-Sehnen-Übergang und misst die Spannung von Sehnen und Muskeln. Bei starker Anspannung des Muskels wird die Sehne gespannt und das Sehnenorgan sendet Impulse über schnelle Ib-Fasern zum Rückenmark. Dort hemmen sie über ein Zwischenneuron das entsprechende α-Motoneuron, wodurch sich der Muskel entspannt.

Muskelspindel und γ-Schleife

Die Muskelspindeln liegen als sog. intrafusale Fasern zwischen der Arbeitsmuskulatur. Sie bestehen aus 5–10 dünnen, quergestreiften Muskelfasern, deren Zellkerne zentral entweder in Längsreihen (Kernkettenfasern) oder gebündelt (Kernhaufenfasern) angeordnet sind. Dieser mittlere Bereich der Muskelspindel, in dem die Zellkerne liegen, enthält keine Myofibrillen und ist dementsprechend nicht kontraktionsfähig, sondern nur die beiden Myofibrillen enthaltenden Pole. Am

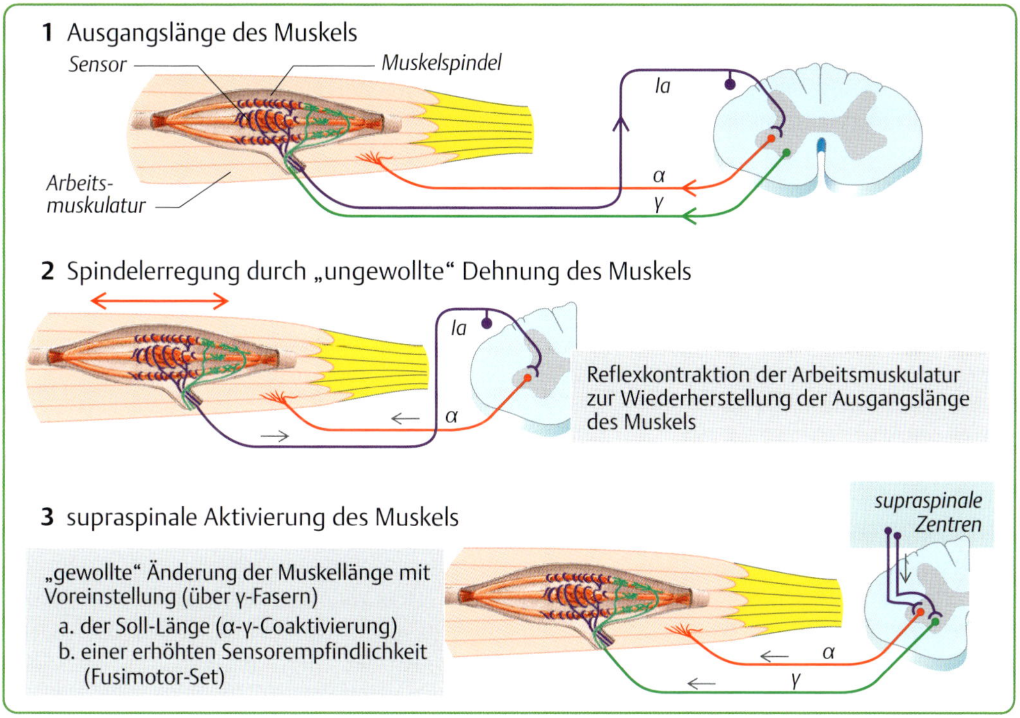

▶ **Abb. 4.9** Schematische Darstellung der γ-Ia-α-Kopplung zur Durchführung präziser Muskelbewegungen, Veränderung der Muskellänge durch Erregung der γ-Motoneurone. (aus: Silbernagl S, Despopoulos A. Taschenatlas Physiologie. Grafik: R. Gay und A. Rothenburger. 8. Aufl. Stuttgart: Thieme; 2012)

Mittelteil der Spindel endet eine myelinisierte, sensible Nervenfaser (Ia), deren Enden sich spiralig um die einzelnen Fasern winden (anulospiralige Endigungen). An den beiden kontraktilen Polen enden mit kleinen motorischen Endplatten γ-Motoneuronen.

Die Muskelspindel ist ein Dehnungsrezeptor, der bei Dehnung des Muskels erregt wird und bei Kontraktion ruht. Sie dient vorwiegend zur Regelung der Muskellänge. Bei einer ungewollten Dehnung des Muskels beginnen die sensiblen Ia-Fasern, Impulse zum Rückenmark zu senden. Über eine direkte Umschaltung auf das α-Motoneuron des betreffenden Muskels wird dieser daraufhin zur Korrektur wieder kontrahiert (Eigenreflex). So behält der Muskel seine Soll-Länge. Dieser Vorgang läuft unbewusst ab (▶ Abb. 4.9).

Um eine bewusste Haltungsänderung vorzunehmen oder die Muskelbewegung in einen Bewegungsablauf zu integrieren, muss dagegen die Soll-Länge des Muskels verändert werden. Diese Änderung der Soll-Länge wird durchgeführt durch wechselnde (zentral gesteuerte) Aktivität der γ-Motoneuronen, die die Vordehnung der Muskelspindel verändern. So werden die kontraktilen Pole der intrafusalen Fasern über Erregung der γ-Motoneurone verkürzt. Dies führt zu einer Dehnung des mittleren Muskelspindelbereichs, was eine Erregung der sensiblen Ia-Nervenfasern und nachfolgend der α-Motoneuronen zur Folge hat, wodurch der Arbeitsmuskel entsprechend kontrahiert wird. Auf diese Weise ist die γ-Ia-α-Kopplung an der Durchführung von präzisen Muskelbewegungen beteiligt (▶ Abb. 4.9). Dieser Vorgang wird auch kurz als γ-Schleife bezeichnet.

4.7 Vom Schmerz bis zur Entstehung einer Blockade

Schmerz ist ein natürlicher Schutzreflex, der den Körper vor Schäden bewahrt, aber auch bei Verletzungen für die Ruhigstellung der betroffenen Körperpartie sorgt. Doch kann Schmerz, wenn er länger anhält, auch Reaktionsketten auslösen, die zu dauerhaften neurophysiologischen Störungen führen. Dabei scheinen Dysfunktionen sowohl des Sympathikus als auch der Reflexketten der Muskelspindel (γ-Schleife) eine Rolle zu spielen.

Die Schmerzrezeptoren (**Nozizeptoren**) liegen als freie Nervenendigungen im Gewebe und werden durch Stoffe aktiviert, die bei Zell- und Gewebezerstörung freigesetzt werden. Die Schmerzinformation wird dann über Aδ- (heller, schneller Schmerz) und C-Fasern (dumpfer, langsamer Schmerz) zum Rückenmark geleitet.

Nach dem ersten Fluchtreflex führt Wundschmerz zu einer **Schonhaltung,** bei der die Muskulatur in dem betroffenen Bereich stark angespannt wird. Zusätzlich dazu löst er einen Zustand erhöhter Wachsamkeit („Arousal") im gesamten Organismus aus, der den Tonus aller Muskeln im Körper steigert. Solche Schutzmechanismen laufen unter Beteiligung des Sympathikus ab.

Hält der Schmerz länger an, bleibt diese Anspannung bestehen. Die an der Schonhaltung beteiligten Muskelgruppen beginnen, sich zunehmend zu verkrampfen. Auf der emotionalen Ebene entwickelt sich gleichzeitig Angst vor der Bewegung bzw. eine Aggressivität gegenüber dem Schmerz. Der Körper befindet sich in einer Stresssituation.

Stress aktiviert über die Hypothalamus-Hypophysen-Nebennierenrinden-Achse ein weiteres Hormonsystem des Körpers. Die Nebennierenrinde sezerniert vermehrt Kortikoide, die wiederum mitverantwortlich für die Aufrechterhaltung der Übererregung sind und weitere psychische und physische Störungen hervorrufen können. An diesem Punkt entstehen in der Regel auch die Dysfunktionen in den Reflexketten der Muskelspindel (Eigenreflexe, γ-Schleife), die zu einer Beibehaltung der verkrampften Schonhaltung führen, obwohl die ursprünglichen Schmerzen und ihre Ursache bereits abklingen.

Abgesehen davon, dass verkrampfte Muskeln einen eigenständigen Schmerz erzeugen, kommt es durch die Verkrampfung zu einem **Sauerstoffmangel** in der Muskulatur. Dieser kann infolge unangepasster vasomotorischer Reaktionen des Sympathikus, die die Mikrozirkulation des Blutes stören, noch verstärkt werden. Der Sauerstoffmangel schädigt die Muskelfasern und beeinträchtigt dadurch die Funktionsfähigkeit des Muskels. Zusätzlich verursacht die verkrampfte Schonhaltung eine zunehmende Muskelatrophie. Durch die teils atrophierte, teils verspannte oder geschädigte Muskulatur des Körpers können die Gelenke nicht mehr ausreichend stabilisiert werden. Die Gefahr, dass **Blockaden** in den Gelenken entstehen, erhöht sich enorm.

Die entstandenen Blockaden schließen den Teufelskreis und verhindern, dass sich die Muskulatur trotz regelmäßiger Physiotherapie bleibend entspannt. Erst das Lösen der Blockaden kann die Funktionsstörung aufheben und den physiologischen Zustand wieder herstellen und damit die Verkrampfungen dauerhaft beseitigen.

So wie der Schmerz von emotionalen Reaktionen begleitet wird, können anders herum bestimmte emotionale Zustände die Entstehung von Schmerzen, Verkrampfungen und Blockaden fördern. Stress und Angst rufen eine Habachtstellung des Organismus hervor. Sie erhöhen die Muskelspannung und können auch die Empfänglichkeit und den Schwellenwert für Schmerzen erhöhen. Die Mechanismen für diese Vorgänge sind nicht ganz klar, doch scheint das sympathische Nervensystem eine bedeutende Rolle zu spielen. Diskutiert werden das Ausbilden unphysiologischer Kontaktstellen zu nozizeptiven Nerven und die Sensibilisierung von Nozizeptoren durch sympathische Neurotransmitter.

Bei einem durch rückwärts wirkende Hilfen festgezogenen Pferd (▶ **Abb. 4.10**) kommt es immer zur Verkrampfung der Rücken- und Halsmuskulatur sowie des muskulären Aufhängeapparats im Brust- und Schulter-Arm-Bereich. Durch Verkrampfung entsteht Sauerstoffmangel in der Muskulatur und Schmerz. Dadurch kommt das Pferd in eine Stresssituation und drückt, z. B. durch permanentes Schlagen mit dem Schweif und Aufsperren des Maules, seine Abwehr aus. Der ganze Bewegungsablauf des Pferdes sieht unnatürlich und überschießend aus.

Das gymnastizierte Pferd (▶ **Abb. 4.10**) geht willig vorwärts und hat Spaß an der Bewegung. Es dehnt sich an die Reiterhand heran. Die Bewegung geht über den Rücken und es **trägt** den Schweif. Die Muskulatur wirkt harmonisch zusammen. Das Pferd kaut zufrieden.

Ein gut trainiertes Pferd kann auch mit fortgeschrittenem Alter Höchstleistungen vollbringen.

▶ **Abb. 4.10** Das durch rückwärts wirkende Hilfen festgezogene Pferd: Die Kräfte gehen vom Reiter gegen die Hinterhand des Pferdes, die sich dadurch nach hinten herausstellt. Das Pferd drückt den Rücken weg und verlagert vermehrt das Gewicht auf die Vorhand. Das Fesselgelenk nähert sich dem Boden. Das Pferd wird hinten lang und vorne kurz (**a**). Das durch vorwärts wirkende Hilfen gymnastizierte Pferd: Der Rahmen wird von hinten geschlossen und nach vorne erweitert (**b**).

Der neuseeländische Wallach Glengarrick (▶ **Abb. 4.11**) hat bspw. mit 20 Jahren noch erfolgreich an der Weltmeisterschaft der Vielseitigkeit in Aachen im Jahre 2006 teilgenommen. Zusammen mit seiner Reiterin Heelen Tompkins belegte er den 7. Platz.

Praxistipp

Es ist immer wichtig, die **Haltungsumstände** eines Patienten zu eruieren. Ein Pferd, das dauernd unter Stress steht, sei es, weil es als Sportpferd stetig überfordert ist oder aber als Freizeit- oder Schulpferd nicht versteht, was der Reiter eigentlich von ihm will, leidet viel eher unter einer verspannten Muskulatur und daraus resultierenden Gelenkblockaden als ein gelassenes, korrekt gerittenes Pferd, das vielleicht hin und wieder (z. B. im Rahmen einer schweren Prüfung) überanstrengt wird.

Dementsprechend wird sich ein Pferd, das sich durch einen Unfall eine Läsion zugezogen hat, höchstwahrscheinlich schon nach einer Behandlung durch den Osteotherapeuten deutlich verbessern bis normalisieren. Dagegen werden gestresste und dadurch verspannte Pferde in bestimmten Abständen immer wieder, meist mit den gleichen Problemen, zur Behandlung erscheinen, wenn die Stressfaktoren nicht beseitigt werden. Auch hier sei auf die besondere Einflussnahme durch den Sattel und die Reitweise hingewiesen.

Einen besonderen Fall stellen vielleicht die **Hochleistungspferde** dar. Genau wie ein Hochleistungssportler trainieren und arbeiten diese Tiere an ihren körperlichen Grenzen. Ihre Muskulatur ist zwar extrem leistungsfähig, aber auch sehr empfindlich. Hier können bereits kleinere Störungen zu Blockaden führen. Daher brauchen diese Pferde eine besonders intensive Pflege. Wird ein Hochleistungspferd jedoch entsprechend gemanagt, kann es, egal welcher Disziplin es angehört, bis ins hohe Alter kerngesund bleiben und im Leistungssport gehen.

Abschließend vielleicht noch eine Bemerkung zu den angeblich „sturen" oder „bösartigen" Pferden: Ein Pferd kann nicht wie ein Mensch logisch denken und seinen Reiter absichtlich ärgern. Beim Menschen erzeugen Angst, Stress und Schmerzen zunächst den Wunsch, sich dagegen zu wehren, was sich in Aggressivität äußert. Wird dieser Kampf zu lange erfolglos geführt, steht am Ende ein mit Depressivität einhergehender Erschöpfungszustand. Der Mensch ist passiv und antriebslos und wirkt abgestumpft. Ähnliche Verhaltens-

▶ **Abb. 4.11** Der neuseeländische Wallach Glengarrick mit seiner Reiterin Heelen Tompkins. Noch mit 20 Jahren belegte er bei der Vielseitigkeits-WM in Aachen im Jahre 2006 den 7. Platz. (Foto: Julia Rau)

muster lassen sich auch bei einem Pferd feststellen. Meist sind es nämlich Ängste oder Schmerzen, die ein Pferd dazu bringen, zu bocken, davonzustürmen oder faul und bockig zu sein.

4.8
Gelenke

Im Rahmen der osteopathischen Untersuchung werden alle Gelenke des Bewegungsapparats auf ihre **qualitative** und **quantitative Beweglichkeit** hin überprüft. Um dies korrekt durchführen zu können, muss der Osteotherapeut eine Vorstellung davon haben, welche Art und Intensität an Bewegung in dem jeweiligen Gelenk möglich ist. Dies hängt von der Form des Gelenks und dem Ansatzpunkt der Gelenkkapsel und -bänder ab, die es zusammenhalten. Zudem ist die aktive Bewegung abhängig von der Art der zuständigen Muskeln und deren Anheftungsstellen an den Knochen.

4.8.1 Gelenkformen

Zunächst muss zwischen den spaltfreien (Junctura fibrosa) und den echten Gelenken (Junctura synovialis) unterschieden werden, wobei die spaltfreien Verbindungen eine untergeordnete Rolle bei den in diesem Buch aufgeführten Untersuchungen spielen.

Spaltfreie Gelenke

Die Knochen spaltfreier Gelenke können durch Bindegewebe oder Knorpel verbunden sein. Sie werden überall dort gefunden, wo eine stabile Knochenverbindung benötigt wird, die nur einer geringen elastischen Komponente bedarf. Zu den bindegewebig verbundenen Gelenken gehören die bandhaften (**Syndesmosis**), z. B. zwischen Elle und Speiche, die Knochennähte (**Suturae**) der Schädelknochen und die Einkeilung (Comphosis), mit der die Zähne in den Alveolen des Kiefers befestigt sind. Bei den knorpelhaften Verbindungen ist entweder hyaliner Knorpel (**Synchondrosis**) oder Faserknorpel (**Symphysis**) das Bindeglied. Beispiele sind die Verbindung der beiden Unterkieferäste und die Beckenfuge.

Echte Gelenke

Die echten Gelenke können 2 oder mehr Knochen verbinden. Sie haben einen von einer Gelenkkapsel umgebenen und mit Gelenkflüssigkeit (**Synovia**) gefüllten Gelenkspalt. Es werden die in ▶ **Tab. 4.6** aufgeführten Formen unterschieden.

Bei einem **Kugelgelenk** bedeckt die Gelenkpfanne etwa die Hälfte des runden Gelenkkopfs. Dadurch besitzt es einen großen Bewegungsspielraum und ist in alle Richtungen frei beweglich. Ein typisches Kugelgelenk ist das Schultergelenk. Allerdings ist es beim Pferd durch Muskelwirkung so in seiner Beweglichkeit eingeschränkt, dass im Wesentlichen nur noch Flexion und Extension möglich sind. Diese Bewegungseinschränkung ist sinnvoll, da das Pferd als Fluchttier die Vorderbeine nicht zum Halten und Bearbeiten von Dingen benötigt, sondern um sich möglichst rationell und schnell vorwärts-

▶ **Tab. 4.6** Gelenkformen (Art.: Articulatio).

Form	Lateinische Bezeichnung	Beispiel
Kugelgelenk	Art. spheroidea	-
Nussgelenk	Enarthrosis spheroidea	Hüftgelenk
Ellipsoidgelenk	Art. ellipsoidea	Atlantookzipitalgelenk
Sattelgelenk	Art. sellaris	Krongelenk und Hufgelenk
Walzengelenk	Art. condylaris	-
Scharniergelenk	Ginglymus	Ellbogengelenk
Schraubengelenk	Art. cochlearis	Tarsocruralgelenk
Schlittengelenk	Art. delabens	Kniescheibengelenk
Spiralgelenk	Art. spiralis	Kniekehlgelenk
Zapfengelenk	Art. trochoidea	Atlantoaxialgelenk
ebenes Gelenk	Art. plana	Gelenke der Wirbelfortsätze
straffes Gelenk	Amphiarthrosis	distale Reihen von Karpal- und Tarsalgelenk

zubewegen. Dies wäre mit in allen Richtungen beweglichen Beingelenken nicht möglich.

Eine spezielle Form des Kugelgelenks ist das **Nussgelenk**. Hier umschließt die Gelenkpfanne den Gelenkkopf zu mehr als der Hälfte, wodurch die Beweglichkeit zwar noch in alle Richtungen möglich, aber eingeschränkt ist.

Krongelenk und Hufgelenk des Pferdes sind **Sattelgelenke.** Sie sind wie ein auf dem Pferd liegender Sattel geformt, d. h. in der Sagittalebene konkav und in der Frontalebene konvex geformt. Dadurch sind sie zweiachsig und lassen nur Flexion und Extension und Ab- und Adduktion zu. Dagegen sind Rotation und Transversalverschiebung nicht möglich. Das Hufgelenk des Pferdes bildet hier allerdings eine Ausnahme, da seine Sattelform nicht stark ausgeprägt ist und es dadurch auch eingeschränkte Rotations- und Transversalbewegungen durchführen kann. Durch die Sattelform wird eine stabile Vorwärtsbewegung in den Zehengelenken gewährleistet, zugleich können schräg verlaufende Bodenunebenheiten aber noch ausgeglichen werden.

Das **Walzengelenk** weist eine quergestellte Gelenkwalze auf, die bei einigen Gelenken zweigeteilt sein kann. Dieses Gelenk lässt vornehmlich Extension und Flexion und eine Transversalverschiebung zu. Durch einen geraden Kamm senkrecht zur Walzenebene kann die Bewegung auf eine Streckung und Beugung beschränkt sein (**Scharniergelenk**). Im Ellbogengelenk ist die Streckbewegung zusätzlich durch den Processus anconeus der Ulna in ihrer Amplitude beschränkt. Bei einem Schraubengelenk schreibt der Führungskamm eine Bewegung schräg zur Knochenachse vor. Beispielsweise bewegt sich der Metatarsus bei der Beugung des Sprunggelenks von ventromedial nach dorsolateral.

Bei einem **Schlittengelenk** bewegt sich die Walze in einer Schiene (Kniescheibengelenk). Während bei Schnappgelenken die Bänder so angesetzt sind, dass das Gelenk entweder in die völlige Beugung oder Streckung schnappt, sorgt die asymmetrische Form der Walze und der Bandansätze beim **Spiralgelenk** dafür, dass sich die Gelenkbänder in einer Mittelstellung entspannen.

Merke
Die ebenen Gelenke lassen vornehmlich transversale Bewegungen zu. Die straffen Gelenke dienen hauptsächlich als Puffersystem.

4.9 Bau und Funktion der Skelettmuskulatur

4.9.1 Muskelaufbau

Die Muskelzellen zeichnen sich durch ihre Kontraktionsfähigkeit aus. Die Kontraktion kann durch chemische oder elektrische Erregung ausgelöst werden, die sich entlang der Zellmembran fortsetzt. Es werden 3 Arten von Muskelzellen unterschieden:

1. glatte Muskelzellen
2. Herzmuskelzellen
3. quergestreifte Muskelzellen (Skelettmuskulatur)

Glatte Muskulatur

Die glatten Muskelzellen kommen hauptsächlich in den Brust- und Bauchorganen vor, d. h. im Magen-Darm-Trakt und in den tiefen Atemwegen. Daneben gibt es sie im Auge, an den Haarwurzeln und in Drüsen. Sie stehen unter dem Einfluss des autonomen Nervensystems oder werden durch passive Dehnung zur Kontraktion animiert.

Herzmuskulatur

Die Herzmuskelzellen sind verzweigte quergestreifte Muskelzellen und kommen ausschließlich im Herz vor.

Skelettmuskulatur

Die Skelettmuskulatur besteht ausnahmslos aus quergestreifter Muskulatur, deren Muskelfasern aus vielen, miteinander verschmolzenen Zellen bestehen. Die Zellkerne werden dabei an den Rand verschoben. Die Muskelfasern können bis zu 10 cm lang sein und enthalten etwa 20–40 Zellkerne/mm. Sie weisen eine sich periodisch wiederholende Querstreifung auf. Eine solche Periode reicht von einem sog. **Z-Streifen** zum nächsten und wird als **Sarkomer** bezeichnet (▶ **Abb. 4.12**). Erzeugt wird sie durch gleichmäßig angeordnete Myofibrillen, die zu Hunderten in den Fasern enthalten sind.

Die **Myofibrillen** bilden die eigentlich kontraktionsfähigen Einheiten und sind aus kurzen Proteinfäden (= **Myofilamente**) aufgebaut. Man unterscheidet dünne **Aktinfilamente** und dicke **Myosinfilamente** (▶ **Abb. 4.12**). Die Aktinfilamente haben Bindungsstellen für Ca^{2+}-Ionen (**Troponin**), während die Myosinfilamente an ihrem freien Ende (= Köpfchen) eine Bindungsstelle für **ATP** (Adenosintriphosphat = Energiespender) und ein ATP-spaltendes Enzym (ATPase) besitzen. An das ATP ist zusätzlich ein Magnesiumion gebunden. Die Aktin- und Myosinfilamente sind in Längsrichtung der Muskelfaser ausgerichtet, kammartig angeordnet und ineinander verzahnt.

Zusätzlich besitzen die Muskelfasern 2 Membransysteme: Bei dem **T-System** handelt es sich um transversal angeordnete Einstülpungen der Zellmembran. Sie umgeben die Myofibrillen und ermöglichen es, dass bei Erregung der Muskelfaser die Information (Depolarisation) schnell an alle Faserabschnitte weitergeleitet wird. Daneben existiert ein longitudinales Netz von Zisternen (= glattes sarkoplasmatisches Retikulum), das als Ca^{2+}-Speicher dient, das sog. **L-System.**

Die Muskelfasern werden durch Bindegewebe zum Gesamtmuskel zusammengefasst.

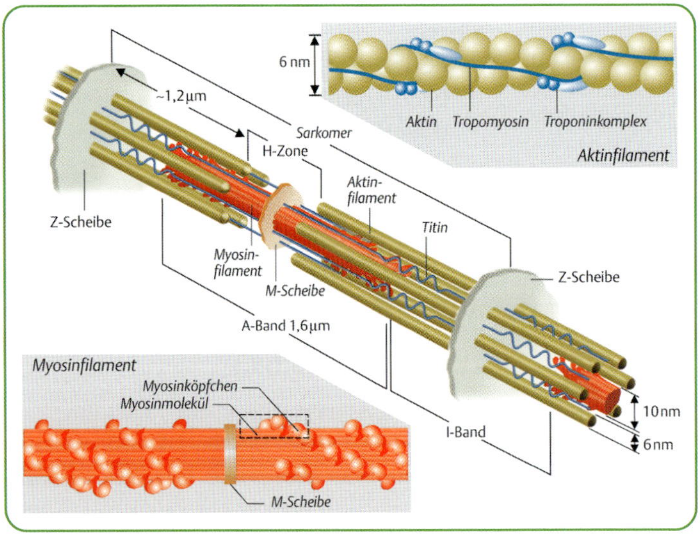

▶ **Abb. 4.12** Sarkomeraufbau. (aus: Silbernagl S, Despopoulos A. Taschenatlas Physiologie. Grafik: R. Gay und A. Rothenburger. 7. Aufl. Stuttgart: Thieme; 2007)

4.9.2 Molekulare Mechanismen einer Muskelkontraktion (Filamentgleittheorie)

Bei einer Kontraktion der Muskelfasern schieben sich die Aktinfilamente tiefer zwischen die Myosinfilamente (▶ Abb. 4.13). Die Kontraktion beginnt mit der Ausschüttung von Ca^{2+}-Ionen in die Zelle. Durch das Ca^{2+} wird an den Aktinfilamenten die Bindungsstelle für das Myosin frei und das Myosinköpfchen kann sich anlagern. Durch die Spaltung des an das Myosinköpfchen gebundenen ATP zu ADP (Adenosindiphosphat) und Phosphat wird die für die Kontraktion benötigte Energie geliefert und eine Konformationsänderung des Myosins ausgelöst, sodass der Hals- und Kopfbereich des Myosinfilaments stärker angebeugt wird. Dadurch gleiten die Aktin- und Myosinfilamente weiter übereinander und die Muskelfaser verkürzt sich. Durch die Anlagerung eines neuen ATP-Moleküls löst sich das Myosinköpfchen wieder vom Aktinfilament und der Vorgang kann erneut beginnen.

Eine Muskelkontraktion besteht aus Hunderten solcher Brückenbildungs- und Brückenlösungszyklen. Die Aktivität erlischt mit dem Rücktransport des Ca^{2+} in die Speicher. Bei der Leichenstarre bleiben die Brücken zwischen Aktin und Myosin bestehen, da kein ATP mehr zur Verfügung steht.

! Merke

Bei zu starker Beanspruchung des Muskels entsteht ein Sauerstoffmangel und die Energie (ATP) für die Kontraktion wird nicht mehr über die sauerstoffabhängige Atmungskette, sondern über die Glykolyse geliefert. Dabei bildet sich Laktat, das zu einer Übersäuerung und Schädigung des Muskels führt.

4.9.3 Muskelfasertypen

Es werden 3 Muskelfasertypen klassifiziert, die sich hinsichtlich ihres Gehalts an Myofibrillen unterscheiden.

Typ-I-Fasern (roter Muskel)

Es sind Fasern, die sich langsam und kraftvoll kontrahieren und auf Dauerleistung ausgerichtet sind. Sie haben eine vorwiegend aerobe Enzymaktivität und ermüden langsam. Typ-I-Fasern zeichnen sich durch einen hohen Myoglobin- und Mitochondriengehalt (Zellatmung) aus, wodurch auch die rote Farbe bedingt ist. Sie sind myofibrillenarm und kommen vorwiegend in der Haltemuskulatur vor.

Typ-II-Fasern (weißer Muskel)

Diese Fasern enthalten vergleichsweise viele Myofibrillen und wenig Myoglobin und vereinzelte Mitochondrien. Die Energie zur Muskelkontraktion wird vornehmlich anaerob gebildet. Typ-II-Fasern kontrahieren schnell, ermüden aber auch schnell durch die geringen Energiereserven. Sie kommen vorwiegend in Muskeln vor, bei denen Schnellkraft benötigt wird.

Intermediärfasern

Sie liegen funktionell zwischen dem Typ-I- und dem Typ-II-Fasertyp.

4.9.4 Motorische Einheit

Muskeln werden von spezifischen Nervenzellen (Motoneuronen) innerviert, die ihnen den Impuls zur Aktivität geben. Ihre Zellkörper (Perikaryon) liegen im Rückenmark und ihre Fortsätze, die bis zu den Muskeln ziehen (Axon), verlassen dasselbe über das Ventralhorn (beim Msch. Vorderhorn). Je-

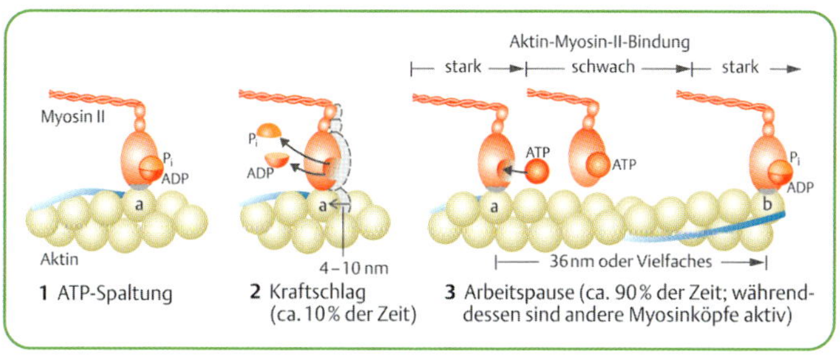

▶ **Abb. 4.13** Filamentgleiten. (aus: Silbernagl S, Despopoulos A. Taschenatlas Physiologie. Grafik: R. Gay und A. Rothenburger. 7. Aufl. Stuttgart: Thieme; 2007)

des Motoneuron steht über die motorische Endplatte mit mehreren Muskelfasern eines Muskels in Verbindung. Das Motoneuron und die von ihm innervierten Muskelfasern bilden die sog. motorische Einheit. Ein Muskel, der für feine, ganz exakte Bewegungen verantwortlich ist, besitzt dementsprechend sehr kleine motorische Einheiten. Die der Augenmuskeln bestehen z. B. aus 4–6 Muskelfasern. Muskeln, die auf kraftvolle Bewegungen ausgerichtet sind, haben entsprechend größere Einheiten.

4.10 Skelettmuskulatur

4.10.1 Muskelgruppen

Die Skelettmuskulatur kann entsprechend ihrer Lage und Funktion in verschiedene Muskelgruppen eingeteilt werden. Die Einordnung in die einzelnen Muskelgruppen wird z. T. etwas unterschiedlich gehandhabt. Nachstehend werden folgende Muskelgruppen nach ihrer Funktion unterschieden:

- Hautmuskulatur
- Kopfmuskulatur
- Stammmuskulatur
- Gliedmaßenmuskulatur
- Beckenbodenmuskulatur

Für die Fortbewegung des Pferdes sind vor allem die Stamm- und die Gliedmaßenmuskulatur wichtig, doch sollen auch die anderen Gruppen der Vollständigkeit halber kurz beschrieben werden.

Hautmuskulatur

Die Hautmuskeln gehören zwar zur Skelettmuskulatur, sind durch ihre Einlagerung in die oberflächlichen Faszien jedoch eng mit der Haut verbunden. Es werden Kopf-, Hals- und Rumpfhautmuskeln unterschieden. Sie bewegen die äußere Haut, sind also z. B. an der Gesichtsmimik beteiligt und bewirken das Hautzucken zur Vertreibung der Insekten. Die Rumpf- oder Bauchhautmuskeln (**Mm. cutanei trunci**) und die Halshautmuskeln (**Mm. cutanei colli**) sind beim Pferd auch im beschränkten Maß an der Bewegung der Schultergliedmaßen und des Halses beteiligt.

Kopfmuskulatur

Die Kopfmuskeln können entsprechend ihrer Innervation und ihrer Funktion eingeteilt werden (▶ **Tab. 4.7**). Es sind überwiegend Muskeln mit zarten Faserzügen für feinmotorische Bewegungen.

Merke
Im Rahmen der Osteopathie ist vor allem die bei den Pflanzenfressern stark ausgebildete Kaumuskulatur, die bereits im Zusammenhang mit dem Kiefergelenk und den Zähnen beschrieben wurde, von großer Bedeutung.

Muskulatur des Stammes

Unter dem Stamm des Körpers versteht man Hals, Rumpf und Schwanz. An den Rumpf sind teils gelenkig, teils muskulär der Kopf und die Gliedmaßen angeschlossen. Die Muskeln des Stammes ha-

▶ **Tab. 4.7** Kopfmuskeln, ihre Funktion und Innervation.

Muskelgruppe	Funktion	Innervation
Gesichtsmuskeln • Ohrmuschelmuskeln • Lippenmuskeln • Backenmuskeln • Augenlidmuskeln • Nasenmuskeln	Mimik	N. facialis
Kau- und oberflächliche Kehlgangsmuskeln	Beweger des Unterkiefers	R. mandibularis n. trigemini
Zungenmuskeln	Beweger der Zunge	N. hypoglossus
Schlundkopfmuskeln	Schluckbewegung	N. glossopharyngeus
Kehlkopfmuskeln	Beweger der Stimmritze	N. vagus
Augenmuskeln	Beweger des Augapfels und der Pupille	Nn. oculomotorius, trochlearis, abducens

ben viele Aufgaben. Sie schützen die inneren Organe und sind an vielen Vitalfunktionen wie der Atmung, aber bspw. auch an der Geburt beteiligt. Zudem übernehmen sie statische Funktionen beim Tragen der Körperlast und beim Erhalt des Gleichgewichts. Schließlich kommt der Stammmuskulatur eine große Bedeutung bei der Fortbewegung zu. Die Muskulatur des Stammes lässt sich wiederum in weitere Untergruppen einteilen.

Selektive Kopfbeweger

Darunter fallen alle Muskeln, die das Atlantookzipital- bzw. das Atlantoaxialgelenk bewegen (▶ Tab. 4.8). Sie liegen im Bereich dorsal und ventral der ersten beiden Halswirbel und werden auch entsprechend durch die Dorsal- und Ventraläste der ersten beiden zervikalen Spinalnerven innerviert. Wie bereits im Rahmen des Gleichgewichtssystems des Körpers (Kap. 4.6) erwähnt, weisen sie eine hohe Dichte an Propriozeptoren auf und sind am Erhalt des Gleichgewichts und der Körperhaltung beteiligt. Sie bilden das Bindeglied zwischen Kopf und Stamm. Eine Verspannung dieser Muskelgruppe geht in der Regel auch mit einer allgemeinen Anspannung der Körpermuskulatur einher.

Beim Pferd sind nur die beiden schiefen Kopfmuskeln (**M. obliquus capitis cranialis** bzw. **caudalis**) und der lange Kopfmuskel (**M. longus capitis**) stark ausgebildet. Letzterer ist der längste Muskel dieser Gruppe. Er entspringt ventral an den Querfortsätzen der 2.–4. Halswirbel und zieht zum Hinterhauptbein. Er ist mitverantwortlich dafür, dass sich ein Pferd im Hals eng macht und einen falschen Knick entwickelt.

Dorsale (autochthone) Wirbelsäulenmuskulatur

Die autochthone Wirbelsäulenmuskulatur ist der Wirbelsäule dorsolateral in mehreren Schichten aufgelagert (▶ Tab. 4.9). Sie ist seitlich der Dornfortsätze zu fühlen und kann diese überragen, wenn sie stark ausgebildet ist. Ihre Faserzüge verlaufen schräg oder längs zur Wirbelsäule. Während die tief gelegenen Muskeln kurz und zart sind und die Dorn- und Querfortsätze benachbarter Wirbel verbinden, handelt es sich bei den oberflächlichen Muskeln um eher kräftige und lange Muskelzüge, die mehrere Wirbel überbrücken. Dennoch ist auch in den oberflächlichen Schichten die von der embryonalen Entwicklung herrührende segmentale Anlage der Stammmuskulatur noch erkennbar. Denn auch die langgezogenen Muskelzüge bilden immer wieder Sehnenzacken zu den Fortsätzen einzelner Wirbel aus. Kopfwärts sind sie stärker differenziert, da die Halswirbelsäule (HWS) beweglicher ist. Innerviert werden diese Muskeln streng segmental durch die dorsalen Äste der jeweiligen Spinalnerven.

Die Faserzüge der verschiedenen Muskelschichten der dorsalen Stammmuskulatur sind gegenläufig angeordnet und kreuzen sich in ihrem Verlauf. Das gleiche Prinzip wiederholt sich bei den Bauchmuskeln (S. 58). Dadurch werden die Druck- und Zugkräfte, denen der Rumpf ausgesetzt wird, besser verteilt und die Tragfähigkeit der gesamten Rumpfkonstruktion erhöht – ein Prinzip, das auch bei Stahlkonstruktionen angewandt wird.

Während die kleinen Fleischfresser eine sehr bewegliche Wirbelsäule aufweisen, haben die Wirbelsäulenmuskeln bei den größeren und

▶ **Tab. 4.8** Selektive Kopfbeweger, ihre Funktion und ihr Verlauf.

Muskel	Funktion	Verlauf
M. rectus capitis dorsalis major	Heber und Strecker des Kopfes	zwischen Axis und Schädelbasis
M. rectus capitis dorsalis minor	Heber und Strecker des Kopfes	zwischen Atlas und Schädelbasis
M. obliquus capitis cranialis	Schiefsteller und Strecker des Kopfes	zwischen Atlas und Schädelbasis
M. obliquus capitis caudalis	Dreher und Fixator des Kopfes	zwischen Axis und Alae atlantis
M. rectus capitis lateralis	Beuger und Schiefsteller des Kopfes	seitlich zwischen Atlas und Schädelbasis
M. rectus capitis ventralis	Beuger des Kopfes	ventral zwischen Atlas und Schädelbasis
M. longus capitis	Niederzieher, Beuger und Seitwärtsbieger des vorderen Halsabschnitts	ventral zwischen Querfortsätzen der 2.–4. Halswirbel und Schädelbasis

▶ **Tab. 4.9** Autochthone Wirbelsäulenmuskeln und ihr Verlauf.

Muskel	Verlauf
untere Schicht	
Mm. interspinales	zwischen den Dornfortsätzen (beim Pferd nur noch Bänder)
Mm. intertransversarii	zwischen den Querfortsätzen, nur im Hals- und Schwanzbereich ausgebildet
Mm. rotatores	zwischen den Dorn- und Querfortsätzen benachbarter Wirbel (Brustwirbelsäule)
mittlere Schicht	
M. spinalis thoracis et cervicis	zwischen den Dornfortsätzen der Lenden-, Brust- und Halswirbel
M. semispinalis capitis	zwischen den Querfortsätzen der letzten 5 Hals- und ersten 5 Brustwirbel
Mm. multifidi	zwischen den Gelenk- und Zitzenfortsätzen der Wirbel
obere Schicht	
M. splenius capitis et cervicis	von den Dornfortsätzen der 3.–5. Brustwirbel, der Fascia thoracolumbalis und dem Nackenband bis zum Schläfenbein und den Querfortsätzen der 3.–5. Halswirbel
M. iliocostalis pars cervicis	zwischen den Querfortsätzen des 4. Hals- und des 1. Brustwirbels und der 1. Rippe
M. longissimus	von den Dornfortsätzen der Kreuz-, Lenden- und Brustwirbel bzw. Querfortsätzen der Brust- und Halswirbel und den Darmbeinflügeln zu den Querfortsätzen der Brust- und Halswirbel, den Rippenhöckern und der Schädelbasis

schwereren Pflanzenfressern primär eine passive Trage- und Haltefunktion und sind sehr stark sehnig durchsetzt. Die Mm. interspinales sind nur noch als Bänder angelegt.

Merke

Zu den Aufgaben der dorsalen Wirbelsäulenmuskeln gehört das Bewegen, sprich das Strecken, Aufrichten, Drehen und Seitwärtsbiegen des betreffenden Wirbelsäulenabschnitts. Gleichzeitig übernehmen sie aber auch statische Aufgaben wie die Stabilisation der Wirbelsäule und das Tragen des Rumpfes.

Die **Stabilisierung der Wirbelsäule** erreicht diese Muskelgruppe, indem sie bei der Extension der Wirbelsäule gleichzeitig die Wirbel dichter zusammenschiebt. Dadurch wird die Beweglichkeit der Wirbel zueinander eingeschränkt und die Wirbelsäule versteift. Diese Stabilisierung der Wirbelsäule ist in dem Moment der Fortbewegung essenziell, in dem sich ein oder beide Hinterbeine vom Boden abdrücken und der so entwickelte Schub aus der Hinterhand auf die Vorhand und die Gesamtvorwärtsbewegung übertragen wird. Am deutlichsten ist dieser Effekt im Galopp zu sehen, bei dem eine Phase der starken Flexion (Aufwölbung) des Rückens während des Vorführens und Aufsetzens der Hintergliedmaße mit einer Extension und Stabilisierung der Wirbelsäule während des Abfußens abwechselt.

Merke

Die beidseitig gleichmäßige Entwicklung der dorsalen Wirbelsäulenmuskeln ist Bestandteil des Geraderichtens eines Pferdes. So wird bei geraderichtenden Lektionen wie dem Außengalopp, neben dem vermehrten Aktivieren des äußeren Hinterbeins, die Stabilisierung der Wirbelsäule gefördert.

Der Mechanismus, mit dem die dorsale Rückenmuskulatur die Funktion der Rückenwirbelsäule als Träger des Rumpfes unterstützt, ist komplexer. Am bekanntesten ist wohl der Vergleich mit einer **Bogensehnenbrücke** (▶ **Abb. 4.14**), bei der die lasttragende Fahrbahn (ventrale Brust- und Bauchwand) zwischen einem sich über ihr wölbenden Bogen (Wirbelsäule) gespannt ist, an der sie zusätzlich mit vertikalen Verbindungen (seitliche Brust- und Bauchwand) hängt. Dadurch kommt es zu einer optimalen Verteilung der Druck- und Schubkräfte, die nicht an den Stützpfeilern enden, sondern sich auf die Fahrbahn bzw. Brust- und Bauchmuskulatur mit ihren Sehnen übertragen.

Dieses Brückensystem zeichnet sich beim Pferd (und auch bei anderen Tieren) nicht nur als Tragesystem aus, sondern es verfügt über **Elastizität** und **Beweglichkeit.** Es weist eine dorsal-konvexe Krümmung auf, die bei Huftieren eine flache Wölbung zeigt, während sie z. B. bei Meerschweinchen oder Kaninchen sehr ausgeprägt ist. Beim Pferd werden die beiden Enden des Brückenbogens durch das Brustbein, die Linea alba sowie die Bauchmuskeln, vor allem dem M. rectus abdominis, miteinander verbunden. Sie stellen die verspannte Sehne dar. Diese „Sehne" ist außerdem durch die Rippen, den queren (M. transversus abdominis) und die beiden schiefen Bauchmuskeln (M. obliquus externus et internus) sowie deren Aponeurosen am druckfesten „Brückenbogen" aufgehängt. Die Sehne wird durch das Gewicht der Bauch- und Brusteingeweide belastet, das z. T. direkt auf die Körperachse übertragen wird. Da die Eingeweide auch am „Brückenbogen" befestigt sind, würde dieser gestreckt werden. Das wird jedoch durch die „Bauchsehne" verhindert.

Durch diese Konstruktion wird deutlich, dass die Spannungs-, Druck- und Zugkräfte **ausbalanciert** sind und sich nicht einseitig belastend auf die den Stamm tragenden Gliedmaßen auswirken. Setzt der Sattel den Reiter aber an einem falschen Punkt, weil der Sattelbaum nicht zum Pferderücken passt, drücken die Kopfeisen, übt der Gurt einen falschen Zug aus, drückt er am Brustbein oder wendet der Reiter eine falsche Reittechnik an und ist selbst schlecht koordiniert, kann dieses System die positiven Spannungen nicht mehr aufrechterhalten und sackt nach unten.

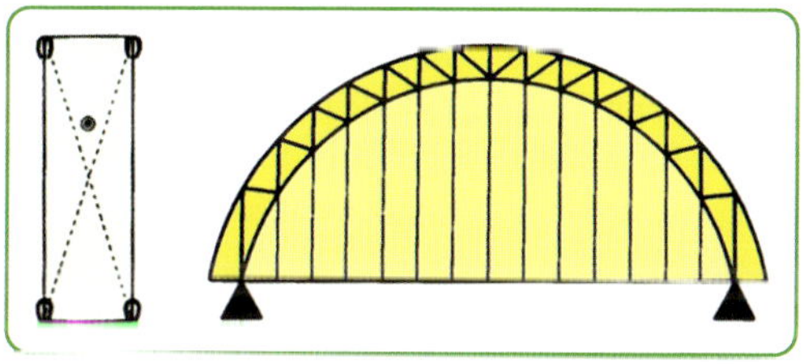

▶ **Abb. 4.14** Schema einer parabolischen Bogensehnenbrücke. (nach Slijper 1946)

Je aufwendiger der Bewegungsablauf eines Pferdes ist, umso eher können diese sensibel aufeinander abgestimmten Funktionen gestört werden. Die Trias der funktionellen Harmonie von Pferd, Sattel und Reiter ist deshalb unabdingbar.

Zum weiteren Verständnis dieses dynamischen Systems dient ▶ **Abb. 4.15**. Zum einen baut es sich aus dem druckfesten **Untergurt** (1) des Brückenbogens, bestehend aus den Wirbelkörpern und den Zwischenwirbelscheiben, auf, zum anderen aus dem Obergurt des Brückenbogens (1'), der aus den gelenkig miteinander verbundenen Wirbelbögen, den Dornfortsätzen, den Zwischendornbändern, den Rückenmuskeln und dem Lig. supraspinale bzw. den an seine Stelle tretenden Ursprungssehnen des M. spinalis und M. longissimus besteht.

Der **Obergurt** stellt ein kompliziertes Spannungssystem dar, das dem Bogen seine Elastizität verleiht und ihn andererseits in der Bewegung zu strecken vermag. Die Konstruktion der Bogensehnenbrücke ist also keine starre, sondern eine dy-

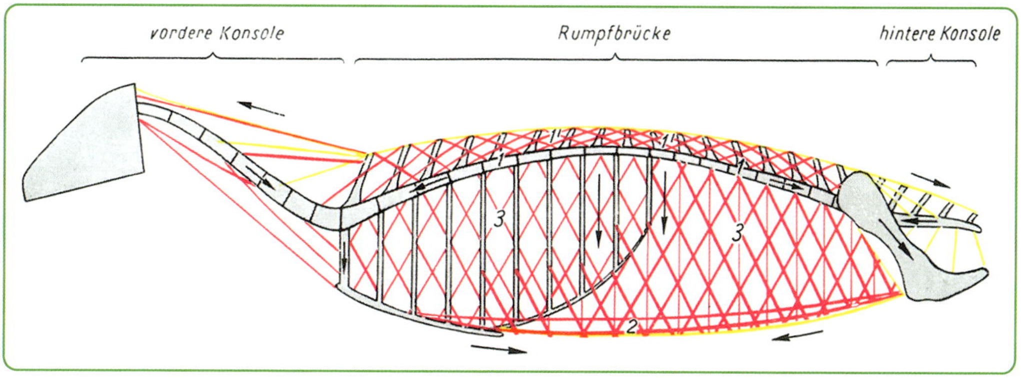

▶ **Abb. 4.15** Schema der statischen Konstruktion des Stammes (grau: druckfeste Skelettteile; gelb: passive, rot: aktive Verspannungen und Tragvorrichtungen aus zugfesten, teils aber auch elastischen Bändern sowie Muskeln und ihren Sehnen und Aponeurosen; 1: Untergurt; 1': Obergurt des Brückenbogens; 2: „Sehne", welche die beiden Enden des „Bogens" verspannt; 3: Aufhängevorrichtung der „Sehne" am „Bogen" der Rumpfbrücke). (aus: Nickel R, Schummer A, Seiferle E. Lehrbuch der Anatomie der Haustiere. Band I, Bewegungsapparat. 8. Aufl. Stuttgart: Parey in MVS Medizinverlage Stuttgart; 2003)

namische, die sich jeder beliebigen Stellung oder Bewegung anpassen kann.

Dabei fällt den Dornfortsätzen die Aufgabe von **Hebelarmen** zu, bedingt durch die an ihnen inserierenden Muskeln. Die Dornfortsätze haben also nicht, wie man denken könnte, statische Bedeutung, sondern ihre wechselnde Stellung hängt mit den verschiedenen Muskelansatzverhältnissen zusammen.

Auch die **„Sehne“**, die den Bogen verspannt, lässt sich nicht auf die statische Funktion eines Stranges reduzieren. Sie ist vielmehr wie eine Hängematte zu sehen, die nicht nur an den Brückenenden aufgehängt ist, sondern am ganzen Thoraxbogen und somit Raum für die Aufnahme und Begrenzung für den größten Teil der inneren Organe darstellt.

Diese **Hängematte** wird im Bauchbereich von der Linea alba und den 4 Bauchmuskeln mit ihren Aponeurosen gebildet. Sie sind dehnbar und kontraktionsfähig. Im Brustbereich wird die Hängematte durch das Brustbein, die Rippen und die Interkostalmuskulatur verkörpert, wodurch sie eine äußerst solide Grundlage erhält. Im vorderen Bereich wird die Brückenkonstruktion vor allen Dingen dadurch verstärkt, dass die Tragrippen mehr vertikal gestellt sind, während die beweglichen Atmungsrippen neben ihrer Tragefunktion als Hebelarme für die Atmungsmuskulatur zu diesen fungieren. Die innere Verspannung dieses „Hängemattensystems“ erfolgt durch die sich kreuzenden Faserverläufe der einzelnen Muskelschichten. Dass es nicht zum Durchsacken bzw. Überstrecken der LWS kommt, die seitlich nicht durch Rippen geschützt ist, wird durch die ventrale Verspannung der „Sehne“, die auch aktiv gestrafft werden kann, sowie das Lig. longitudinale ventrale bewirkt.

Kommt es durch die Anspannung der Bauch- und inneren Lendenmuskulatur zur dorsal-konvexen Krümmung des Brückenbogens, werden die Bänder und Muskeln des Obergurts gespannt, die Dornfortsätze weichen auseinander und der zentripedale Druck im Untergurt nimmt zu, wodurch die Wirbelkörper zusammengepresst werden. Damit diese dorsal-konvexe Aufwölbung nicht zu stark erfolgt, wird sie durch die Zwischendornbänder, das Nackenband und das supraspinale Band bzw. die Ursprungssehnen der Mm. spinalis und longissimus sowie die übrigen Rückenmuskeln limitiert.

Merke

Vom Anreiten des jungen Pferdes weiß man, dass es sich im Rückenaufwölben krampfartig zusammenzieht und einen Buckel macht. Hat es sich beruhigt, gibt es sehr bald im Rücken nach und lässt diesen durchhängen. Beim Anführen tritt es dann unsicher und schwankend und der Reiter hat das Gefühl, dass er in einer schaukelnden Mulde sitzt. Dies ist das Stadium, in dem das Pferd die Reiterlast nur mit dem Knochengerüst und ohne wesentliche Muskelanspannung trägt. Wie wichtig dabei die untere Verspannung ist, ist daran zu erkennen, dass das Pferd mit fortschreitender Ermüdung die Vorderbeine immer mehr nach vorne und die Hinterbeine immer mehr nach hinten herausstellt.

Ist der Reiter nicht in der Lage, das Pferd durch behutsame Einwirkung zum physiologischen Muskeleinsatz zu bringen, wird das Pferd durch Anspannung aller Rückenmuskeln den Rücken versteifen, um ihn „tragfähiger“ zu machen. Die Folge ist ein unsicherer gespannter Gang mit kleinen Schritten und ein hartes hölzernes Gefühl für den Reiter. Das Pferd lässt nicht sitzen. Diese Symptome werden häufig beschrieben, wenn ein Reiter mit seinem Pferd zur osteotherapeutischen Behandlung kommt.

Man könnte denken, dass der vordere Bereich der Bogensehnenbrücke unvorteilhaft konstruiert ist, weil sich der Zug der Sehne nicht direkt auf den Brückenbogen überträgt, während die Konstruktion im hinteren Teil so aufgebaut ist, dass sich das Becken mit dem straffen Iliosakralgelenk (ISG) fest mit der Wirbelsäule verbindet, den Brückenbogen dadurch ergänzt und direkt mit der „Sehne“ in Verbindung steht. Das Manubrium sterni dagegen ist nur durch das 1. Rippenpaar mit der Wirbelsäule verbunden. Dies wird aber dadurch kompensiert, dass das 1. Rippenpaar sehr kurz und relativ unbeweglich fixiert ist und die Verspannung an der HWS durch die starken Mm. scaleni erfolgt. Dieser Aufbau muss der Brustorgane wegen aber in Kauf genommen werden.

Ergänzt wird das ganze System durch **Konsolen,** die vorne und hinten am Brückenbogen angebaut sind. Die vordere Konsole besteht aus Kopf und

Hals, die hintere aus Kreuzbein und Schweif. Sie setzen dem Untergurt während der Bewegung mit ihren stark wechselnden zentrifugalen Schubkräften den nötigen Gegendruck entgegen. Zum Teil wirken sie auch ausbalancierend. Die Hauptlast des Pferdes liegt auf der Vorhand, sodass bei der Vorwärtsbewegung erheblich stärkere Schubkräfte am vorderen Brückenende entstehen, die je nach Schnelligkeit der Bewegung entsprechend variieren. Aus diesem Grund ist die vordere Konsole stärker gebaut und beweglich mit dem Rumpf verbunden, während die hintere eine schwächere Konstruktion darstellt und unbeweglicher befestigt ist.

Das Kreuzbein, das die Ursprungsbasis wesentlicher Muskeln der Hintergliedmaße darstellt, ist mit dem letzten Lendenwirbel beweglich verbunden, mit dem Becken jedoch ausgesprochen unbeweglich. Es ist fest an der Unter- bzw. Innenfläche des Darmbeinflügels aufgehängt und außerdem durch die starken Ligg. sacroiliaca dorsalis und sacrotuberale am Becken fixiert. Dadurch wird die hintere Konsole fest gegen das Ende des Brückenbogens gepresst. Ergeben sich an dieser Stelle beim Rückwärtsgehen vermehrt zentrifugale Schubkräfte, können sie hierdurch abgefangen bzw. kompensiert werden. Die feste Verbindung von Kreuzbein und Becken macht es möglich, dass sich die dorsal-konvexe Aufwölbung des Rückens auf die hintere Konsole überträgt, die ihrerseits die Bewegung mitmacht, und die Kruppe sich dadurch senken kann. Unter anderem ist deshalb das starke Vorgreifen der Hinterhand im Galopp möglich. Die vordere Konsole, also Kopf und Hals, sind ähnlich, aber deutlich beweglicher an dem vorderen Brückenende aufgehängt bzw. verspannt.

Durch Heben und Senken des Kopfes ist das Pferd in der Lage, den **Körperschwerpunkt** zu verschieben. Außerdem kann den wachsenden Schubkräften, die bei zunehmender Geschwindigkeit in der Vorwärtsbewegung entstehen, Gegendruck entgegengesetzt werden, indem der Kopf gesenkt wird und sich die Halsmuskulatur anspannt. Dadurch kann das Gleichgewicht innerhalb der Gesamtkonstruktion des Stammes wieder hergestellt werden.

Das **Gewicht** (der Konsole) wird bei Tieren mit schwerem Kopf und langem Hals (Pferd, Wiederkäuer) im Wesentlichen passiv durch das elastische Nackenband getragen. Es ist am Obergurt des Brückenbogens (erste Proc. spinosi) befestigt und damit in diesem Spannungssystem einbezogen. Die Verspannung wird dorsal unterstützt von den Mm. splenius, semispinalis capitis, spinalis und semispinalis thoracis et cervicis. Ventral erfüllen die Mm. scaleni, stemocephalicus und longus capitis als Antagonisten diese Aufgabe.

Die Wirbelsäule wird durch diese Funktion also nicht komprimiert, sondern eher gedehnt. Dies erhöht die Beweglichkeit der Wirbel untereinander und schont ihre Gelenke. Wirkt aber von oben zu viel und ungewohntes Gewicht des Reiters ein, wird das Gleichgewicht der Bogensehnenbrücke gestört.

Merke

Die Aussage, dass bei der Ausbildung von jungen Pferden zunächst die Rückenmuskulatur des Pferdes gestärkt werden müsse, damit es seinen Reiter tragen kann, ist so nicht richtig. Vielmehr muss auch unter dem Reitergewicht die ursprüngliche Konstruktion der Bogensehnenbrücke wieder hergestellt werden. Die dazu nötige Wölbung der Wirbelsäule erhält man jedoch nicht durch Trainieren der dorsalen Wirbelsäulenmuskeln, sondern nur durch Stärkung der ventralen Muskulatur, d. h. der ventralen Halsmuskeln der Brust- und der Bauchmuskeln. Dies geschieht bei einem jungen Pferd durch Vorwärts-abwärts-Reiten und intensive Arbeit an der Längsbiegung, wobei der Reiter am genau definierten Punkt (12. Brustwirbel) „balancieren" und seine Hilfen koordinieren muss.

Ventrale Halswirbelsäulenmuskeln

Während es eine große Anzahl an dorsalen Wirbelsäulenmuskeln gibt, existieren nur 2 ventrale Wirbelsäulenmuskeln, der **M. longus colli** und die **Mm. scaleni** (▶ Tab. 4.10). Sie liegen beide im Halsbereich und sind schwächer ausgebildet als ihre dorsalen Gegenspieler. Dies mag daher rühren, dass das Absenken des Halses weitgehend passiv abläuft, während die dorsale Muskulatur die Schwerkraft überwinden muss. Zudem existieren weitere Muskeln im ventralen Halsbereich, die die Arbeit der ventralen HWS-Muskeln unterstützen. Sie liegen den Hals- und ersten Brustwirbeln von ventral auf und werden von den Ventralästen der jeweiligen Spinalnerven innerviert. Beide dienen als Niederzieher und Abwärtsbieger des Hal-

► **Tab. 4.10** Ventrale HWS-Muskeln.

Muskel	Lage
M. longus colli	ventral an den Wirbelkörpern vom 6. Brust- bis 1. Halswirbel
Mm. scaleni	von der 1. Rippe bis zu den Querfortsätzen der 4.–7. Halswirbel

ses. Die Mm. scaleni gelten zusätzlich durch ihren Ansatz an der 1. Rippe als Hilfsinspiratoren und als Seitwärtsbieger des Halses.

Lange Zungenbeinmuskeln

Ebenfalls im ventralen Halsbereich befinden sich die langen Zungenbeinmuskeln. Sie liegen ventral und seitlich der Luftröhre und bilden die mediale Begrenzung der Drosselrinne. Somit gehören sie topografisch zu den Halsmuskeln, funktionell jedoch zu den Zungenhilfsmuskeln, wodurch die Innervation durch den 1. Halsnerv verständlich wird. Sie entspringen am Manubrium sterni bzw. an der Schulterfaszie und wirken direkt oder indirekt über den Kehlkopf auf das Zungenbein und sind Rückwärtszieher von Zungenbein und Zunge. Dazu gehören die **Mm. sternohyoideus, sternothyreoideus** und **omohyoideus.**

Atmungsmuskeln

Die Atmungsmuskeln gehören auch zur Stammmuskulatur. Sie wurden bereits in Kap. 4.2.2 besprochen.

Bauchmuskeln

Die Bauchmuskeln mit ihren Sehnenplatten (**Aponeurosen**) bilden die Grundlage für die laterale und ventrale Bauchdecke und stellen die Verbindung zwischen Thorax und Beckenring dar. Da der Magen-Darm-Trakt der Pferde sehr schwer und voluminös ist, sind sie wesentlich stärker sehnig durchsetzt als beim Fleischfresser. Es handelt sich um 4 Muskeln, deren Faserverlauf jeweils um 45 ° versetzt ist (► **Abb. 4.16**). Dadurch erhält die Bauchdecke eine nach allen Richtungen flexible und gleichzeitig stabile Beschaffenheit. Die Bauchmuskeln inserieren jeweils nur auf einer Seite an festen Knochenpunkten, während sie mit ihrem anderen Ende an derbe-lastischen Bindegewebssträngen fixiert sind. Dadurch wird die Anpassungsfähigkeit der Bauchdecke an die wechselnden Volumina der Bauchorgane, z. B. während der Trächtigkeit, erhöht.

Der seitlich der Medianlinie verlaufende gerade Bauchmuskel (**M. rectus abdominis**) entspringt ventral am kaudalen Ende des Brustbeins (Manubrium sterni) und den 4.–9. Rippenknorpeln und zieht gerade zum Becken, wo er am Tendo praepubicus ansetzt, das aus den Ursprungssehnen des M. pectineus et adductor longus gebildet wird. Neben seiner Beckensehne spaltet der M. rectus abdominis zusätzlich eine Sehne zum Femurkopf ab (**Lig. accessorium ossis femoris**). Diese Sehne hat Haltefunktion, ist aber auch für die Koordination der Bauch- und Hinterhandmuskulatur verantwortlich.

Merke

Bei einem Riss des Lig. accessorium ossis femoris verändert sich die Vorführphase der betroffenen Hintergliedmaße und die Gliedmaße rotiert leicht nach außen.

Der M. rectus abdominis verläuft in der aus den Aponeurosen der Mm. transversus und obliquus internus abdominis gebildeten Rektusscheide.

Die Fasern der beiden schrägen Bauchmuskeln (**M. obliquus externus** bzw. **internus abdominis**) kreuzen sich rechtwinklig in ihrem Verlauf. Der M. obliquus externus abominis zieht von den letzten Rippen und der Fascia thoracolumbalis nach kaudoventral zur Linea alba, dem Lig. inguinale und dem Tendo praepubicus. Der innere schräge Bauchmuskel verläuft kranioventral vom Tuber coxae und dem Lig. inguinale zur Linea alba und den letzten Rippenknorpeln.

Der **M. transversus abdominis** schließlich hat einen vertikalen Faserverlauf und zieht von den Querfortsätzen der Lendenwirbel bis zur Linea alba.

Um Leitungsstrukturen und den an der Ventralseite der LWS entspringenden Lendenmuskeln den Austritt aus der Bauchhöhle zu ermöglichen, gibt es definierte Durchtrittsstellen in der Muskelschicht der Bauchdecke. Sie liegen alle im Bereich des Schenkelspalts. Es sind der **Leistenspalt,** durch den der Samenstrang und die Gefäße und Nerven für die Hoden und den Penis bzw. beim weiblichen Tier für das Euter passieren, die **Lacuna vasorum,** durch die die A. und V. iliaca ext. und beim Pferd auch der M. sartorius nach außen treten, und schließlich die **Lacuna musculorum** als Durchtrittstelle für die Lendenmuskeln und die Nn. femoralis und saphenus.

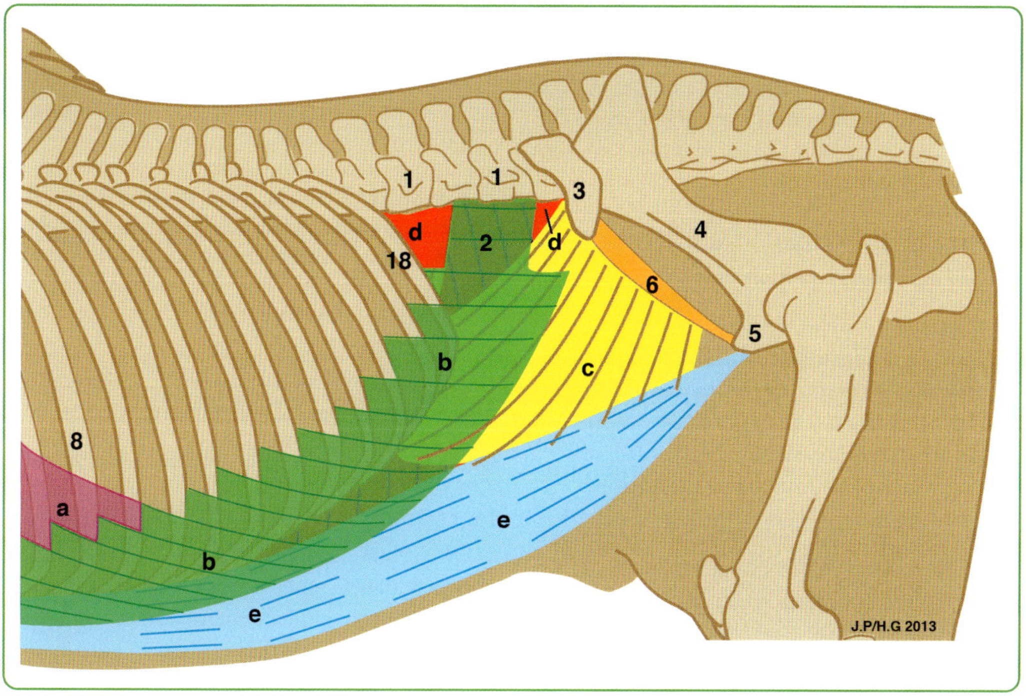

▸ **Abb. 4.16** Schematische Darstellung der Bauchmuskulatur (1: Querfortsätze der Lendenwirbel; 2: Hungergrube; 3: Tuber coxae; 4: Darmbeinsäule; 5: Pecten ossis pubis; 6: Leistenband (Lig. inguinale); 8 u. 18: Rippen; a: M. serratus ventralis thoracis; b: M. obliquus externus abdominis [grün]; c: M. obliquus internus abdominis [gelb]; d: M. transversus abdominis [rot]; e: M. rectus abdominis [blau]). (Quelle: mit freundlicher Genehmigung von Prof. Geyer)

Beim Pferd wird der äußere Ring des Leistenspalts durch die Bauch- und die Beckensehne des äußeren und der innere Ring durch den Kaudalrand des inneren schrägen Bauchmuskels gebildet. Die medial gelegene Lacuna vasorum und die lateral von ihr gelegene Lacuna musculorum werden nach kranial durch das Lig. inguinale und nach kaudal durch den Kranialrand des Darmbeins begrenzt. Die Gefäßpforte ist nach medial durch die Fascia trunci interna von der Bauchhöhle abgegrenzt. Die Muskelpforte ist nach ventrolateral von der Fascia flava bedeckt.

Die Wirkungsweise besteht in einem Zusammenspiel aller 4 Muskeln. Durch die horizontale Lage des Rumpfes beim Pferd bilden sie einen kontraktionsfähigen Tragegurt für die Bauchorgane. Die ihnen zukommende statische Bedeutung bei der Rumpfkonstruktion (Bogensehnenbrücke) wurde bereits bei den dorsalen Wirbelsäulenmuskeln erläutert (S. 53). Sie sind es, die bei einer zusätzlichen Belastung des Rückens durch einen Reiter vermehrt aktiviert werden müssen, damit die dorsalkonvexe und tragfähige Rückenwölbung erhalten bleibt.

Durch die **Bauchpresse,** eine Kontraktion der Bauchmuskeln bei gleichzeitiger Inspirationsstellung des Zwerchfells, werden wichtige Körperfunktionen wie Kot- und Harnabsatz und die Wehen unterstützt. Bei einem Lungenemphysem dient die Bauchpresse als Hilfsexspirator, um die Luft aus der nicht mehr vollständig kontraktionsfähigen Lunge herauszupressen. Auf Dauer hypertrophiert die Bauchmuskulatur durch diesen Vorgang und die Muskelbäuche der Bauchmuskeln beginnen, sich deutlich von den dünnen, ventral gelegenen Aponeurosen abzusetzen. Es entsteht die sog. **Dampfrinne.** Sie befindet sich, längs verlaufend, lateroventral an der Bauchwand.

Schließlich ist die Bauchmuskulatur an der Lokomotion beteiligt. Während der Vorwärtsbewegung unterstützt sie das Vorführen der Hintergliedmaßen, indem sie durch ihren Zug am Becken die Rückenwirbelsäule aufwölbt und dadurch die Hinterhand weit unter den Rumpf führt. Dies ist am deutlichsten im Renngalopp zu sehen, bei dem die Pferde z. T. mit den Hintergliedmaßen an den Vorderbeinen vorbei ausgreifen. Das weite Vorführen der Hintergliedmaßen ermöglicht dann den dorsalen Wirbelsäulenmuskeln und den Streckern der Hinterbeine, den Körper des Pferdes vorschnellen zu lassen. Dieser Vorgang spielt vor allem bei dem 4. Schritt der Ausbildungsskala eines Pferdes, der **Schwungentwicklung,** eine Rolle.

Merke

Durch Zulegen in den einzelnen Gangarten, also das Verlängern der Tritte und Sprünge unter Beibehalten des Taktes, wird nicht nur die Schwungentwicklung des Pferdes, sondern auch die Bauchmuskulatur trainiert.

Die Tatsache, dass die Kontraktion der Bauchmuskulatur an der Vorwärtsbewegung der Pferde beteiligt ist, macht zudem verständlich, warum die Schenkel des Reiters eine treibende Hilfe sind. Durch den regelmäßigen Druck des Unterschenkels wird reflexartig eine Kontraktion der Bauchmuskeln herbeigeführt, die wiederum das Vorführen der Hintergliedmaßen auslöst. Hierbei wird auch deutlich, dass nach jedem Schenkelimpuls eine kleine Pause zu erfolgen hat, damit sich die Bauchmuskeln entspannen und die Hinterbeine nach hinten geführt werden können.

Schweifmuskulatur

Der Schweif ist nicht nur ein Instrument zur Abwehr lästiger Insekten, sondern auch eine Balancierstange des Körpers. Die Schwanzmuskeln können der Wirbelsäulenmuskulatur zugerechnet werden und sind ähnlich strukturiert. Es werden die Schweifheber (**Mm. sacrococcygei dorsales medialis** und **lateralis**) und -niederzieher (**Mm. sacrococcygei ventrales medialis** und **lateralis**) unterschieden. Sie entspringen bereits im Kreuzwirbelbereich. Zusätzlich existieren Muskeln, die vom Becken zu den Schwanzwirbeln ziehen (u. a. **M. coccygeus** und **rectococcygeus**).

Praxistipp

Diese enge muskuläre Verbindung zwischen Sakrum, Becken und Schweif macht es verständlich, dass der Schweif als Diagnostikum für Störungen und Blockaden der Iliosakralregionen herangezogen werden kann. So sind Schiefstellungen desSakrums in der Regel mit einem entsprechend schief gehaltenen Schweif verbunden. Verantwortlich für die Schiefstellung des Schweifes kann aber auch eine einseitige Verspannung des M. biceps femoris und M. semitendinosus sein, die beide ihren Ursprung u. a. am Kreuzbein haben, der M. semitendinosius zusätzlich an den Dorn- und Querfortsätzen des Kreuzbeins und der ersten Schwanzwirbel.

Muskulatur der Gliedmaßen

Im Laufe der Evolution spezialisierten sich die Gliedmaßen der Pferde immer mehr zu reinen Laufwerkzeugen. Die Knochen- und Muskelstrukturen der unteren Gliedmaßenpartien vereinfachten sich dabei zunehmend, sodass das heutige Pferd nur noch auf der Zehenspitze des Mittelfingers bzw. der mittleren Zehe läuft. Mit der zunehmenden Größe der Pferde erhöhten sich zudem die sehnigen Anteile der Muskeln vor allem an der Vordergliedmaße, um das größer werdende Gewicht tragen zu können. So ermöglicht es die aus mehrheitlich sehnigen Verstrebungen bestehende passive Stehvorrichtung der Vorder- und Hinterbeine den Pferden, ohne große Muskelanstrengung die Körperlast zu tragen (▶ **Abb. 4.17**).

Bei der Gliedmaßenmuskulatur werden die **Gürtelmuskeln,** die den Stamm mit den Gliedmaßen verbinden, und die **Eigenmuskulatur** der Gliedmaßen unterschieden.

Während die **Hintergliedmaßen** über echte Gelenke (ISG und Hüftgelenk) und das knöcherne Becken stabil mit dem Rumpf verbunden sind, sind die **Vordergliedmaßen** rein muskulär (synsarkotisch) am Rumpf fixiert. Daher ist die Schultergürtelmuskulatur wesentlich stärker ausgeprägt als die des Beckengürtels, die nur aus der Gruppe der inneren Lendenwirbelmuskeln besteht.

Dagegen ist die Eigenmuskulatur der Hintergliedmaßen wesentlich stärker ausgeprägt und weniger sehnig durchsetzt als bei den Vordergliedmaßen. Dieser Unterschied ist mit der verschiedenartigen Funktion der Vorder- und Hintergliedmaßen zu erklären. Während die Hinterhand die Schubkraft für die Vorwärtsbewegung entwickelt und den Rumpf vorwärtsstemmt, besteht die Hauptaufgabe der

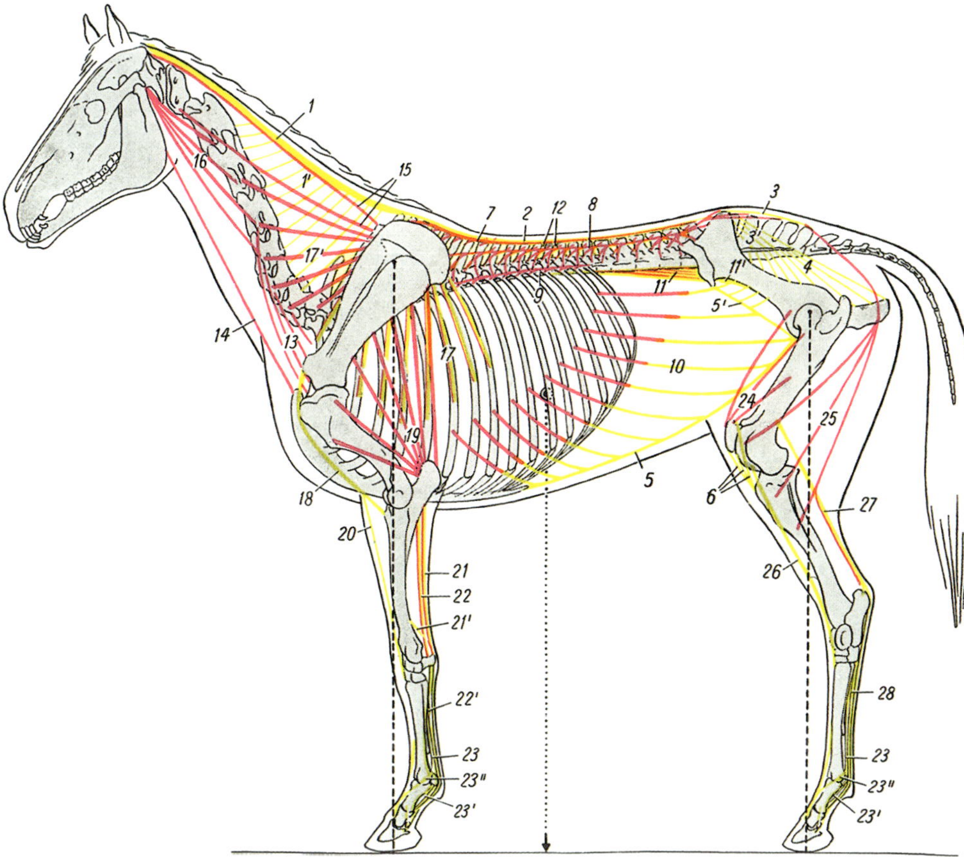

▸ **Abb. 4.17** Schematische Darstellung statisch wichtiger Bauelemente des Stammes und der Gliedmaßen beim Pferd, sog. Normalstellung (grau: Skelettteile; gelb: ligamentöse oder sehnige, rot: muskulöse Verspannungen und Tragvorrichtungen, von denen die ligamentös sehnigen überwiegen; weiß umrandeter Punkt im Gebiet des Thorax: Körperschwerpunkt; 1: Nackenstrang; 1': Nackenplatte; 2: Lig. supraspinale; 3, 3': Ligg. sacroiliaca dorsalia; 4: Lig. sacrotuberale latum; 5: Linea alba; 5': Lig. inguinale; 6: gerade Kniescheibenbänder; 7: M. spinalis thoracis et cervicis; 8: M. longissimus; 9: M. iliocostalis; 10: M. obliquus externus abdominis und übrige Bauchmuskeln; 11: M. psoas minor; 11': seine Sehne; 12: Ligg. interspinalia; 13: Mm. scaleni; 14: M. sternocephalicus; 15: M. splenius; 16: M. longus capitis; 17: Brustportion: 17': Halsportion des M. serratus ventralis; 18: M. biceps brachii; 19: M. triceps brachii; 20: Lacertus fibrosus und seine Fortsetzung in die Sehne des M. extensor carpi radialis; 21: M. flexor digitalis superficialis; 21': sein Unterstützungsband; 22: M. flexor digitalis profundus; 22': sein Unterstützungsband; 23: M. interosseus medius; 23': distale Gleichbeinbänder; 23'': Unterstützungsast zur gemeinsamen Strecksehne; 24: M. quadriceps femoris; 25: M. biceps femoris; 26: M. fibularis tertius; 27: M. flexor digitalis superficialis; 28: tiefe Beugesehne mit Unterstützungsband). (aus: Nickel R, Schummer A, Seiferle E. Lehrbuch der Anatomie der Haustiere. Band I, Bewegungsapparat. 8. Aufl. Stuttgart: Parey in MVS Medizinverlage Stuttgart; 2003)

Vordergliedmaßen darin, den größeren Teil des Körpergewichts zu tragen und den von hinten zugeschobenen Rumpf elastisch aufzufangen.

Demzufolge ist es neben der Rückenwirbelsäule vor allem die Vorhand, die bei einem jungen Pferd durch das Reitergewicht zusätzlich belastet wird. Der Sinn der dressurmäßigen Grundausbildung ist es, die Muskulatur des Pferdes so zu stärken, dass es auch unter dem Reiter seine ursprüngliche Haltung wieder einnehmen kann. Dies beinhaltet, dass es den Reiter mit aufgewölbtem Rücken trägt und dass das erhöhte auf der Vorhand lastende Gewicht vermehrt auch durch die Hinterhand getragen wird. Die Lektionen, die mit einem Pferd bei der Dressur einstudiert werden, dienen nämlich nicht dem Selbstzweck, sondern der Stärkung der betreffenden Muskulatur. Sie wurden von vielen Reitergenerationen zusammengetragen und beruhen auf einer guten Beobachtungsgabe für die Bewegungsabläufe der Pferde.

Daher ist es ein Trugschluss zu denken, dass ein Pferd dadurch geschont und gesund erhalten wird, dass es sich möglichst unbeeinflusst vom Reiter bewegt und sich dieser nur tragen lässt. Einem Pferd fehlt die Intelligenz, um selbst zu wissen, welche Haltung es unter dem Reitergewicht einnehmen muss, damit es seine Gelenke und Sehnen nicht überlastet. Es muss ihm gezeigt werden.

Merke
Ein Pferd, das nicht gelernt hat, seinen Reiter richtig und ausbalanciert zu tragen, wird immer zu Blockaden im Bewegungsapparat neigen. Daher beinhaltet der Entschluss, sich auf ein Pferd zu setzen, auch immer die Verpflichtung, es korrekt zu gymnastizieren.

Schultergürtelmuskulatur

Die Schultergürtelmuskeln (▶ Abb. 4.20) stellen die Verbindung zwischen dem Rumpf und der Schultergliedmaße her. Sie sind radiär um das Schulterblatt angeordnet und setzen sowohl an der Skapula als auch am Humerus an. Durch ihren Ansatz am Humerus wird der Oberarm des Pferdes eng mit dem Rumpf verbunden und verliert, im Gegensatz zum Menschen, stark an Bewegungsfreiheit. Dies ist jedoch für eine optimale Vorwärtsbewegung eines Fluchttieres wichtig. Da die Schultergürtelmuskulatur der Stammmuskulatur von außen aufgelagert ist, hat sie einen wesentlichen Anteil an der Oberflächenkonturierung der Vorhand.

Es werden dorsale und ventrale Stammgliedmaßenmuskeln unterschieden. Die dorsalen Muskeln bilden die Aufhängung der Schultergliedmaßen am Stamm. Sie treten von dorsal, vom Hals- und Brustwirbelbereich kommend, an die Skapula und den Humerus heran (▶ Tab. 4.11). Die ventralen Stammgliedmaßenmuskeln bilden die Rumpfträger. Ihre Muskeln ziehen vom Sternum und dem ventralen Rippenbereich zum Humerus und zur Skapula. Dazu gehören die **Mm. pectorales supff.** und **proff.**, der **M. serratus ventralis** als wichtigster Rumpfträger (▶ Abb. 4.20) und der **M. sternocleidomastoideus.** Sie formen quasi eine Hängematte für den Rumpf, die zwischen den Schultergliedmaßen aufgespannt ist. Durch diese Konstruktion können sie den starken Schub, mit dem der Rumpf bei der Vorwärtsbewegung auf die Vorhand stößt, muskulär-elastisch abfangen, sodass die Belastung für die Knochen, Sehnen und Bänder der Vorderbeine geringer wird.

Neben ihrer Funktion als Schultergliedmaßen- und Rumpfträger sind sie an der Bewegung der Gliedmaßen beteiligt. Der am oberflächlichsten gelegene **M. trapezius** wirkt als Abduktor der Gliedmaße bei der Seitwärtsbewegung und als Vorführer. Der darunter gelegene **M. rhomboideus** ist dagegen ein Rückführer der Gliedmaße und in der Stützbeinphase ein Heber des Halses. Der **M. latissimus dorsi,** als kaudal gelegener Muskel, zieht bei fixierter Gliedmaße den Rumpf nach vorne. Er beugt das Buggelenk und ist der wichtigste Rückführer der Schultergliedmaße. Der von den Querfortsätzen der vorderen Halswirbel zur Schulterfaszie ziehende **M. omotransversarius** ist ebenfalls ein Vorführer der Gliedmaße und bei fixierter Gliedmaße ein Seitwärtsbieger des Halses. Die Mm. pectorales superficiales wirken als Adduktoren. Sie übernehmen zusammen mit den Vorführern der Gliedmaßen, dem M. trapezius als Abduktor und den Mm. pectorales proff. als Nachzieher des Rumpfes, eine wichtige Funktion bei den Seitengängen. Daher kann die gesamte Muskelgruppe gut über die Seitengänge, Kurzkehrt und auch Vorhandwenden trainiert werden.

Die **ventralen Schultergürtelmuskeln** werden vor allem beim Springen stark beansprucht. Zu ihrer Aufgabe als Rumpfträger gehört es, das Gewicht des Rumpfes beim Landen nach dem Sprung abzufangen. Den Mm. pectorales proff. kommt dabei eine besondere Rolle zu, da sie als Feststeller des Buggelenks außerdem verhindern, dass das Buggelenk nach dem Sprung zu stark einknickt, wodurch die Wucht des Rumpfes zusätzlich abgefangen wird.

Merke
Die Gruppe der Schultergürtelmuskeln ist ein schönes Beispiel dafür, wie wichtig die gymnastizierende Dressurarbeit auch für ein Springpferd ist, da die Rumpfträger durch die Seitwärtsgänge gestärkt werden können, ohne zu viele, die Gelenke stärker belastende Sprünge machen zu müssen.

Der **M. sternocleidomastoideus** nimmt insofern eine Sonderstellung ein, als er beim Pferd nur antei-

▶ **Tab. 4.11** Schultergürtelmuskulatur.

Muskel	Lage
dorsale Gruppe	
M. trapezius Pars thoracica Pars cervicalis	dorsomedian vom 2. Hals- bis 10. Brustwirbel bis zur Spina scapulae
M. omotransversarius	von der Schulterfaszie bis zu den Querfortsätzen des 2.–4. Halswirbels
M. rhomboideus cervicis thoracis	dorsomedian vom 2. Hals- bis 8. Brustwirbel bis zum Cartilago scapulae
M. latissimus dorsi	strahlt vom Lig. supraspinale der Brustwirbel und der Fascia thoracolumbalis in die Mm. teres major und tensor fasciae antebrachii ein
ventrale Gruppe	
Mm. pectorales supff. transversus descendens	ventral von den 1.–6. Rippenknorpeln bis in die Unterarmfaszie vom Manubrium sterni bis zum Humerus und zur Oberarmfaszie
Mm. pectorales proff. Pars principalis Pars subclavius	vom Sternum und ventral von den Rippen bis zum Tuberculum majus und minus humeri und der Ursprungssehne des M. biceps brachii zum M. supraspinatus und zur Schulterfaszie
M. serratus ventr. cervicis thoracis	von den Querfortsätzen der 4.–7. Halswirbel und den 1. Rippen bis zum Knorpel und zur Innenfläche der Skapula
M. sternocleidomastoideus M. sternomandibularis M. cleidomastoideus (auch M. brachiocephalicus)	vom Manubrium sterni bis zum Unterkieferast vom Klavikularstreifen bis zum Schläfenbein

lig den Schultergürtelmuskeln zugerechnet werden kann. Er zieht mit seinen beiden Muskelästen vom Kopf bis zum ventralen Vorderbrustbereich und bildet die dorsale und ventrale Begrenzung der Drosselrinne. Durch seinen Verlauf dient er als wichtigster Vorführer der Schultergliedmaße bzw. Niederzieher und Seitwärtsbieger des Halses. Bei gestrecktem Hals, in der schnellen Vorwärtsbewegung, lässt er die Vordergliedmaße weit ausgreifen. Bei aufgerichtetem Hals, in der Versammlung, ist er verantwortlich für die hohen Aktionen, wie sie primär die Lipizzaner und die Andalusier zeigen.

Beckengürtelmuskulatur

Die Beckengliedmaße ist über das straffe ISG und das Becken fest mit dem Rumpf verbunden. Daher ist die Beckengürtelmuskulatur nur schwach ausgebildet und nimmt einen wesentlich geringeren Einfluss auf die Vorwärtsbewegung. Zu ihr gehört die Gruppe der **inneren Lendenmuskeln** (▶ Tab. 4.12).

Durch ihren Verlauf zwischen LWS und Becken können sie bei fixierter Wirbelsäule das Becken steiler stellen und bei fixiertem Becken die LWS aufwölben. Der M. iliopsoas beugt durch seinen Ansatz am Femur zusätzlich das Hüftgelenk. Da die Sehne kaudomedial im oberen Bereich des Femurs ansetzt, wird das Knie dabei leicht nach außen gedreht.

Als ventrale Verspannung zwischen Wirbelsäule und Becken hält diese Muskelgruppe das Becken in seiner Lage. Das Aufkrümmen der Wirbelsäule spielt bei physiologischen Vorgängen wie Geburt, Kot- und Harnabsatz eine Rolle, ist aber auch an der Fortbewegung beteiligt. Durch seinen Ansatz am Femur beugt der M. iliopsoas das Hüftgelenk und ist damit am Vorführen der Hintergliedmaße und an der schwungvollen Vorwärtsbewegung des Pferdes beteiligt. Durch das Aufwölben der LWS und das Steilerstellen des Beckens schiebt die Muskelgruppe zudem die Hinterhand weiter unter den Rumpf und damit unter den Schwerpunkt des Pferdes. Somit kommt diesen Muskeln eine besondere Bedeutung bei der Versammlung des Pferdes zu.

An dieser Muskelgruppe wird auch die Logik der Ausbildungsskala des Pferdes deutlich. Einem untrainierten Muskel fällt es leichter, eine kurze schwungvolle Bewegung zu machen. Diese Arbeit

▸ **Tab. 4.12** Beckengürtelmuskulatur.

Muskel	Lage
M. quadratus lumborum	ventral von der letzten Rippe und den Querfortsätzen der Lendenwirbel bis zu den Querfortsätzen der folgenden Lendenwirbel und dem Kreuzbeinflügel
M. iliopsoas	ventral von der letzten Rippe, den Körpern und Querfortsätzen der Lendenwirbel und der Innenfläche des Darmbeins bis zum Trochanter minor des Femurs
M. psoas minor	ventral von den letzten Brust- und den Lendenwirbeln zum Tuberculum m. psoas minoris ventromedial am Darmbein

wird den Lendenmuskeln bei der **Schwungentwicklung** (4. Punkt der Ausbildungsskala) abverlangt. Bei den Verstärkungen wird das Pferd nur kurzfristig veranlasst, die Lendenmuskulatur anzuspannen und die einzelnen Gliedmaßen weit unter den Rumpf zu schieben, um die Tritte zu verlängern. Dabei hat es durch die erhöhte Geschwindigkeit und die ausladenden Bewegungen die Möglichkeit, mit der Hintergliedmaße Schwung zu holen. Dagegen vermag nur ein trainierter Muskel sich lange Zeit zu kontrahieren, um schwere Gewichte zu tragen oder Körperteile länger in einer bestimmten Position zu halten. Eine solche Haltearbeit ist jedoch in der Versammlung nötig. In der Versammlung muss das Pferd fähig sein, über einen langen Zeitraum hinweg die Hintergliedmaßen unter den Rumpf zu schieben und mit stärker gebeugten Hüft-, Knie- und Sprunggelenken die Körperlast vermehrt auf der Hinterhand zu tragen. Dies kann es jedoch nur mit Lendenmuskeln leisten, die während der Schwungentwicklung vortrainiert wurden.

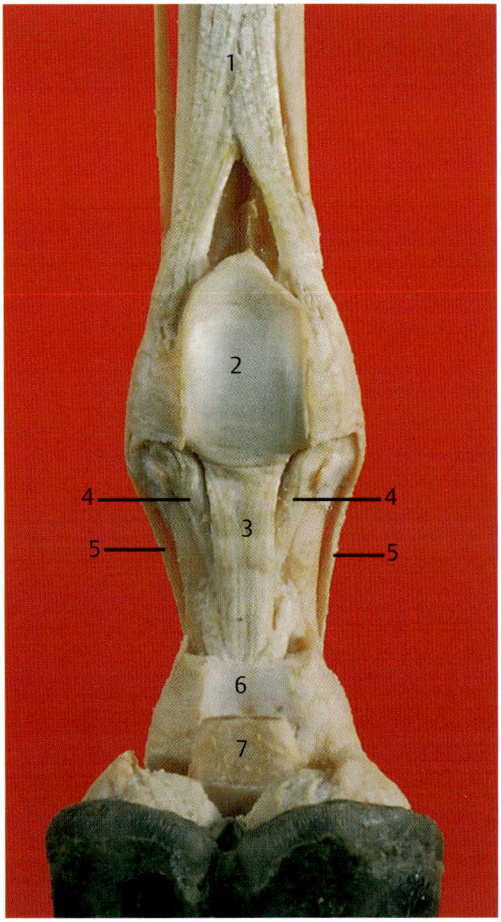

▸ **Abb. 4.18** Linker Vorderfuß eines Pferdes, Palmaransicht (1: M. interosseus; 2: proximaler Gleitkörper; 3: Lig. sesamoideum; 4: Ligg. sesamoidea obliqua; 5: Unterstützungsäste des M. interosseus an die gemeinsame Strecksehne; 1–5: Fesseltrageapparat; 6: mittlerer Gleitkörper, Scutum medium; 7: Stumpf der abgeschnittenen tiefen Beugesehne). (aus: Salomon FV, Geyer H, Gille U. Anatomie für die Tiermedizin. 2. Aufl. Stuttgart: Enke in MVS Medizinverlage Stuttgart; 2008)

Eigenmuskulatur der Schulter- und Beckengliedmaßen

Durch die Spezialisierung der Pferde zum Lauftier und der damit verbundenen starken Vereinfachung der Hände und Füße befinden sich die Muskelbäuche der Eigenmuskulatur oberhalb des Karpal- bzw. Sprunggelenks. Ihre Ansatzpunkte im unteren Zehenbereich erreichen sie über lange Sehnen. Um diese langen Sehnen zu stabilisieren und in ihrer Lage zu halten, erhalten sie zum einen sehnige Unterstützungsbänder von den Röhrenknochen und dem Unterarm und werden zum anderen an unterschiedlichen Stellen von Faszienverstärkungen überspannt. Auf Höhe der Karpal- und Sprunggelenke sind dies die **Retinacula extensorum** und **flexorum.** Auf der Palmarseite des Fesselkopfs und der Fessel ist es die dreigeteilte **Zehenbinde** (▸ Abb. 4.18), die von proximal nach distal aus dem **Fesselringband,** der vierzipfligen **Fesselplatte** und der **Sohlenbinde** besteht. Sie unterstützt die Beugesehnen.

Da durch die Spezialisierung zum Lauftier die Bewegungsmöglichkeiten der Gliedmaßengelenke stark beschränkt sind, bestehen die Eigenmuskeln der Gliedmaßen vornehmlich aus Streckern und Beugern. Besonders ausgeprägt ist dies an der Vordergliedmaße, deren Hauptaufgabe in dem Abstützen des Rumpfes besteht. Die Bewegungsmöglichkeit des ursprünglich als Kugelgelenk geformten Buggelenks wird sogar durch den Ersatz der bindegewebigen Seitenbänder durch kontraktionsfähige Muskeln auf die eines Wechselgelenks beschränkt.

Die Hintergliedmaßen haben, da von ihnen der Schub für die Vorwärtsbewegung ausgeht, eine kräftigere und stärker differenzierte Muskulatur (▸ Abb. 4.19). Neben den Extensoren und Flexoren gibt es hier 2 Muskelgruppen mit zusätzlichen Aufgaben. So wird während der Vorführphase der Hintergliedmaßen der Oberschenkel durch die Muskeln der kleinen Beckengesellschaft (Mm. obturatorius internus und externus, Mm. gemelli und M. quadratus femoris) leicht nach außen gedreht (Supination), damit er am Rumpf vorbei weit nach vorne geführt werden kann. In der Rückführphase wird die Gliedmaße durch die Kontraktion der medialen Oberschenkelmuskeln (Adduktoren) wieder an den Körper herangezogen, damit das Pferd spurgerade läuft.

Die **Beuger** und **Strecker** des Bug- und Ellbogengelenks liegen auf Höhe des Schulterblatts und des Oberarms direkt der Stammgliedmaßenmuskulatur und damit dem Rumpf außen auf. Am Unterarm entspringen kraniolateral im Bereich des Ellbogengelenks die Strecker der Karpal- und der Zehengelenke und kaudomedial die Beuger dieser Gelenke (▸ Abb. 4.20).

Auch an der Hintergliedmaße sind die Strecker und Beuger des Hüft- und Kniegelenks der Stammmuskulatur aufgelagert (▸ Abb. 4.20). Die mächtige Kruppenmuskulatur liegt seitlich des Sakrums dem Becken auf. Weiter unterhalb, dem Femur kranial aufgelagert, befinden sich die ebenso stark ausgebildeten 4 Köpfe des **M. quadriceps femoris,** des Kniestreckers. Angesichts dieser Muskelmassen wird oft kritisiert, dass ein Mensch nicht genügend Kraft besäße, um gerade im Bereich des Beckens Manipulationen durchführen zu können. Doch arbeiten die in der Osteopathie angewandten Techniken nicht gegen die Muskelkräfte an. Vielmehr werden bei einigen Techniken die Muskeln durch das Auslösen spezifischer Reflexe dazu benutzt, Blockaden zu lösen.

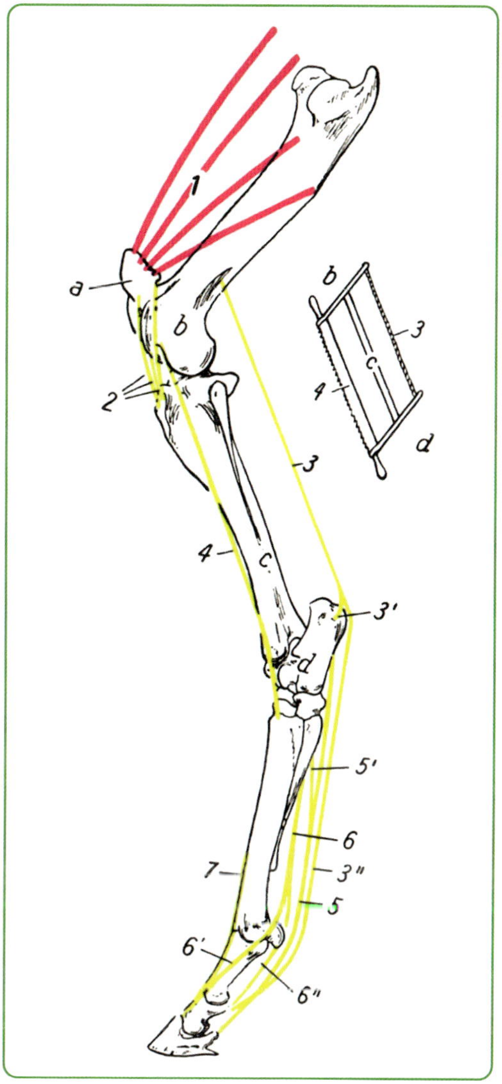

▸ **Abb. 4.19** Schema zur Darstellung der Fixationsvorrichtungen der Hintergliedmaße des Pferdes (1: M. quadriceps femoris; 2: gerade Kniescheibenbänder; 3: M. flexor digitalis superficialis; 3': Schenkel der Fersenbeinkappe; 3'': oberflächliche Beugesehne; 4: M. fibularis tertius; 5: tiefe Beugesehen; 5': ihr Unterstützungsband; 6: M. interosseus medius (proximales Gleichbeinband); 6': sein Unterstützungsast zur gemeinsamen Strecksehne; 6'': distale Gleichbeinbänder; 7: gemeinsame Strecksehne; a: Patella; b: distales Ende des Os femoris; c: Tibia; d: Tarsus; 1, 2 und a ermöglichen den Patellarmechanismus; 3, a, b, c und d bilden die Grundlage der sog. Spannsägenkonstruktion). (aus: Nickel R, Schummer A, Seiferle E. Lehrbuch der Anatomie der Haustiere. Band I, Bewegungsapparat. 8. Aufl. Stuttgart: Parey in MVS Medizinverlage Stuttgart; 2003)

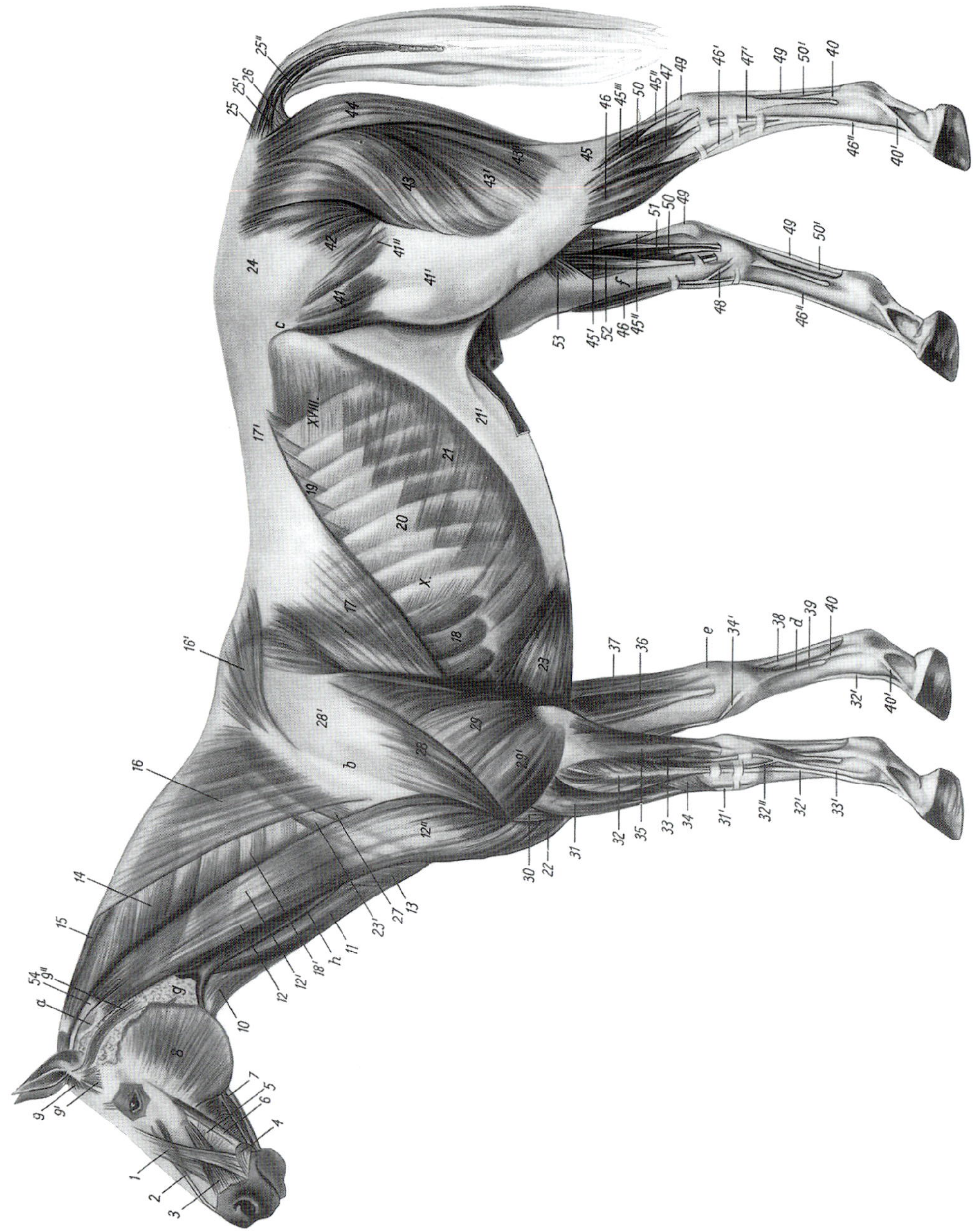

▸ **Abb. 4.20** Gesamtübersicht der oberflächlichen Muskulatur des Pferdes, nach Abtragung der meisten Hautmuskeln; Legende s. nebenstehende Box (aus: Nickel R, Schummer A, Seiferle E. Lehrbuch der Anatomie der Haustiere. Band I, Bewegungsapparat. 8. Aufl. Stuttgart: Parey in MVS Medizinverlage Stuttgart; 2003)

Legende zu ▶ Abb. 4.20

1: M. levator nasolabialis; 2: M. levator labii superioris; 3: M. caninus; 4: M. orbicularis oris; 5: M. buccinator; 6: M. zygomaticus; 7: M. depressor labii inferioris; 8: M. masseter; 9: M. interscutularis; 9': M. frontoscutularis; 9'': M. parotidoauricularis; 10: M. omo- und sternohyoideus; 11: M. sternomandibularis; 12: M. cleidomastoideus; 12': M. omotransversarius; 12'': M. cleidobrachialis; 13: M. cutaneous colli; 14: M. splenius; 15: M. rhomboideus cervicis; 16: Pars cervicalis; 16': Pars thoracica des M. trapezius; 17: M. latissimus dorsi; 17': Fascia thoracolumbalis; 18: M. serratus ventralis thoracis; 18': M. serratus ventralis cervicis; 19: M. serratus dorsalis caudalis; 20: Mm. intercostales externi; 21: M. obliquus externus abdominis; 21': seine Aponeurose; 22: M. pectoralis descendens; 23: M. pectoralis profundus; 23': M. subclavius; 24: Fascia glutaea; 25: M. sacrococcygeus dorsalis medialis; 25': M. sacrococcygeus dorsalis lateralis; 25'': M. sacrococcygeus ventralis; 26: M. coccygeus; 27: M. supraspinatus; 28: M. deltoideus; 28': seine den M. infraspinatus überziehende Ursprungsaponeurose; 29: Caput longum; 29': Caput laterale des M. triceps brachii, 30. M. brachialis; 31: M. extensor carpi radialis; 31': seine Sehne; 32: M. extensor digitalis communis; 32': seine Sehne [gemeinsame Strecksehne]; 32'': Sehne des Philipps'schen Muskels; 33: M. extensor digitalis lateralis; 33': seine Sehne [seitliche Strecksehne]; 34: M. abductor pollicis longus; 34': seine Sehne; 35: M. extensor carpi ulnaris; 36: M. flexor carpi radialis; 37: M. flexor carpi ulnaris; 38: oberflächliche und tiefe Beugesehne; 39: mediales Griffelbein; 40: M. interosseus medius; 40': sein Unterstützungsast; 41: M. tensor fasciae latae; 41': Fascia lata; 41'': kaudale Endzacke des M. tensor fasciae latae; 42: M. glutaeaus superficialis; 43: kraniale Portion; 43': mittlerer, 43'': hinterer Ast der kaudalen Portioin des M. biceps femoris; 44: M. semitendinosus; 45: von der Aponeurose und der Fersenbeinsehne des M. biceps femoris überdecktes Caput laterale; 45': Caput mediale des M. gastrocnemius; 45'': seine Sehne [Achillessehne]; 45''': M. soleus; 45–45''': M. triceps surae; 46: M. extensor digitalis longus; 46': seine Sehne, die mit der Sehne des seitliches Streckers zur gemeinsamen Strecksehne [46''] verschmilzt; 47: M. extensor digitalis lateralis; 47': seine Sehne; 48: medialer Schenkel der Sehne des M. tibialis cranialis; 49: Sehne des M. flexor digitalis superficialis [oberflächliche Beugesehne]; 50: M. flexor hallucis longus; 50': tiefe Beugesehne; 51: M. tibialis caudalis; 52: M. flexor digitalis longus; 50–52: M. flexor digitalis profundus; 53: M. popliteus; 54: Endsehne des M. longissimus capitis; a: Ala atlantis; b: Tuber spinae scapulae; c: Tuber coxae; d: Griffelbein; e: Os carpi accessorium; f: freie Fläche der Tibia; g: Gl. parotis; h: V. jugularis externa; X.: 10. Rippe; XVIII.: 18. Rippe.

Bei anderen Techniken werden die Muskeln zunächst langsam gedehnt und entspannt, um Blockaden lösen zu können. Daher sei vor allen groben und aufwendigen Manipulationen gewarnt. Diese arbeiten gegen die Körpermuskulatur und bewirken in der Regel nichts außer einer Schädigung des Gewebes.

Der Einsatz der Beuger und Strecker in der Bewegung ist für die Vorder- und Hintergliedmaßen ähnlich. In der Stütz- und Stemmphase werden die Strecker aktiviert. Hierbei kommt den langen Sitzbeinmuskeln der Hintergliedmaßen als Hüft- und teilweise Sprunggelenksstrecker eine besondere Rolle bei der Entwicklung des Bewegungsimpulses zu. An der Schultergliedmaße wird die Rückführung der Extremität durch die entsprechenden Muskeln der Gürtelmuskulatur vorgenommen, die das Schulterblatt um seine Achse nach kraniodorsal dreht. Beim Abheben werden alle Gelenke gebeugt. Am Vorführen der Hintergliedmaße sind die Hüftgelenksbeuger (**Glutealmuskulatur, M. tensor fasciae latae**) und die Kniegelenksstrecker (**M. quadriceps femoris**) beteiligt. Bei der Schultergliedmaße sind es wiederum die entsprechenden Muskeln der Schultergürtelmuskulatur, die die Gliedmaße vorführen. Erst gegen Ende der Vorführphase, beim Aufsetzen, werden die Gelenke der Gliedmaße selbst wieder gestreckt.

Merke

Ein guter Lahmheitsdiagnostiker hat ein Auge dafür, welche Abschnitte des Bewegungsablaufs der Gliedmaße gestört sind und kann daraus Rückschlüsse auf die betroffenen Gelenke ziehen. Dazu gehört viel Übung.

4.10.2 Passive Stehvorrichtung

Im Gegensatz zu den Muskeln, die nur aktiv unter Energieverbrauch Arbeit leisten können, vermögen Sehnen durch ihre bindegewebige Struktur passive Tragefunktionen zu übernehmen, ohne zu ermüden. Diese Tatsache hat sich die Natur bei den großen und schweren Haustieren zunutze gemacht, damit diese ihre enorme Körperlast ökonomisch tragen können. Bei den großen Haustieren sind viele Muskeln stark sehnig durchsetzt und einige kleine Muskeln sogar vollständig in Sehnen umgewandelt worden. Dadurch ist die Beweglichkeit der einzelnen Körperteile zwar eingeschränkt, doch können die Tiere dafür über lange Zeit stehen, ohne zu ermüden. Dies ist wichtig für ein Tier, das ständig fluchtbereit sein muss. Das Pferd hat dieses Prinzip durch seine passive Stehvorrichtung bis zur Vollendung geführt.

Der Name „passive Stehvorrichtung" vermittelt den Eindruck, als ob die Tiere ohne jegliche Muskelanspannung stehen könnten. Dies ist jedoch nicht der Fall. Ein Pferd, dessen Muskeln völlig erschlaffen, würde in sich zusammensacken. Der aufrechte Stand wird vielmehr durch eine sehr geringe Muskelaktivität erhalten; so wie wir unsere Muskulatur entlasten, wenn wir uns beim Stehen an die Wand lehnen.

Das Prinzip hinter dem komplexen Aufbau ist recht einfach. Durch mehrere Sehnenzüge werden zunächst mehrere Gelenke der Gliedmaßen so miteinander verbunden, dass bei einer bestimmten Winkelung eines Gelenks die unteren Gelenke durch rein passiven Zug der Sehnen mit in ihrer Stellung fixiert werden. Bei der Hintergliedmaße ist diese Verschaltung zwischen Knie- und Sprunggelenk so straff, dass nur noch ein synchrones Beugen und Strecken dieser Gelenke möglich ist (Spannsägenkonstruktion, ▸ Abb. 4.19). Bei der Vordergliedmaße kommt diese Abhängigkeit nur in der Stützbeinphase voll zum Tragen. Durch diese Verschaltung braucht nur noch eines der Gliedmaßengelenke aktiv durch Muskelkraft in einer zum Stehen geeigneten Stellung gehalten werden, während die anderen eher passiv durch die Sehnenzüge folgen.

Die Haltefunktion der beteiligten Muskeln wird noch durch eine zusätzliche Aufhängung des Sehnengerüsts am Gliedmaßenskelett unterstützt. So hat die Ursprungssehne des an der passiven Stehvorrichtung des Vorderbeins beteiligten M. biceps brachii eine kleine Delle, mit der sie sich an einer Knochenerhebung des Humerus „aufhängen" kann.

An der Hintergliedmaße wird diese Aufhängung durch die Patellaschlaufe gebildet. Die **Patella** ist in die Endsehne des **M. quadriceps femoris** eingelagert, dem Hauptstrecker des Kniekehlgelenks. Er entspringt proximodorsal am Femur und am Becken und setzt proximal an der Tibia an. Die Patella wird zusätzlich durch 2 weitere Bänder an der Tibia fixiert, die jeweils seitlich medial und lateral von der Endsehne gelegen sind. Die mediale der dadurch entstehenden beiden Schlaufen bildet die Patellaschlaufe (▸ Abb. 4.21). Durch Kontraktion des M. quadriceps femoris kann die Patella so weit angehoben werden, dass sie auf dem großen medialen Rollkamm des Femurs zu liegen kommt, wo sie alleine durch den Muskeltonus des Quadrizeps gehalten wird, zusätzlich fixiert durch die Patellaschlaufe. Die in dieser Stellung unter Spannung stehende Schlaufe verhindert ein weiteres Einknicken des Kniegelenks. Die Winkelung wird über die Spannsägenkonstruktion auf das Sprunggelenk übertragen, das gleichermaßen fixiert bleibt.

Sind die Bänder und Sehnen überdehnt, was bei schnellwüchsigen oder überlasteten Pferden vorkommen kann, reicht die Kraft des M. quadriceps femoris nicht mehr aus, die Patella wieder von dem Rollkamm herunterzuheben. Es kommt zu der sog. **Patellafixation.** Die betroffenen Pferde können je nach Schweregrad der Erkrankung das Kniegelenk und damit die ganze Hintergliedmaße habituell oder fortwährend nicht mehr beugen. Mit zunehmender Stärkung der Muskulatur kann dieses Problem behoben werden.

Cave

Pferde mit einer Patellafixation müssen also gerade gearbeitet werden. Dabei ist zu Beginn jedoch darauf zu achten, dass sie in einem ruhigen, nicht zu raumgreifenden Bewegungsmaß geritten werden, damit der noch schwache M. quadriceps genügend Zeit hat, die Patella vom Rollkamm zu heben. Mit zunehmender Kräftigung des Muskels kann dann zur normalen Arbeit übergegangen werden. Nur in ganz schweren Fällen sollte eine Operation vorgenommen werden.

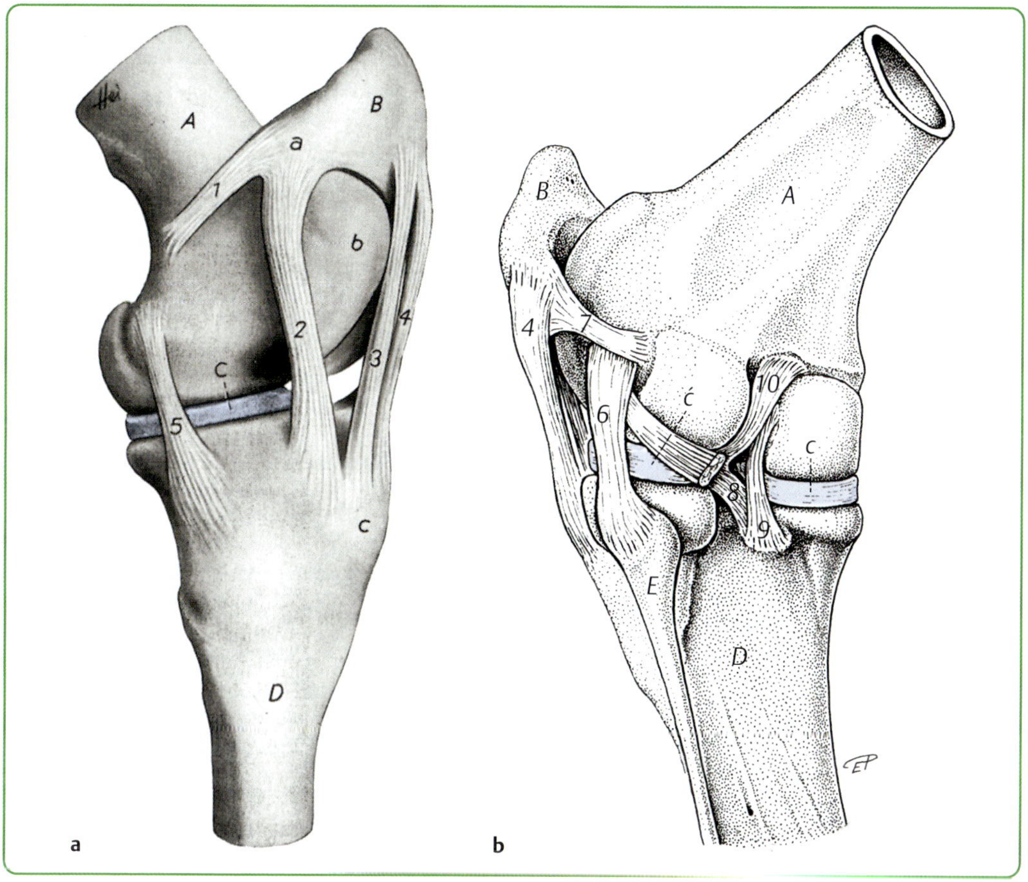

▸ **Abb. 1.21**

a Linkes Kniegelenk des Pferdes, Gelenkkapseln entfernt, Medialansicht (A: Os femoris; B: Patella; C: Meniscus medialis; D: Tibia; a: Fibrocartilago parapatellaris medialis; b: medialer Rollkamm; c: Tuberositas tibiae; 1: Lig. femoropatellare mediale; 2: mediales, 3: mittleres, 4: laterales Kniescheibenband; 5: Lig. collaterale mediale). (aus: Nickel R, Schummer A, Seiferle E. Lehrbuch der Anatomie der Haustiere. Band I, Bewegungsapparat. 8. Aufl. Stuttgart: Parey in MVS Medizinverlage Stuttgart; 2003)

b Linkes Kniegelenk des Pferdes, Gelenkkapseln entfernt, Kaudolateralansicht (C: Meniscus lateralis; E: Fibula; 6: Lig. collaterale laterale; 7: Lig. femoropatellare laterale; 8, 9: Lig. cruciatum craniale bzw. caudale; 10: Lig. meniscofemorale).

Die Fixierung der Zehengelenke erfolgt an Schulter- und Beckengliedmaßen prinzipiell gleich. Durch die hyperextensive Stellung der Gelenke im Stand ist ein Fallen in die Flexion nicht möglich. Eine vermehrte Hyperextension wird durch den Fesseltrageapparat und die Hufrolle abgefangen.

Der **Fesseltrageapparat** besteht im engsten Sinn aus dem Fesselträger, den Gleichbeinen und deren distalen Bändern zum Fessel- und Kronbein. Unterstützt wird er durch die Beugesehnen, den Verstärkungen der Zehenfaszien und Unterstützungsbänder zu den Strecksehnen. Der **Fesselträger** (M. interosseus medius) verläuft entlang der Palmar- bzw. Plantarseite des Röhrenknochens. Er entspringt proximal an ihm und setzt distal mit 2 Ästen an den Gleichbeinen an. Die Gleichbeine, die auf Höhe des Fesselgelenks liegen, sind über eine Vielzahl von Bändern an Fessel- und Kronbein befestigt. Zusätzlichen Halt bekommen sie durch die über sie hinwegziehenden Beugesehnen. Der Fesseltrageapparat bildet eine Hängematte für das Fesselgelenk und verhindert seine zu starke Hyperextension beim Auffußen.

Die **Hufrolle** (▶ Abb. 5.7) befindet sich palmar bzw. plantar auf Höhe des Hufgelenks. Sie besteht aus dem Strahlbein, einem Sesambein, das mit dem Hufbein in Kontakt steht, der darüber hinwegziehenden tiefen Beugesehne und einem zwischen Sesambein und Sehne befindlichen Schleimbeutel (Bursa podotrochlearis). Die Hufrolle verhütet eine zu starke Hyperextension des Hufgelenks beim Auffußen.

Da trotz der passiven Stehvorrichtung die Muskulatur ermüdet, werden die Hintergliedmaßen wechselseitig gebeugt und aufgesetzt. In der Beugehaltung wird das Kniegelenk stärker gebeugt und die Zehenspitze auf den Boden gestellt. Dadurch werden für eine Weile die Kniegelenkbeuger stärker beansprucht und der M. quadriceps femoris kann sich erholen. Dieser Vorgang, den man bei länger auf einem Fleck stehenden Pferden beobachten kann, wird als **Schildern** bezeichnet.

4.11 Ausbildungsskala als systematisches Muskelaufbautraining

Die Ausbildungsskala des Pferdes und die dazugehörigen Lektionen haben sich über die Jahrhunderte kontinuierlich entwickelt. Dabei waren die alten Meister alleine auf ihre Beobachtungsgabe angewiesen, was den Bewegungsablauf der Pferde angeht. Umso bemerkenswerter ist es, dass sich hinter diesem Ausbildungsschema ein wohldurchdachter systematischer Muskelaufbau verbirgt. Die Ausbildungsskala besteht aus folgenden Lektionen:

- Takt
- Losgelassenheit
- Anlehnung
- Schwung
- Geraderichten
- Versammlung

Wird ein Pferd das erste Mal mit einem Reitergewicht auf dem Rücken belastet, versucht es, dieses mit durchgedrücktem Rücken und erhobenem Hals zu tragen. Die bereits beschriebene natürliche Rumpfkonstruktion, die das Eigengewicht des Pferdes mit aufgewölbtem Rücken trägt, geht verloren. Daher besteht der erste Abschnitt der Pferdeausbildung darin, den **Rücken** des Pferdes wieder **aufzuwölben.** Dazu wird primär die Bauchmuskulatur des Pferdes benötigt. Da diese am Anfang alleine zu schwach ist, um diese Arbeit zu erfüllen, wird der Hals als Hebelarm hinzugezogen. Dies wird durch das **Vorwärts-abwärts-Reiten** erreicht.

Dabei wird der Hals des Pferdes in der Bewegung nach vorne und unten gedehnt. Dies erfolgt zum einen passiv durch das Entspannen der dorsalen Wirbelsäulenmuskulatur (**Losgelassenheit**), zum anderen aktiv über die Kontraktion der ventralen Halsmuskulatur. Durch diese Dehnhaltung wird über das Nackenband ein nach oben und vorne gerichteter Zug auf die kranialen Brustwirbel ausgeübt, die sich dadurch verstärkt aufwölben. Bei einem vorwärts-abwärts gehenden Pferd ist dementsprechend der kraniale Bereich der BWS stärker aufgewölbt als die LWS, da zusätzlich zu den Bauchmuskeln der Zug des Nackenbands die Aufwölbung unterstützt.

Würde der Zug des Nackenbands jedoch auf Dauer benötigt, um die Wirbelsäule aufzuwölben, würde es bald überdehnt werden und nicht mehr funktionsfähig sein. So wird das Nackenband durch die dorsalen Wirbelsäulenmuskeln, die in diesem Bereich liegen, vor allem dem M. splenius cervicis, zusätzlich unterstützt. Diese Muskeln liegen in dem Dreieck zwischen HWS, Mähnenkamm und Schulterblatt. Im Sinne einer Aufwölbung der BWS können diese Muskeln jedoch nur bei gesenktem Hals tätig werden. Bei der absoluten Aufrichtung wird dagegen der Hals durch den **M. splenius cervicis** aufgebogen, während die Rückenwirbelsäule in Extension bleibt. Dadurch wird der durchgehende Bewegungsablauf von der Hinterhand bis zum Genick im Widerrist unterbrochen.

! Merke
Ein Aufbau der Bauchmuskulatur ist essenziell. Sie wird durch ein gleichmäßiges Vorwärtsreiten und kontinuierlich verstärkte Arbeit an der Längsbiegung trainiert.

Hier beginnt auch der nächste Abschnitt des Muskelaufbaus. Damit die vornehmlich stützende Vorhand durch das Gewicht von Pferd und Reiter nicht überlastet wird, müssen die Beckengliedmaßen vermehrt Last aufnehmen. Erwünscht ist eine gleichmäßige Verteilung des Gewichts auf Vor- und Hinterhand. Dazu muss die Hinterhand weiter unter den Rumpf geschoben und die Gelenke der Beckengliedmaßen müssen vermehrt gebeugt werden.

Einen Teil dieser Arbeit leistet die Bauchmuskulatur. Die Hauptaktivität kommt dabei jedoch den inneren Lendenmuskeln zu, die das Becken steiler stellen und die Hinterextremitäten unter vermehrter Aufwölbung der LWS unter den Rumpf ziehen. Wie bereits beschrieben, wird sie während des Ausbildungsabschnitts der Schwungentwicklung antrainiert, um dann bei den versammelnden Lektionen die Hinterhand über immer längere Zeiträume unter dem Rumpf halten zu können. Da die inneren Lendenmuskeln zusätzlich zu den Bauchmuskeln die LWS vermehrt aufwölben, während der Zug des Nackenbands auf die BWS durch die Aufrichtung des Halses abnimmt, ist in diesem Ausbildungsstadium die LWS stärker aufgewölbt als die BWS. Erwähnt werden muss hier natürlich auch die Beteiligung der Muskulatur der Hintergliedmaßen bei der Tragkraft der Hinterhand.

Die **Aufrichtung des Halses** geschieht nicht aktiv. Sie wird vielmehr durch das vermehrte Aufwölben der LWS und das Unterschieben der Hinterhand induziert. Dies erzeugt über die dorsalen Wirbelsäulenbänder einen Zug auf die weiter kranial gelegenen Brustwirbel und über das Nackenband schließlich auch auf die HWS, die dadurch nach kaudodorsal gewölbt wird. Dieser Zug auf die HWS kann jedoch nur funktionieren, wenn die dorsalen Wirbelsäulenbänder angespannt sind und dies ist nur bei einem insgesamt aufgewölbten Rücken der Fall.

Merke

Ein Pferd kann sich nur versammeln, wenn es zuvor eine korrekte Grundausbildung durchlaufen hat, die alle Schritte der Ausbildungsskala umfasst.

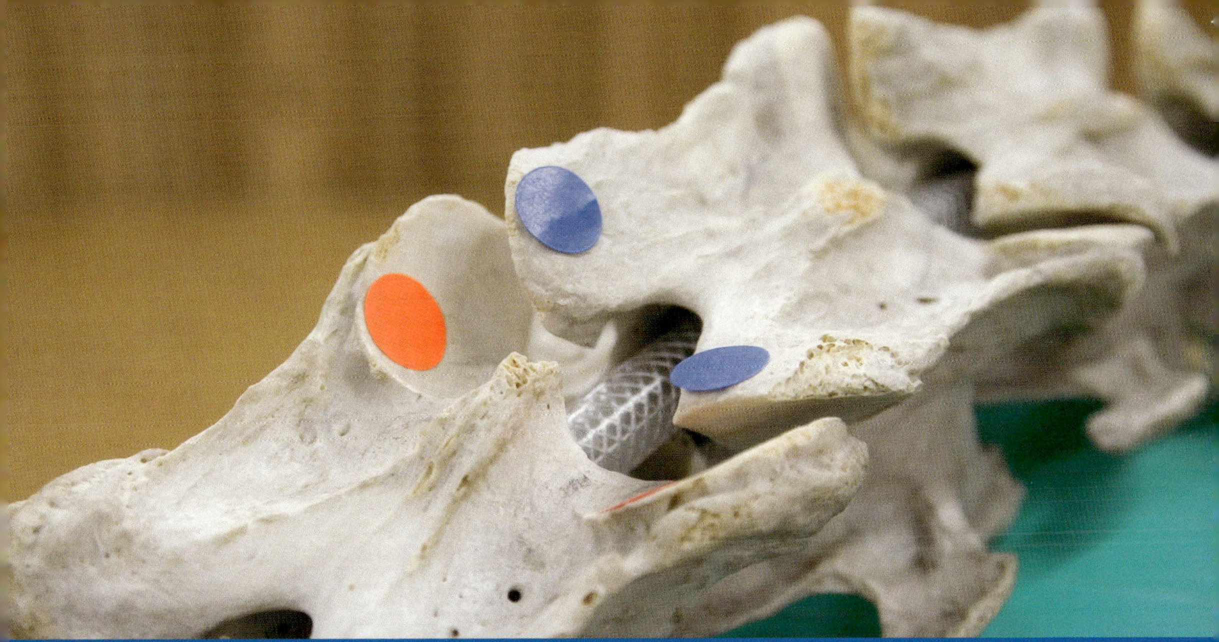

Teil 2
Untersuchung

5 Der Untersuchungsgang

5.1 Einführung

Der Untersuchungsgang sollte folgende Schritte umfassen:

- Anamnese
- Adspektion
- Kontaktaufnahme mit dem Pferd
- Palpation
- Test

5.2 Anamnese

Die Anamnese kann von großer Bedeutung für die Diagnose sein. Sie sollte nicht nur die beobachteten Symptome, sondern die gesamten Lebensumstände des Pferdes und mitunter auch die des Besitzers erfassen. Im Folgenden sind die wichtigsten Fragen aufgeführt, die bei der Ermittlung der Vorgeschichte gestellt werden sollten:

Praxistipp

Fragen zur Ermittlung der Vorgeschichte des Pferdes

- Welcher Rasse gehört das Pferd an?
- Wie alt ist es?
- Seit wann ist es in Ihrem Besitz?
- Wie wird es genutzt (Freizeit, Dressur, Springen, viel Gelände etc.)?
- Kommt der Hufschmied regelmäßig? Sind Sie dabei, geht das Pferd immer barfuß oder seit wann hat es diesen Beschlag?
- Wurden die Zähne kontrolliert und wenn ja, wann das letzte Mal?
- Hatte das Pferd, abgesehen von den derzeitigen Beschwerden, auffällige Erkrankungen?
  - Internistische Probleme wie häufige Koliken können auf eine Blockierung in der BWS und LWS hindeuten.
  - Atemprobleme und häufiges Husten können auf Blockaden der Rippen oder des Zwerchfells hinweisen.
  - Zusätzlich können internistische Symptome über ab- oder aufsteigende Ketten auch indirekt von entfernteren Blockaden herrühren.
- Welche Symptome zeigt das Pferd?
- Welche reiterlichen Probleme zeigt das Pferd?
  - Sehr oft kommen Pferdebesitzer mit einem reiterlichen Problem zum Osteotherapeuten. Symptome wie Kopfschlagen, Verwerfen, gegen die Hand gehen, Knirschen oder das Herausstrecken der Zunge haben oft mit Blockaden in der HWS zu tun.
  - Gurtzwang, Taktunreinheiten, lange Lösungsphasen und Schwierigkeiten beim Biegen weisen eher auf Probleme in der BWS hin.
  - Buckeln, Kreuzgalopp, Schwierigkeiten, während der Bewegung Kot abzusetzen, Widerstand beim Rückwärtsrichten und bei den Seitwärtsgängen lassen Blockaden in der LWS vermuten.
  - Wird der Schweif beim Reiten eingeklemmt oder schief getragen, gibt dies Hinweise auf eine Blockade im ISG.
- Wann zeigt das Pferd die Probleme?
- Seit wann treten die Probleme auf?
- Ist es nachzuvollziehen, bei welchem Anlass die Probleme das erste Mal auftraten?
- Hat das Pferd zusätzliche Auffälligkeiten (angelaufene Beine, mäkeliges Fressen, schnelles Schwitzen, ängstlicher Typ)? Diese Frage ist wichtig, da manche Symptome nicht erwähnt werden, weil der Besitzer sie nicht für relevant hält. Doch können sie entscheidende Informationen liefern.

5.3 Adspektion

5.3.1 Adspektion am stehenden Pferd

Die Adspektion gibt einen Eindruck über die derzeitige Konstitution des Pferdes. Hierbei sollten **Pflege-** und **Ernährungszustand,** aber auch die **Bemuskelung** beurteilt werden. Oft geben lokale Muskelatrophien erste Hinweise auf die Erkrankung. Eine über einen langen Zeitraum eingenommene Schonhaltung oder durch Überlastung und

Verkrampfungen hervorgerufene Schäden des Muskelgewebes können eine solche Atrophie hervorrufen. Ein Weidebauch oder ein stark ausgeprägter Unterhals können auf den Trainingszustand des Pferdes hinweisen.

Ebenso sollte auf **Gallen, Verletzungen** und **Narben** geachtet werden. Alle Narben haben eine Geschichte, die zu hören sich lohnt. Des Weiteren können Schweißausbrüche oder lokales vermehrtes Schwitzen Hinweise auf den Ort der Läsion geben. Nasen- oder Augenausfluss, vermehrter Speichelfluss und geschwollene Ganaschen sind weitere Symptome. Die Liste ließe sich lange fortsetzen.

Nicht zuletzt kann ein Blick in die Augen und auf das Ohrenspiel des Pferdes Aufschluss über Erschöpfung, Schmerz, Erregung oder Angst geben.

Hufbeurteilung

Auf den **Pflegezustand** der Hufe muss geachtet werden. Eine korrekte Hufform und ein funktioneller Beschlag oder beim Barhufpferd die funktionell korrekt bearbeitete Zehe sind die Grundvoraussetzung für die normale Arbeitsleistung eines Pferdes.

Ein steiler enger Huf deutet z. B. auf eine seit Langem eingehaltene Schonhaltung der Gliedmaße hin. Der **Beschlag** muss dem Huf angepasst sein, darf nicht zu klein sein und darf den Hufmechanismus nicht behindern. Die Nagelung darf daher, von vorne beginnend, über die breiteste Stelle des Hufes nicht hinausgehen. Eine durch Fehlstellungen bedingte ungleichmäßige Abnutzung des Hufes kann sehr aufschlussreich sein. Sie sollte regelmäßig durch den Hufschmied oder den Huftechniker ausgeglichen werden.

Praxistipp

Bei einem erwachsenen Pferd muss die Korrektur über mehrere Beschlagsperioden mit begleitender osteo- und physiotherapeutischer Behandlung erfolgen, damit die Körperstrukturen des Pferdes den Umstellungsprozess verkraften können.

Exterieurbeurteilung

Auch die Beurteilung des **Exterieurs** und der **Gliedmaßenstellung** kann zur Diagnose von Funktionsstörungen beitragen.

So führen Fehlstellungen der Gliedmaßen unvermeidlich zu Fehlbelastungen der Gelenke, Bänder und Sehnen. Allerdings müssen solche Fehlbelastungen nicht unbedingt bleibende Schäden oder Lahmheiten verursachen, denn dies hängt von der Stärke der Veränderung, dem Gebrauchszweck des Pferdes und nicht zuletzt von einem korrekten Management des Pferdes ab.

Praxistipp

Bei der Exterieurbeurteilung sollte auf die Symmetrie beider Körperhälften geachtet werden. Auf diese Weise fallen Atrophien am ehesten auf.

Genauso sollen Vor-, Mittel- und Hinterhand in einem ausgewogenen Verhältnis zueinander stehen. Sie werden durch 2 Lotlinien voneinander getrennt, die jeweils durch den Hüfthöcker und den Widerrist gefällt werden. Eine überproportional lange oder kurze Mittelhand führt oft zu Problemen. So ist ein kurzer Rücken anfällig für Erkrankungen der Wirbelsäule, während bei einem langen Rücken eher Muskel- und Bänderzerrungen auftreten. Auch die **Rückenlinie** sollte auf Abweichungen wie Skoliose, Kyphose oder Lordose untersucht werden.

Der **Hals** als Balancierstange und als langer Hebel zur Unterstützung der Wirbelsäulenaufwölbung sollte lang und schlank sein.

Die unterschiedlichen **Fehlstellungen der Gliedmaßen** sind in ▶ **Abb. 5.1** erläutert. Sie können zu starken Fehlbelastungen der Gliedmaßengelenke führen. Bei einer bodenengen oder bodenweiten bzw. zehenengen oder zehenweiten Stellung werden vor allem die Gelenke, Bänder und andere Strukturen im Zehenbereich belastet.

Bei vor- und rückbiegigen bzw. X- oder O-beinigen Pferden werden dagegen die Karpalgelenke stärker belastet. Vorbiegige Pferde neigen eher zu Chip-Frakturen im Vorderfußwurzelgelenk, während bei rückbiegigen Gliedmaßen die oberflächliche Beugesehne und der Fesselträger stärker angespannt sind.

Durch ihre Stützfunktion wird die Schultergliedmaße durch eventuelle Fehlstellungen stärker in Mitleidenschaft gezogen als die Beckengliedmaße. Doch treten die beschriebenen **Fehlstellungen** auch hier auf:

Am häufigsten sind die **kuhhessige** oder **X-beinige** und die **fassbeinige** oder **O-beinige Stellung.** Beide belasten in erster Linie das Sprunggelenk.

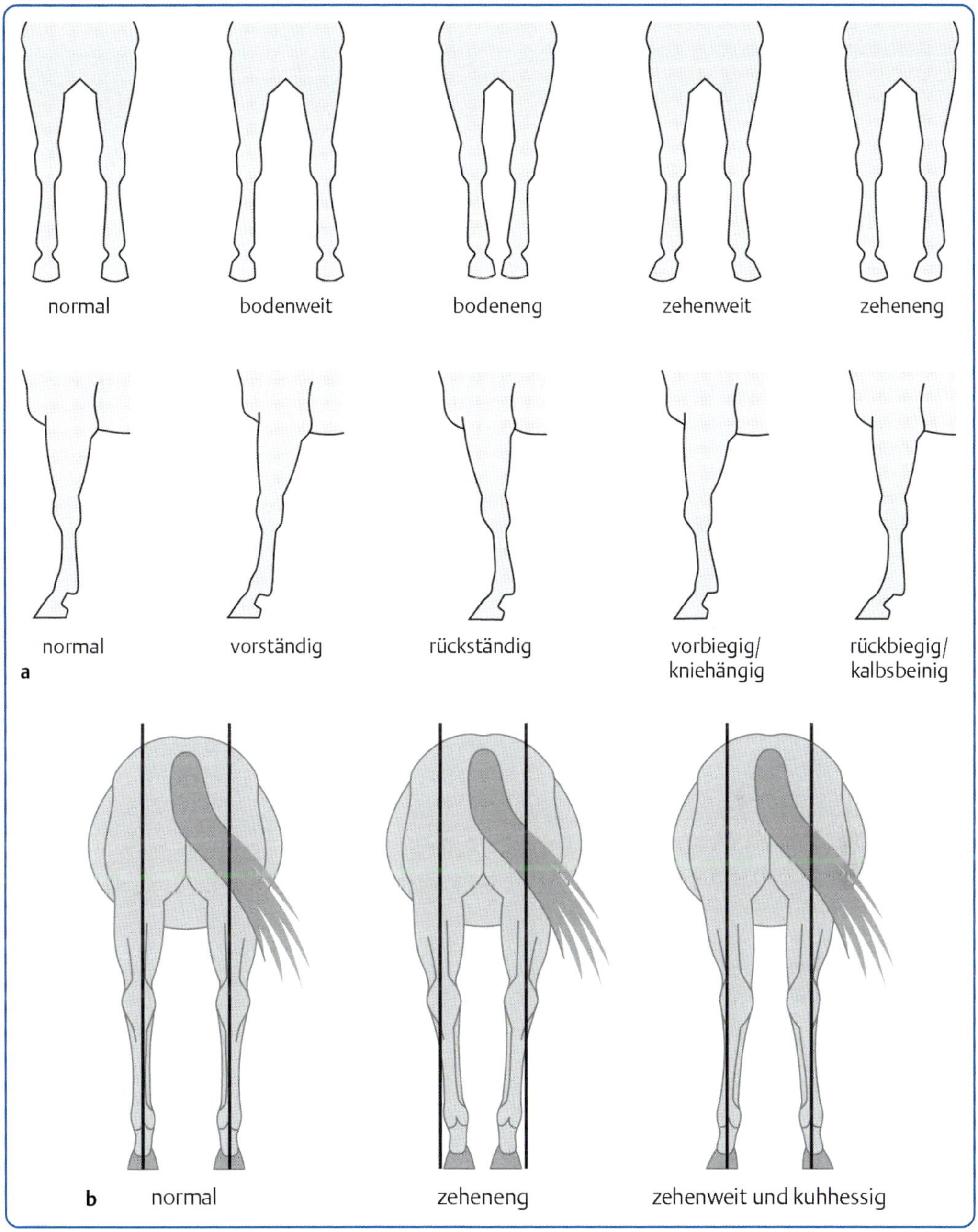

▸ **Abb. 5.1** Stellungsfehler der Vorder- (**a**) bzw. Hintergliedmaße (**b**). (aus: Salomon W. Die energetische Behandlung des Pferdes. 3. Aufl. Stuttgart: Sonntag in MVS Medizinverlage Stuttgart; 2008)

Eine **vorbiegige Stellung** der Hintergliedmaßen (säbelbeinig), die u. U. noch mit einer zu steilen Hufstellung (bärentatzig) verpaart ist, führt zu einer Überanstrengung der Fesselträger und Gleichbeine und der Beugesehnen. Zudem können diese Pferde nur schwer Last auf die Hinterhand aufnehmen und sich versammeln.

Eine **zu steile** oder **zu spitze Hufstellung** und eine **zu lange** oder **zu kurze Fesselung** beeinträchtigen wiederum eher den Zehenbereich. Ein gebrochener Verlauf der Längsachse durch Fessel und Huf auf Höhe des Kronrands ist ebenso nachteilig.

Steht der **Huf spitzer** als die Fessel, kommt es, wie auch bei einer überlangen Fessel oder einer insgesamt in einem zu spitzen Winkel stehenden Zehe, zu einer vermehrten Hyperextension der Zehengelenke und damit zu einer Überlastung der Beugesehnen, des Fesseltrageapparats und der Hufrolle. Steht der **Huf steiler** als die Fessel, wird durch das Anbeugen des Hufgelenks zwar die tiefe Beugesehne entlastet, doch sind der Fesseltrageapparat und die an Kron- und Fesselbein ansetzende oberflächliche Beugesehne ebenfalls überlastet, da bei dieser Stellung Kron- und Fesselgelenk gleichfalls vermehrt hyperextendieren.

Merke

Einige Stellungsanomalien sind nicht angeboren, sondern haben pathologische Ursachen. So neigen Pferde mit einer Erkrankung der Hufrolle oder einer Hufrehe dazu, vorständig zu stehen.

5.3.2 Adspektion des Pferdes in Bewegung

Nach der Adspektion im Stehen wird der Bewegungsablauf der Pferde im Schritt und im Trab auf hartem, geradem Untergrund begutachtet. Dabei sollte das Pferd senkrecht vom Osteotherapeuten weg- und wieder auf ihn zugeführt werden. Auch sollte es von der Seite betrachtet werden.

Mitunter ist es auch aufschlussreich, sich das Tier vorlongieren oder vorreiten zu lassen, um bestimmte Störungen im Bewegungsablauf sehen zu können. So zeigen sich einige Bewegungsstörungen oder Lahmheiten erst in engen Wendungen (Wendeschmerz). Andere treten erst unter dem Reitergewicht deutlich auf. Zudem muss eruiert werden, ob die Bewegungsstörung mit Schmerzen verbunden ist oder ob ein mechanisches Problem vorliegt.

Bestimmte Bewegungsanomalien werden durch **Stellungsfehler** verursacht. So treten bodeneng stehende Pferde nicht plan, sondern zuerst mit der Außenkante des Hufes auf. Umgekehrt berühren bodenweit stehende Pferde zuerst mit der Innenkante den Boden. Dies führt zu einer stärkeren Belastung der jeweiligen Seite der Extremität und einer stärkeren Abnutzung des Hufes auf dieser Seite.

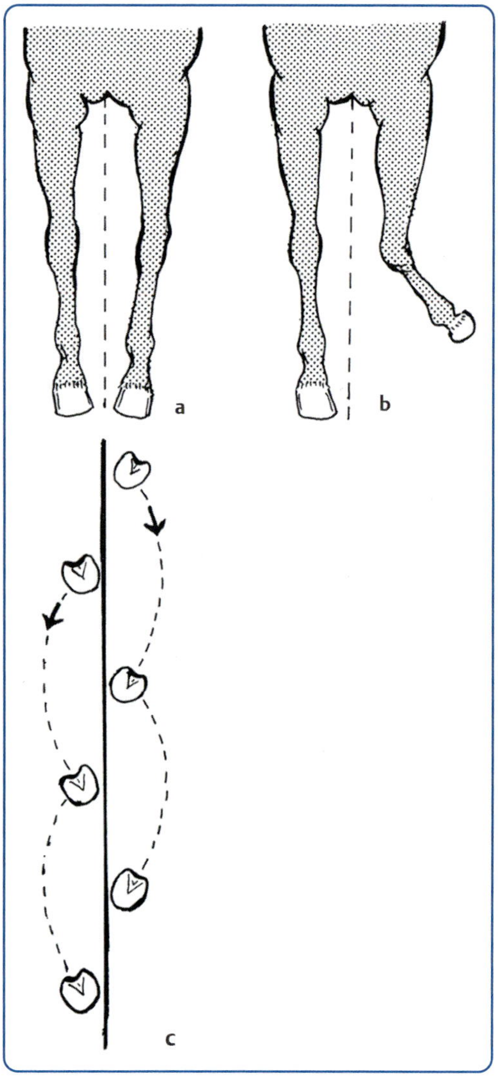

► **Abb. 5.2** Schematische Darstellung des „Bügelns" beim Pferd. Das zeheneng stehende Pferd führt die Gliedmaßen nach dem Abfußen in einem Bogen nach außen, bevor es sie wieder aufsetzt. (aus: Litzke LF, Rau B, Hrsg. Der Huf. Lehrbuch des Hufbeschlages. 6. Aufl. Stuttgart: Enke in MVS Medizinverlage Stuttgart; 2012)

Pferde mit einer zehenengen Stellung an der Vordergliedmaße neigen zum **„Bügeln"**. Dabei wird die vorzuführende Gliedmaße nach dem Abfußen nach außen geführt und beschreibt einen Bogen um das in der Stützphase befindliche Bein (► **Abb. 5.2**).

Dagegen führt ein zehenweit stehendes Pferd die vorgeführte Gliedmaße im Bogen auf das ste-

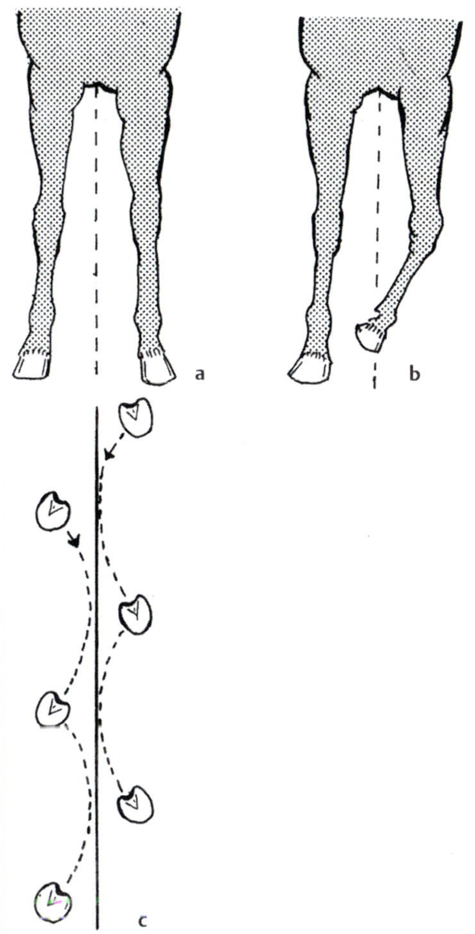

▶ **Abb. 5.3** Schematische Darstellung des „Schnürens" beim Pferd. Ein zehenweit und bodeneng stehendes Pferd neigt dazu, beim Abfußen der Vordergliedmaße mit dem Huf einen Bogen nach innen zu beschreiben. (aus: Litzke LF, Rau B, Hrsg. Der Huf. Lehrbuch des Hufbeschlages. 6. Aufl. Stuttgart: Enke in MVS Medizinverlage Stuttgart; 2012)

hende Bein zu. Solche Tiere neigen dazu zu streifen. Extrem wird dieser Bewegungsablauf, wenn das Pferd dabei noch bodeneng steht und auf der Außenkante des Hufes fast direkt vor der anderen Vordergliedmaße auffußt. Es **„schnürt"** (▶ **Abb. 5.3**). Eine rückständige Stellung oder eine steile Schulter kann die Vorführphase der Schultergliedmaße stark verkürzen.

Entsprechende Bewegungsanomalien sind an den Hintergliedmaßen zu finden. Ein Problem, an dem sowohl Vorder- als auch Hintergliedmaßen beteiligt sind, ist das **Anschlagen** bzw. **Greifen.** Hierbei tritt das Pferd mit der zurückgeführten Vordergliedmaße gegen den Metatarsus bzw. der Hinterhuf greift in den Ballen oder die Sohlenfläche des Vorderhufs. Dies kann Hautverletzungen, abgerissene Eisen, Prellungen und im schlimmsten Fall eine Zerrung verursachen.

Genauso wie Stellungsanomalien zu Blockaden führen können, können andersherum Blockaden Bewegungsanomalien hervorrufen. Eine breitbeinige oder sehr enge Führung der Hintergliedmaßen kann z. B. durch Blockaden im Hüftgelenk bedingt sein. Das **Haken** deutet auf Probleme der Patella hin. Stellt ein Pferd die Hintergliedmaßen beim Laufen weit nach hinten heraus und macht kurze Tritte, kann dies u. a. auf Blockaden des Sakrums zurückzuführen sein. Blockaden der HWS verursachen eher kurze Tritte der Vordergliedmaßen. Es gibt eine breite Symptomenpalette, die allerdings nur durch eine vollständige Untersuchung zu einem Ganzen zusammengesetzt werden kann und zu einer Lokalisation der Blockade führt.

Läsionen, die so deutliche Symptome im Bewegungsablauf der Extremitäten hervorrufen, sind vielfach schon älteren Ursprungs und wurden bereits während der Aufzucht auf der Weide durch Rangspiele oder Unfälle erworben. Solche Läsionen bleiben oft unbemerkt und treten erst beim Anreiten deutlich zum Vorschein. Bei der osteotherapeutischen Untersuchung sind sie häufig als **Muskelverhärtungen** (Myogelose) palpierbar. Sie können aber auch im Bereich des Übergangs vom Periost zur Sehne oder von der Sehne zum Muskel liegen.

Praxistipp

Aus diesem Grund sollten **Rittigkeitsprobleme bei jungen Pferden** nicht grundsätzlich als Widersätzlichkeiten oder Frechheit abgetan werden. Gerade Kopfschlagen oder Taktunreinheiten sind bei jungen Pferden eher Ausdruck von Überlastung oder Schmerzen, denen sie sich zu entziehen versuchen. Nicht beachtet, ziehen sich solche Probleme durch die gesamte Ausbildung und werden ein bleibendes Handicap. Deshalb ist es wichtig, eine Sensibilität für die auftretenden Symptome zu entwickeln und frühzeitig einzugreifen. Ein prophylaktischer, osteotherapeutischer „Check" noch vor dem Anreiten eines jungen Pferdes kann helfen, viele Probleme gänzlich zu vermeiden.

Lahmheitsdiagnostik

Bei der Diagnose von Lahmheiten sollte das Pferd zunächst im Ganzen betrachtet werden, ehe auf den Bewegungsablauf einzelner Extremitäten eingegangen wird. Ein unrunder Bewegungsablauf mit verkrampftem Hals oder Rücken gibt erste Hinweise auf Funktionsstörungen oder Schmerzen.

Eine **Vorhandlahmheit** ist in der Regel an einer Nickbewegung des Kopfes zu erkennen. Das Pferd hebt den Kopf, wenn das erkrankte Bein aufsetzt, und senkt ihn beim Auffußen der gesunden Gliedmaße.

Bei den **Beckengliedmaßen** werden Dauer und Symmetrie der Kruppenbewegungen betrachtet. Verminderte Höhe und/oder Dauer des Anhebens der Kruppe weisen meist auf eine Lahmheit der betreffenden Gliedmaße hin.

Ist die Lahmheit allerdings sehr stark, verlagern die Pferde ihr Körpergewicht vermehrt auf die diagonale Vorhand, um die erkrankte Gliedmaße zu schonen. Dadurch kommt es zu einer **Nickbewegung des Kopfes,** der beim Aufsetzen dieser Vordergliedmaße abgesenkt wird. Diese vermeintlichen Anzeichen einer Vorhandlahmheit dürfen jedoch nicht mit einer echten Lahmheit der Vordergliedmaße verwechselt werden.

Ist geklärt, welche Gliedmaßen betroffen sind, wird der **Bewegungsablauf** der einzelnen Gliedmaßen beurteilt. Dabei wird zunächst auf eine eventuelle Verkürzung der Stütz- bzw. Hangbeinphase geachtet. Eine verlängerte Hangbeinphase wird eher den proximalen Gelenken der Gliedmaße und eine verlängerte Stützbeinphase eher dem distalen Bereich der Gliedmaße zugeordnet. Eine verkürzte Hangbeinphase fällt besonders auf, wenn die Gliedmaße in einer Biegung außen liegt und einen entsprechend längeren Weg zurückzulegen hat. Die Lahmheit macht sich dann verstärkt bemerkbar.

Als weiterer Parameter wird der **Grad der Beugung der Gelenke** betrachtet. Bei einer Lahmheit des Knie- und Sprunggelenks oder des Schultergelenks werden die Gelenke in der Vorführphase vermindert gebeugt, sodass sie nicht mehr deutlich vom Boden abgehoben werden (▶ **Abb. 5.4**). Dies kann zu einem vermehrten Abnutzen der Hufspitze führen. Zudem wird die Gliedmaße während des Vorführens in einem Bogen nach außen geführt, um das verminderte Anbeugen zu kompensieren.

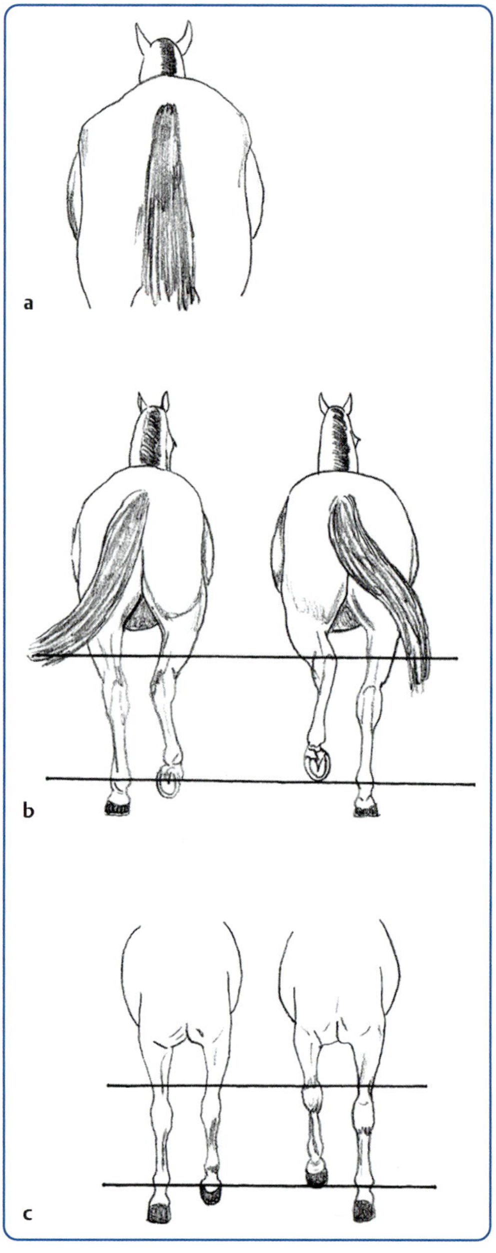

▶ **Abb. 5.4** Schematische Darstellung der typischen Bewegungsabweichung bei einer Lahmheit: Schon bei der Adspektion ist auf Asymmetrien zu achten. In diesem Fall steht das rechte Ilium hoch und wirkt kürzer (**a**). Die hintere rechte Extremität kann nicht so hoch gehoben werden wie die linke. Die Ursache kann im Iliosakralbereich liegen (**b**). Die linke vordere Extremität kann nicht so weit angehoben werden wie die rechte. Die Ursache liegt möglicherweise in der Schulterregion (**c**).

Auch das **Auffußen** kann sich von dem gesunder Gliedmaßen unterscheiden. Bei einer Erkrankung der Hufrolle liegt der schmerzhafte Bereich auf Höhe der Trachten, dementsprechend versucht das Pferd, mit der Hufspitze zuerst aufzutreten. Dagegen belastet ein Pferd mit Hufrehe eher den Trachtenbereich.

Bewegungsstörungen können natürlich auch durch angeborene Huffehlstellungen, z. B. den Bockhuf, hervorgerufen werden. Häufiger aber sind fehlerhafter Hufbeschlag oder die fehlerhafte Hufbearbeitung zu beklagen. Nichts kann diese Problematik treffender bezeichnen als der Ausspruch „No hoof, no horse". Bei einem korrekt bearbeiteten Huf soll die Gerade gezogen werden von der Mitte des Fesselkopfs durch die Mitte des Fesselbeins bis zum Boden. Hierbei soll die Linie der Hornkapsel parallel verlaufen. Die gute und vertrauensvolle Zusammenarbeit mit dem Hufschmied oder Huftechniker ist deshalb für die Sicherung des osteotherapeutischen Behandlungserfolgs von größter Wichtigkeit.

Ein gesunder Vorderhuf sollte, wenn man die Linie von Trachte zu Trachte fortsetzt, **kreisrund** sein (▶ Abb. 5.5), während der gesunde Hinterhuf eine **ovale Form** aufweist. Leider sind viele Fehler in der Hufbearbeitung zu beklagen und die Kommunikation mit Schmieden ist oftmals äußerst schwierig. Behindert der Hufbeschlag das Pferd beim Gehen aber mehr, als er nützt, wird sich die Fehlbelastung in anderen Bereichen (Schulter, Rücken, Hüfte) als Überlastung kompensieren. Wird das Pferd dann osteotherapeutisch oder physiotherapeutisch behandelt, ohne dass auch die Hufkorrektur erfolgt, wird die Behandlung nicht helfen oder ihr Effekt nur von sehr kurzer Dauer sein. Bei barhufgehenden Pferden ist es in der Regel kein Problem, dass der Besitzer oder Reiter sich vom Hufpfleger oder Huftechniker anleiten lässt und selbst mit der Feile Hand anlegt.

Es ist außerordentlich beklagenswert, dass das Fehlmanagement der Hufe bereits im Fohlenalter beginnt. Beispielsweise werden 70 % der Junghengste in geschlossenen Laufställen ohne Auslauf gehalten, 65 % von ihnen werden nur alle 2–3 Monate bzw. nach Bedarf dem Schmied vorgestellt und 35 % (über ⅓!) noch seltener. 45 % der Laufställe waren im Verhältnis zum Besatz um ⅓ zu klein, ebenfalls 45 % lagen unterhalb der durch Tierschutzrichtlinien geforderten Lichtstärke von 80 Lux. Bei über der Hälfte der Betriebe lag der prozentuale Lichteinfall im Stall unter 5 % (!) der Außenlichtstärke bei unbedecktem Himmel und bei 30–40 % wurde kein täglicher Auslauf gewährt, wobei 30 % der heranwachsenden Pferde max. 1–4 Stunden Auslauf pro Woche hatten. Es handelt sich hierbei um das Ergebnis der Umfrage einer bekannten deutschen Pferdezeitschrift aus dem Jahre 2007. Was dies für die Gesundheit der jungen Pferde bedeutet, mag sich jeder selbst ausmalen.

Die häufigsten Hufbearbeitungsprobleme, die bei der osteotherapeutischen Behandlung auffal-

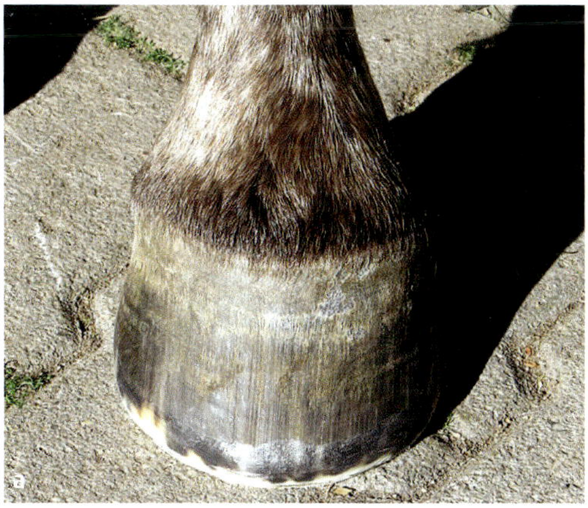

▶ **Abb. 5.5**
a Ein gutgeformter Vorderhuf (Ansicht vom Pferd). (Foto: Rainer Weppelmann)
b Der Vorderhuf sollte kreisrund sein, wenn man die Linie über die Trachten fortführt. Viele Zehen werden heute leider zu lang gelassen. (Foto: Rainer Weppelmann)

len, sind verbogene Wände, zu hohe oder untergeschobene Trachten und zu lange Zehen:

- Eine **verbogene Wand** liegt vor, wenn sich die Hufwand von dem Hufbein getrennt hat. Vielfach sieht man, dass das Hufhorn, vom Kronsaum kommend, leicht schräg zum Boden wächst, von einer bestimmten Stelle an einen Knick aufweist und trichterförmig weiter nach außen verläuft. Durch diese trichterartige Verbiegung hat sich die Hufwand durch mechanische Einwirkung vom Hufbein getrennt. Dies ist für das Pferd schmerzhaft und wird umso schlimmer, je länger solch ein Huf wächst.
- **Zu hohe Trachten:** Werden Trachten weniger gekürzt, als dass sie nachwachsen, wird die Hufstellung im Endresultat steiler und das Pferd geht mehr und mehr auf der Hufspitze. Abgesehen von der geknickten Achse kommt es im Huf-, Kron- und Fesselgelenk zu Steilstellungen mit allen Folgen für die umgebenen Weichgewebe.
- **Untergeschobene Trachten:** Werden die Zehen zu lang, schieben sich häufig die Trachten unter. Dies passiert sowohl bei beschlagenen als auch bei barhufgehenden Pferden. Zu lang gewachsene Zehen werden beim Auffußen hochgehebelt, dadurch werden die Trachten nach vorne geschoben und nutzen sich verstärkt ab. Bei beschlagenen Pferden sieht man, dass zur „Korrektur“ häufig Keile an den Hufeisen unter den Trachten angebracht werden. Werden die zu langen Zehen aber nicht richtig gekürzt, verlagern sich solche Handlungen in den Unsinn. Zu lange Zehen und häufig auch zu weit vorne aufgenagelte Eisen bedingen ein verstärktes Abtreten derselben. Denn wenn das Pferd über die Zehe abrollen muss, verbleibt diese logischerweise länger am Boden und diese Zeitverzögerung reicht dafür aus, dass der Hinterhuf in die Schenkelenden des Eisens greift und es abtritt. Viele Schmiede erklären den Besitzern, dass die Schenkelenden der Vordereisen verkürzt werden müssen (was für den Hufmechanismus und die Trachten ausgesprochen ungünstig ist) und beachten nicht, dass das Kürzen der Zehen in diesem Fall das Mittel der Wahl wäre.

Erfahrungsgemäß entstehen auch viele Hornspalte und -risse durch fehlerhafte Hebelkräfte, die auf die Hufwände treffen. Bei allen orthopädischen Versorgungen und Hightech-Klebern ist die korrekte Hufbearbeitung und -pflege bei pferdegerechter Haltung, Fütterung, Sattelausstattung und Reiterei die effektivste Methode zur Beseitigung dieser Problematik.

Wird die Fehlbelastung und Fehlstellung des Hufes z. B. durch eine **verkürzte Pectoralismuskulatur** und einen hypertonen **M. brachiocephalicus** verursacht, muss der Schmied in Absprache mit dem Osteotherapeuten bei den folgenden Behandlungen schrittweise das Hufeisen/die Hufbearbeitung verändern, bis die für das Pferd größtmögliche physiologische Situation wieder hergestellt ist.

Viele Pferde haben unterschiedlich große Hufe. Es ist zu analysieren, ob es durch die einseitige Mehrbelastung (das Problem kann im Pferdekörper selbst liegen, es kann jedoch auch durch den Sattel, den Longiergurt, das Geschirr oder aber durch den Reiter bzw. die genannten Problemkombinationen ausgelöst werden) zur Vergrößerung des Hufes kommt oder ob es sich um eine angeborene Huffehlstellung handelt (► **Abb. 5.6**).

Praxistipp

Das Erkennen von Bewegungsstörungen und Lahmheiten erfordert viel Übung und Erfahrung und erlernt sich nicht von heute auf morgen. Es ist jedoch ein wichtiger Aspekt auch der osteopathischen Befundung, der ausreichend trainiert werden muss. Hierbei sollte der Kontakt von Tierarzt, Schmied und Osteotherapeut gepflegt werden.

► **Abb. 5.6** Links schräge Wand, rechts steile Wand durch asymetrische Belastung, von der Schultergliedmaße des Pferdes ausgehend. (Foto: Rainer Weppelmann)

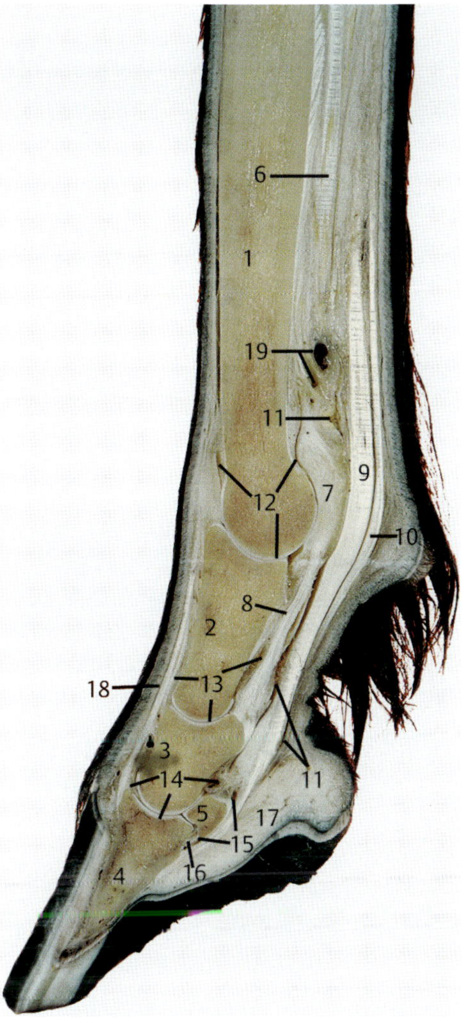

▶ **Abb. 5.7** Paraxialer Sagittalschnitt durch den Vordermittelfuß und die Zehe eines Pferdes. Die Hufrolle besteht aus dem Strahlbein, der Bursa podotrochlearis und dem Endabschnitt der tiefen Beugesehne (1: Hauptmittelfußknochen; 2: Fesselbein; 3: Kronbein; 4: Hufbein; 5: Strahlbein; 6: M. interosseus medius; 7: Lig. palmare (quer geschnitten); 8: Lig. sesamoideum rectum; 9: tiefe Beugesehne; 10: oberflächliche Beugesehne; 11: Fesselbeugesehnenscheide; 12: Fesselgelenk; 13: Krongelenk; 14: Hufgelenk; 15: Hufrollenschleimbeutel, Bursa podotrochlearis; 16: Strahlbein-Hufbein-Band, Lig. sesamoideum distale impar, 17: Ballen- und Strahlpolster; 18: Sehne des gemeinsamen Zehenstreckers; 19: angeschnittene Digitalarterie und -vene). (aus: Salomon FV, Geyer H, Gille U. Anatomie für die Tiermedizin. 2. Aufl. Stuttgart: Enke in MVS Medizinverlage Stuttgart; 2008)

Eine häufige Ursache für eine Lahmheit liegt in einer degenerativen Veränderung im Bereich des Strahlbeins. Das **Strahlbein** bildet zusammen mit der **Bursa podotrochlearis** und der **tiefen Beugesehne** die **Hufrolle** (▶ Abb. 5.7). Neben genetischen Prädispositionen sind der Zwanghuf, der den Hufmechanismus einschränkt, und eine zu lange dorsale Hufwand Verursacher für Entzündungen in diesem Bereich. Zu Überbelastungen kann es aber auch beim Anreiten oder bei übertriebenem Training kommen. Nicht selten sind auch Nageltritte Ursache für eine Hufrollenentzündung.

Die **Rehe** ist eine Entzündung der Huflederhaut. Die Akutphase ist äußerst schmerzhaft für Pferde und ist vom Tierarzt zu betreuen. Die Pferde sind dabei meist hochgradig lahm, wollen nicht laufen und nehmen eine Sägebockstellung ein, bei der sie beide Vorderbeine nach vorne wegstrecken und vermehrt die Trachten belasten. Meistens sind beide Vorderhufe betroffen. Die Hufrehe kann aber auch alle 4 Hufe befallen. Klinisch ist eine erhöhte Pulsation festzustellen und auf das Abdrücken mit der Hufzange reagiert das Pferd sehr empfindlich. Im chronischen Stadium kann es zum Absenken des Hufbeins kommen (▶ Abb. 5.8) und zu divergierenden Ringen im Trachtenbereich. Die Zusammenarbeit von Tierarzt, Hufschmied und Osteotherapeut, gerade wenn das Pferd Überlastungssymptome (z. B. im Schultergürtel oder Rücken) zeigt, ist hier besonders wichtig. Im osteopathischen Aufnahmebogen ist der Hufbefund unbedingt zu vermerken.

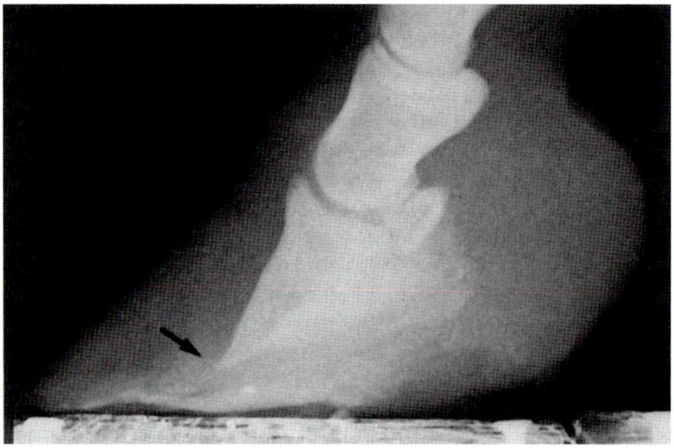

▶ **Abb. 5.8** Röntgenbild eines Pferdehufs mit Rotation des Hufbeins (Pfeil) infolge einer Hufrehe. (Foto: Ludwig Sauels)

5.4 Kontaktaufnahme mit dem Pferd

Bei der ersten Kontaktaufnahme mit dem Pferd sollten folgende Punkte berücksichtigt werden:

5.4.1 Entspannung

Für die Untersuchung ist es essenziell, dass sich das Pferd völlig entspannt, damit der Osteotherapeut das volle Spektrum der Bewegungsmöglichkeiten der Gelenke erfassen kann. Daher sollte eine Untersuchung nicht auf der überfüllten Stallgasse stattfinden, sondern an einem ruhigen Ort, an dem das Pferd nicht abgelenkt wird.

5.4.2 Weicher Untergrund

Aus Sicherheitsgründen sollte die Behandlung auf weichem Untergrund durchgeführt werden. Hierzu eignen sich die Reithalle, ein Paddock oder ein Longierzirkel.

5.4.3 Vertrauen

Ebenso wichtig für eine entspannte Muskulatur ist, dass das Pferd dem Therapeuten vertraut. Er sollte sich ruhig, aber sicher dem Pferd nähern. Dabei sollte er möglichst vermeiden, senkrecht von vorne auf das Tier zuzugehen, da das Blickfeld der Pferde hier eingeschränkt ist und sie die herantretende Person nicht genau orten können. Der Therapeut sollte das Pferd ansprechen und ihm die Möglichkeit geben, ihn zu beschnuppern und die erste Berührung herzustellen. Aber nicht nur das Pferd muss sich auf den Therapeuten einlassen, auch der Therapeut sollte sich dem Pferd gegenüber öffnen.

Ist der erste Kontakt hergestellt, gibt es zusätzlich eine Vielzahl an Möglichkeiten, um das Vertrauen des Pferdes zu gewinnen, es gänzlich zu entspannen und auf die Untersuchung einzustimmen. Das Lösen der oberflächlichen Halsfaszien, verschiedene Massagetechniken oder das leichte Lösen und Faszikulieren der einzelnen Halssegmente können eingesetzt werden.

Hat der Therapeut Erfahrung mit Akupressur, kann er einen **Yin-Yang-Ausgleich** vornehmen. Dazu werden nacheinander folgende Punkte stimuliert (▶ Abb. 5.9):

1. **Renzhong** (an der Nasenspitze auf der Verbindungslinie der unteren Nüsternbegrenzung): **30 Sekunden**
2. **Yintang** (auf der Stirn, oberhalb des Wirbels und auf der Verbindungslinie der oberen Augenwinkel und der gegenüberliegenden Ohrbasis): **60 Sekunden**
3. **Chengjiang** (Konzeptionsgefäß 24, in der Mitte der Unterlippe): **30 Sekunden**

Weitere mögliche Akupressurpunkte müssen in Abhängigkeit von der Art des Pferdes und den Symptomen gewählt werden.

Letztlich muss jeder Therapeut seinen individuellen Weg zum Pferd finden. Langjährige Erfahrungen mit allen Arten von Pferden – vom Freizeit- bis zum Olympiapferd, vom Fahrpferd bis zum Rennchampion – zeigen, dass sich auch extrem nervöse

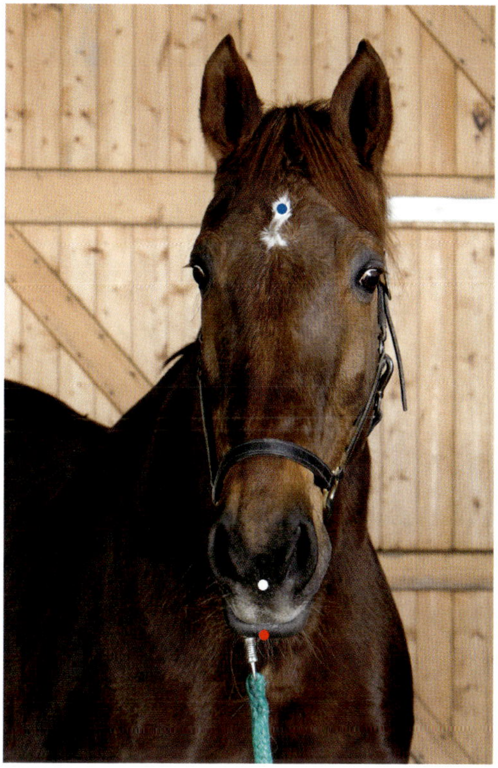

▶ **Abb. 5.9** Die Punkte für den Yin-Yang-Ausgleich: Renzhong (weiß), Yintang (blau), Chengjiang (rot). (Foto: Ludwig Sauels)

Pferde sehr schnell beruhigen, wenn Osteotherapeuten Hand anlegen und ruhig mit den Untersuchungen beginnen. Sie spüren, dass sich kein Zweikampf zwischen Therapeut und Pferd abspielt. Viele Besitzer und Reiter registrieren mit großem Erstaunen, dass ihr Pferd von Handgrifftechnik zu Handgrifftechnik immer entspannter wird.

5.5
Palpation

Die Palpation bildet die eigentliche Grundlage für die osteotherapeutische Diagnose. Mit ihrer Hilfe können Bewegungseinschränkungen der Gelenke und Organe wahrgenommen werden. Dies setzt jedoch voraus, dass der Therapeut seinen Tastsinn so weit geschult hat, dass er feinste Bewegungen fühlt und ein Gespür für den Endpunkt und die Qualität des sich der Bewegung entgegenstellenden Widerstands hat.

Praxistipp

Vor Beginn der eigentlichen Tests ist es sinnvoll, mit den Händen einmal den gesamten Körper des Pferdes entlangzustreichen. Auf diese Weise gewöhnt sich das Pferd an die für die Untersuchung notwendigen Berührungen. Außerdem können hierbei Stellen mit vermehrter Wärme, Schwellungen, Narben und Muskelverspannungen lokalisiert und der Füllungszustand der Gelenke und Gallen überprüft werden.

Besonders die **Gliedmaßengefäße** sollten auf vermehrte Pulsation überprüft werden. An der Vordergliedmaße kann der Puls an der **A. digitalis palmaris communis II** ertastet werden. Sie ist medial am Vorderröhrbein unterhalb des Karpalgelenks kaudal des Griffelbeins zu tasten.

An der Hinterröhre kann lateral auf derselben Höhe kranial des Griffelbeins der Puls der **A. metatarsalia dorsalis III** getastet werden. Kaudomedial und kaudolateral am Unterrand des Fesselkopfs können die **Aa. digitalis palmaris** bzw. **plantaris medialis** und **lateralis** palpiert werden.

Praxistipp

Hierzu streicht man mit dem Finger von kranial nach kaudal am Unterrand des Fesselkopfs vorsichtig entlang, bis 3 Stränge unter den Fingern durchgleiten. Dies sind in der Reihenfolge Vene → Arterie → Nerv (Eselsbrücke: VAN).

Auch das Palpieren der **Hautfaszien** auf eventuelle Verklebungen kann Aufschluss über die Lokalisation von Blockaden geben.

5.6
Kontraindikationen

Sollte sich bei der Anamnese und/oder dem Untersuchungsgang herausstellen, dass das Pferd
- frische Blutungen,
- Frakturen,
- ankylosierte Kissing spines,
- Tumoren oder
- akute Infektionen aufweist,

sind manipulative Handgrifftechniken **absolut** kontraindiziert. Dies bedeutet jedoch nicht, dass das Pferd überhaupt nicht osteotherapeutisch betreut werden darf. Grundsätzlich sollte nur in Absprache mit dem Tierarzt behandelt werden.

Relative Kontraindikationen sind:

- Trächtigkeit
- arthrotische Veränderungen der Gelenke
- spinale Ataxie bzw. Stenose des Myelons

Hierbei ist jeder Einzelfall mit dem behandelnden Tierarzt oder der Klinik abzuklären. Gegebenenfalls kann mit sog. weichen Techniken (Mobilisationen) behandelt werden.

6 Die Tests

6.1 Einführung

In diesem Kapitel werden die einzelnen Tests beschrieben, mit denen die Beweglichkeit der Gelenke und Strukturen überprüft werden kann.

Unerlässlich ist hierbei, dass sich der Therapeut über Lage und Bewegungsmöglichkeiten der einzelnen Gelenke im Klaren ist und die verschiedenen durch die Haut fühlbaren **Knochenpunkte** des Skeletts kennt. Nicht umsonst wird Andrew T. Still mit den Worten zitiert, dass die wichtigste Grundlage der Osteopathie die Anatomie, die Anatomie und nochmals die Anatomie sei.

Merke

Die Tests werden im Folgenden immer für die linke Pferdeseite beschrieben, doch müssen sie während der Untersuchung immer beidseitig im Vergleich durchgeführt werden.

Die oft erwähnte **Tripleflexion** bedeutet, dass die Gliedmaße so angehoben wird, dass bei der Vordergliedmaße Bug-, Ellbogen- und Karpalgelenk angebeugt sind und sich an der Hintergliedmaße Knie-, Sprung- und Zehengelenke in einer entspannten Beugung befinden, damit, z. B. bei der Untersuchung des Hüftgelenks, die distal davon liegenden Gelenke durch die Beugung verriegelt sind und die Bewegungsüberprüfung wirklich nur im Hüftgelenk stattfindet.

Praxistipp

Die Gelenke sollen zwar angebeugt, aber nicht bis an den Endpunkt flektiert werden.

Zur Schonung des eigenen Rückens sollte der Therapeut die Gliedmaßen niemals mit gebeugtem Rücken hochhalten, sondern dafür leicht die Knie und Hüften beugen, den Rücken jedoch gerade halten. Bei allen Untersuchungen sollte möglichst körpernah gearbeitet werden. Zum einen werden so die Bewegungen des Pferdes besser gespürt und zum anderen kann der Therapeut auf Abwehrspannung reagieren.

Ebenso elementar für die Untersuchung wie ein entspanntes Pferd ist ein **entspannter Therapeut.** Stress und Anspannung behindern sowohl die Feinmotorik als auch das Tastgefühl in den Händen, dem wichtigsten Instrument des Osteotherapeuten. Nur mit einem ausreichenden Feingefühl können die Amplitude und vor allem die Qualität und das Endgefühl einer Bewegung wahrgenommen werden.

Bei der Überprüfung der einzelnen Bewegungen muss darauf geachtet werden, dass wirklich das **ganze Bewegungsausmaß** bis zum Ende erreicht wird. Auch wenn ängstliche Pferde die Untersuchung des Rumpfes und der Gliedmaßen noch zulassen, blocken sie die Untersuchung des Kopf-Hals-Bereichs oft ab und verspannen die Muskulatur in diesem Bereich, sodass der eigentliche Endpunkt der getesteten Bewegungen gar nicht erreicht wird. Hier hilft oft ein wiederholtes langsames Herangehen an die Grenze der Bewegung, da die Pferde in der Regel den Muskelwiderstand gegenüber einer Bewegung aufgeben, wenn die Bewegung wiederholt wird und die Pferde sie kennen.

Cave

Die beschriebenen Tests dürfen niemals unter „Gewaltanwendung" durchgeführt werden. Dies macht es unmöglich, Amplitude, Qualität und vor allem das Endgefühl einer Bewegung zu erfühlen. Auch ein plötzliches „Herausziehen" der Hinterhand, wie man es teilweise von sog. „Knochenbrechern" kennt, kann zu Verletzungen führen und hat nichts mit Osteopathie zu tun.

6.2 Schulterblatt

Das Schulterblatt wird in der Osteopathie als **skapulothorakales Gelenk** bezeichnet. Es ist muskulär mit dem Thorax verbunden. Ein Reitpferd hat eine Schulterblattneigung von ± 50 ° im Verhältnis zur Horizontalen, die Schulter des Galoppers steht etwas steiler, während die des Trabers schräger verläuft.

Die Skapula gleitet bei der Bewegung entlang des Thorax. Die Bewegung mit der größten Amplitude ist die Rotation nach kranial und kaudal. Die Achse der Rotationsbewegung liegt etwas unterhalb der Mitte des Schulterblatts. Sie ist nicht feststehend, sondern wandert innerhalb eines schräg angeordneten Ovals. Dadurch bewegt sich der Schulterblattknorpel nicht genau auf einem Viertelkreis von kraniodorsal nach kaudoventral, sondern beschreibt eher den entsprechenden Ausschnitt eines Ovals. Zusätzlich ist translatorisches Gleiten nach dorsal und ventral möglich. Das ventrale Gleiten ist an der Stoßdämpferfunktion der Stammgliedmaßenmuskulatur beteiligt.

6.2.1 Untersuchung des Schulterblatts

Getestet werden:

- Rotation nach kranial und kaudal
- Gleiten nach dorsal und ventral
- Abduktion und Adduktion des Schulterblatts

Technik

Rotation kranial

Der Therapeut stellt sich seitlich an das Pferd, mit der Front zum Schulterblatt. Die Vordergliedmaße wird in „Tripleflexion“ gebracht. Für die Rotation nach kranial befindet sich die rechte Hand am Röhrbein oder der Fessel, während die linke die Bewegung des Schulterblatts an der Spina scapulae oder am Schulterblattknorpel verfolgt. Hierbei wird die Gliedmaße nach hinten geführt, wobei sich der Schulterblattknorpel nach kraniodorsal bewegt (▶ **Abb. 6.1**).

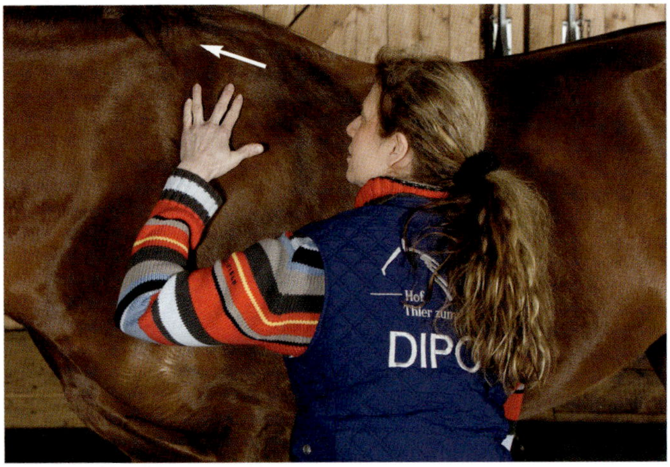

▶ **Abb. 6.1** Untersuchung der Skapula: Rotation nach kranial. (Foto: Ludwig Sauels)

Technik
Rotation kaudal

Die Stellung des Therapeuten ist identisch mit der Rotation nach kranial. Lediglich die Position der Hände wird gewechselt. Dann wird die Vordergliedmaße mit der linken Hand vorgeführt, wobei sich der Schulterblattknorpel nach kaudoventral bewegt (▶ **Abb. 6.2**).

Technik
Translatorisches Gleiten nach dorsal und ventral

Die rechte Hand schiebt über das Vorderbein das Schulterblatt senkrecht nach dorsal (▶ **Abb. 6.3**). Die Bewegung nach ventral wird überprüft, indem das Absinken des Schulterblatts passiv zugelassen wird.

Technik
Abduktion

Über das Vorderbein wird das Schulterblatt mit seinem distalen Ende vom Rumpf weg nach lateral gezogen.

Technik
Adduktion

Hierbei wird die Schultergliedmaße möglichst weit nach medial unter den Rumpf geschoben. Der proximale Anteil der Skapula entfernt sich dabei vom Rumpf.

▶ **Abb. 6.2** Untersuchung der Skapula: Rotation nach kaudal. (Foto: Ludwig Sauels)

▶ **Abb. 6.3** Untersuchung des Skapulagleitens nach dorsal und ventral. (Foto: Ludwig Sauels)

6.3 Bug- oder Schultergelenk

Das Schultergelenk des Pferdes ist, obwohl es von seiner Form her ein Kugelgelenk ist, im Gegensatz zu dem des Menschen in seiner Bewegung stark eingeschränkt. Durch die Mm. subscapularis, infraspinatus und supraspinatus, die als kontraktile Seitenbänder des Gelenks dienen, fungiert es beim Pferd hauptsächlich als Wechselgelenk. Die Bewegung mit der größten Amplitude ist dementsprechend die Extension und Flexion. Zusätzlich sind aber auch eine geringfügige Ab- und Adduktion und eine leichte Außen- und Innenrotation möglich. Bei diesen Bewegungen mit einer kleinen Amplitude treten die häufigsten Läsionen auf.

Bei einer Extension des Buggelenks kann das Schulterblatt eine Rotation nach kaudal bis zu einem 70°-Winkel ausführen, bei einer Flexion des Gelenks kann es bis zu 45° nach kranial rotieren.

6.3.1 Untersuchung des Buggelenks

Technik

Flexion

Der Therapeut steht wiederum seitlich vom Pferd, mit dem Gesicht der Schultergliedmaße zugewandt, und bringt das Bein in „Tripleflexion". Dabei legt er die rechte Hand um die Fessel und die linke an das Karpalgelenk und bewegt das Buggelenk in Beugung und Streckung. Zur Flexion drückt die linke Hand das Karpalgelenk von vorne nach kaudodorsal. Der Winkel muss so gewählt werden, dass das Ellbogengelenk dabei nicht mit gebeugt wird, d. h., Ober- und Unterarm müssen in einem 90°-Winkel zueinander gehalten werden (► **Abb. 6.4**).

► **Abb. 6.4** Untersuchung des Schulter- bzw. Buggelenks in Flexion. (Foto: Ludwig Sauels)

Technik

Extension

Für die Extension wird zusätzlich der rechte Oberarm hinter das Olecranon des Pferdes geschoben. Der Oberarm schiebt das Olecranon nach kranioventral (▶ Abb. 6.5).

Cave

Flexion und Extension werden getestet, aber nicht korrigiert.

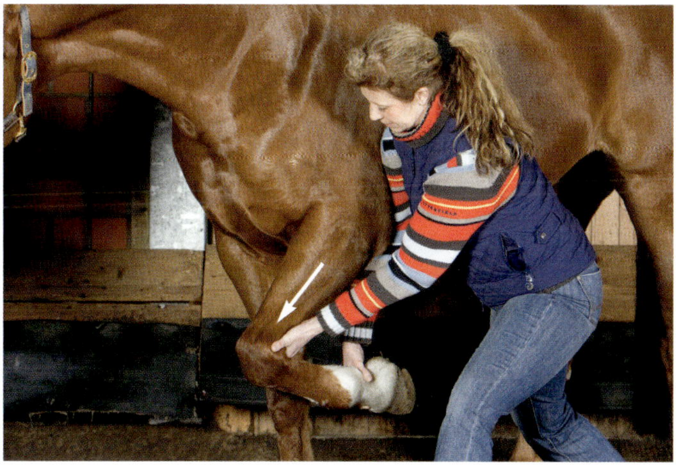

▶ **Abb. 6.5** Untersuchung des Schulter- bzw. Buggelenks in Extension. (Foto: Ludwig Sauels)

Technik

Außen- und Innenrotation

Diese Untersuchung umfasst auch die Abduktion und Adduktion der Schulter. Deshalb wird sie als Öffnung (Außenrotation und Abduktion) und Schließung (Innenrotation und Adduktion) bezeichnet.
Der Untersucher steht seitlich zum Pferd, den Kopf nach kranial gerichtet. Während er mit der rechten Hand die Fessel hält, hat er seine rechte Schulter in Höhe des Buggelenks platziert. Durch die Bewegung des Karpalgelenks nach lateral und medial kann der Osteotherapeut mit seiner Schulter die Bewegungen im Buggelenk erspüren. Die Bewegung im Schultergelenk wird mit der linken Hand durch eine lateromediale Verschiebung des Karpalgelenks ausgelöst (► **Abb. 6.6**, ► **Abb. 6.7**).

Cave

Bei dieser Untersuchung sollte der Osteotherapeut aus Sicherheitsgründen immer eine stehende Position einnehmen.

► **Abb. 6.6** Untersuchung des Schulter- bzw. Buggelenks in Innenrotation und Adduktion (Schließung). (Foto: Ludwig Sauels)

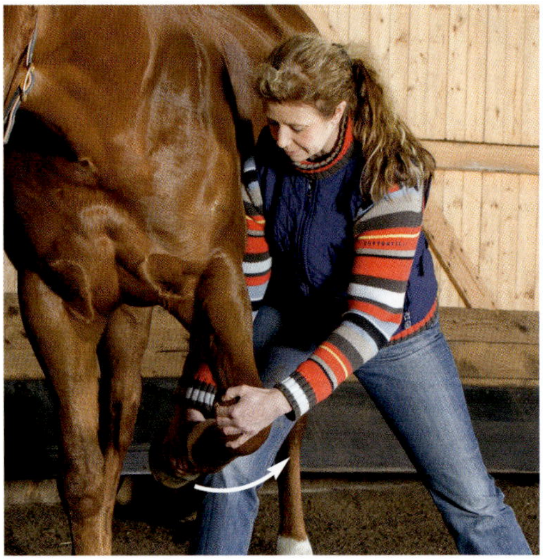

► **Abb. 6.7** Untersuchung des Schulter- bzw. Buggelenks in Außenrotation und Abduktion (Öffnung). (Foto: Ludwig Sauels)

6.4
Ellbogengelenk

Das Ellbogengelenk ist ein zusammengesetztes Gelenk, bestehend aus Humerus, Radius und Ulna. Durch die starken Seitenbänder und den Processus anconaeus der Ulna, der in eine Vertiefung des Humerus hineinragt, ist es ein reines Wechselgelenk, das nur Extension und Flexion zulässt. Die exzentrisch angesetzten Seitenbänder machen es zusätzlich zu einem Schnappgelenk.

Um bei der Flexion den Unterarm am Rumpf entlang vorführen zu können, ist das Gelenk durch seine Führungskämme so geschient, dass der Unterarm leicht abduziert und nach außen rotiert wird. Die Extension ist entsprechend von einer leichten Adduktion und Innenrotation des Unterarms begleitet. Dies muss beim Testen des Gelenks bedacht werden.

6.4.1 Untersuchung des Ellbogengelenks

Es werden Flexion und Extension sowie das sog. „Joint play" (Gelenkspiel) nach medial und lateral getestet.

Technik

Flexion und Extension

Der Untersucher hebt die Gliedmaße in leichte „Tripleflexion" mit der rechten Hand an der Fessel und der linken am Karpalgelenk. Durch ein Bewegen des Karpalgelenks nach kraniodorsal und nach kaudoventral werden das Beugen und Strecken des Ellbogengelenks getestet (▶ Abb. 6.8). Dies ist eine Bewegung mit einer großen Amplitude, die in der Regel keine Läsionen zeigt. Reagiert das Pferd auf den Test mit Abwehr, ist mit einem größeren Schaden zu rechnen.

Technik

„Joint play"

Der Therapeut steht seitlich vom Pferd. Das Röhrbein ruht auf seinem rechten Oberschenkel. Das Karpalgelenk wird mit der linken Hand umgriffen. Die rechte Hand versucht, über das Hin- und Herbewegen des Olecranons das Gelenkspiel (Wackelbewegung) auszulösen.

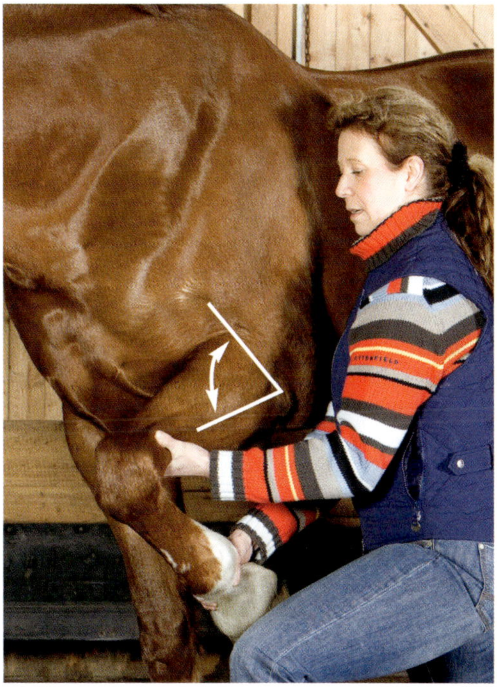

▶ **Abb. 6.8** Untersuchung der Extension und Flexion des Ellbogengelenks. (Foto: Ludwig Sauels)

6.5
Karpalgelenk

Das Karpalgelenk wird aus den Knochen des Unterarms, den in 2 horizontalen Reihen angeordneten kleinen Karpalknochen und den Metakarpalknochen II–IV (Vorderröhre und mediales und laterales Griffelbein) gebildet. In der proximalen Karpalknochenreihe liegen von medial nach lateral die **Ossa carpi radiale, intermedium** und **ulnare** und lateropalmar das **Os carpi accessorium** (Kahn-, Mond-, Dreiecks- und Erbsenbein). In der distalen Reihe werden die **Ossa carpale II, III** und **IV,** das **Os carpale I** (großes und kleines Vieleckbein, Kopf- und Hakenbein) nur selten angelegt. Diese Knochen sind jeweils gelenkig miteinander verbunden. Es gibt die vertikal ausgerichteten Articulationes intercarpeae zwischen den einzelnen Karpalknochen und 3 horizontal übereinander angeordnete Gelenkspalten.

Im Karpalgelenk ist vornehmlich Extension und Flexion möglich, doch gestatten die vielen kleinen Gelenke zusätzlich eine geringfügige Rotation und translatorisches Gleiten. Das oberste dieser Gelenke zwischen Radius und proximaler Karpalknochenreihe hat die größte Beweglichkeit (ca. 95°), während sie in dem darunter gelegenen Mediokarpalgelenk schon wesentlich geringer (ca. 45°) und das carpometakarpale Gelenk ein straffes Gelenk ist. Die beiden Gelenke erfüllen eine Pufferfunktion. Der beim Auffußen entstehende axiale Druck wird durch leichtes Auseinanderweichen der kleinen Karpalknochen abgefangen. Die Gelenkhöhlen der beiden distalen Gelenke sind miteinander verbunden.

Die einzelnen Knochen des Karpalgelenks sind dorsal, palmar und seitlich durch Bänder zusammengeschlossen, die das Gelenk stabilisieren und die Teilstücke koordinieren.

Merke

Dem Os carpi accessorium kommt bei der Stabilisation des Gelenks eine besondere Rolle zu. Es ist Ansatzpunkt für den M. extensor carpi ulnare. Er wird bei Extension unter Spannung gesetzt und verhindert eine Hyperextension des Gelenks. Durch den Ansatz des Muskels wird das Os carpi accessorium zusätzlich belastet. Bei einer Blockierung ist die Vorführphase, z. B. im Mitteltrab, verkürzt. Bei der Flexion des Karpalgelenks verhindert es ein Anschlagen des Hufes am Olecranon.

6.5.1 Untersuchung des Karpalgelenks

Beim Testen des Karpalgelenks werden folgende Bewegungen überprüft:

Technik

Flexion

Der Untersucher steht seitlich vom Pferd, den Blick nach kranial gerichtet. Mit der rechten Hand umfasst er die Fessel und bringt das Bein in „Tripleflexion“. Die linke Hand umfasst das Karpalgelenk so, dass die Finger auf der Dorsalfläche liegen und der Daumen, von lateral kommend, auf den lateropalmar gelegenen Fortsatz des Os carpi accessorium fasst. Überprüft wird auf der Dorsalseite das Öffnen der 3 Gelenkspalten der horizontal orientierten Gelenke und das Zurückweichen der kleinen Karpalknochen nach palmar. Zusätzlich wird die Bewegung des Os carpi accessorium nach medial geprüft.

Technik

Extension

Die Stellung des Therapeuten bleibt gleich. Bei der Extension müssen sich die kleinen Karpalknochen wieder nach dorsal auf die Finger zubewegen, während sich die Gelenkspalten wieder schließen. Das Os carpi accessorium bewegt sich erneut nach lateral.

Technik

Translatorisches Gleiten des Os carpi accessorium

Neben der Bewegung des Os carpi accessorium während der Extension und Flexion wird auch seine passive Beweglichkeit bei gebeugtem Karpalgelenk getestet. Dazu steht der Therapeut seitlich zur Gliedmaße am Pferd. Der Huf ruht auf seinem rechten Oberschenkel. Die linke Hand hält das Karpalgelenk von dorsal, während die rechte mit Daumen und Zeigefinger das Os carpi accessorium umfasst und es nach medial und lateral verschiebt (► **Abb. 6.9**).

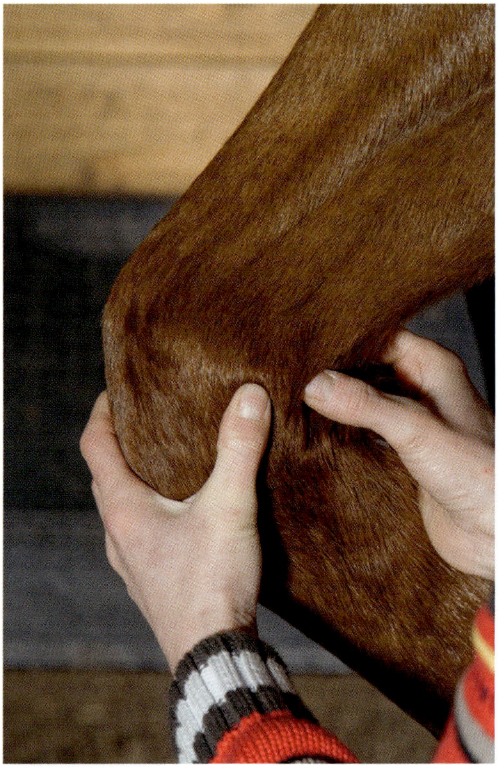

► **Abb. 6.9** Palpation und Untersuchung des Os carpi accessorium. (Foto: Ludwig Sauels)

6.6
Zehengelenke

Merke
Die Tests für die Zehengelenke, d. h. Fessel-, Kron- und Hufgelenk, sind für die Schulter- und Beckengliedmaße identisch und werden dementsprechend nur einmal beschrieben.

Huf- und Krongelenke sind Sattelgelenke (S. 48), wobei die Sattelform im Hufgelenk flacher ausgeprägt ist als im Krongelenk. Beim Fesselgelenk handelt es sich um ein Scharniergelenk, sodass die Bewegungsmöglichkeiten vom Fesselgelenk über das Krongelenk hin zum Hufgelenk zunehmen (▶ Tab. 6.1).

▶ **Tab. 6.1** Bewegungsmöglichkeiten der Zehengelenke.

Gelenk	Bewegungsmöglichkeiten		
	Flexion und Extension	Ab- und Adduktion	Innen- und Außenrotation
Huf gelenk	x	x	x
Krongelenk	x	x	x
Fesselgelenk	x	(x)	-

6.6.1 Untersuchung der Zehengelenke

Die Untersuchung beginnt beim Hufgelenk und wird dann nach proximal fortgesetzt, wobei die jeweils distal gelegenen Gelenke in Flexion verriegelt werden, damit sie nicht mitbewegt werden. Alle Tests an den Zehengelenken werden unter leichter Traktion durchgeführt. Beim Fesselgelenk sind zusätzlich die Bewegungen der palmar aufgelagerten Gleichbeine zu überprüfen, die sich in Abhängigkeit vom Fesselgelenk bewegen.

Cave
Aus Sicherheitsgründen sollten alle Untersuchungen der Gelenke der Vorder- und Hintergliedmaße im Stehen durchgeführt werden, auch wenn sich das Knien anbietet. Die Arbeitshöhe hat sich dabei den Problemen des Pferdes anzupassen und nicht der Bequemlichkeit des Therapeuten. Für den Therapeuten ist nicht der hohe Kraufaufwand wichtig, sondern seine eigene Beweglichkeit, damit er sich jederzeit dem Pferd und seinen Reaktionen anpassen kann.

▶ **Abb. 6.10** Untersuchung des Hufgelenks. In gleicher Weise erfolgt die Untersuchung des Krongelenks. (Foto: Ludwig Sauels)

Technik
Hufgelenk

Für die Tests des Hufgelenks umfasst der Therapeut den Huf mit der rechten Hand im „Gurkenglasgriff", also von der Sohle aus mit der ganzen Hand (▶ **Abb. 6.10**). Die linke Hand umfasst die Fessel so, dass der Daumen palmar auf dem Gelenkspalt des Hufgelenks liegt. Er befindet sich sehr weit distal in der Gelenkbeuge. Am leichtesten ist er durch leichtes Beugen und Strecken der Zehengelenke zu finden. Unter leichtem Zug wird das Hufgelenk nun mit der rechten Hand gebeugt und gestreckt, ab- und adduziert, nach innen und außen rotiert und nach dorsal und palmar verschoben.

Technik
Krongelenk

Für die Überprüfung des Krongelenks wird zur Verriegelung das Hufgelenk angebeugt und während der Untersuchung gebeugt gehalten. Die linke Hand wird weiter nach proximal an der Fessel hochgeschoben, sodass der Daumen palmar auf dem Krongelenksspalt zu liegen kommt. Die rechte Hand verbleibt im „Gurkenglasgriff" am Huf des Pferdes. Wiederum unter Zug werden die im Krongelenk möglichen Bewegungen getestet. Dies sind Extension und Flexion, Ab- und Adduktion und eine wenn auch geringfügige Innen- und Außenrotation.

Technik
Fesselgelenk

Der Fesselgelenkspalt kann nicht von palmar ertastet werden, da die Gleichbeine darüber liegen. Hier greift die linke Hand um den Fesselkopf und legt den Daumen lateral und den Zeigefinger medial auf den Gelenkspalt. Die rechte Hand kann am Huf bleiben oder von dorsal nach palmar die Fessel umgreifen. Es werden Beugung und Streckung und das „Joint play" in Richtung Ab- und Adduktion überprüft (▶ **Abb. 6.11**).

Cave

Die distalen Gelenke dürfen beim Test des Fesselgelenks nicht mitbewegt werden und das Fesselgelenk muss wiederum unter leichter Traktion untersucht werden.

Technik
Gleichbeine

Es wird das **proximale** und **distale** Gleiten der Gleichbeine im Zusammenhang mit der Beugung und Streckung des Fesselgelenks getestet. In Beugehaltung wird ihr mediolaterales Gleiten überprüft. Dabei nimmt der Therapeut die gleiche Stellung wie bei den Tests der Zehengelenke ein. Jedoch werden Daumen und Zeigefinger der linken Hand auf die proximale Kante, am Ansatz der beiden Äste des Fesselträgers, des lateralen und medialen Gleichbeins gelegt. Mit der rechten Hand an der Fessel wird das Fesselgelenk gebeugt und wieder gestreckt (▶ **Abb. 6.11**). Dabei müssen beide Gleichbeine gleichmäßig zunächst

▼

▶ **Abb. 6.11** Untersuchung des Fesselgelenks und des Gleitens der Gleichbeine nach proximal. (Foto: Ludwig Sauels)

▶ **Abb. 6.12** Untersuchung der Gleichbeine: Bei leichter Beugung des Fesselgelenks können die Gleichbeine (Ossa sesamoidea) nach rechts und links verschoben werden. (Foto: Ludwig Sauels)

▼

nach proximal und dann wieder nach distal gleiten. Um das translatorische Gleiten **lateromedial** zu testen, steht der Untersucher neben dem Pferd, mit Blick zur Gliedmaße. Das Röhrbein ruht auf dem linken Oberschenkel, der Huf wird mit der Hand so gehalten, dass das Fesselgelenk in leichte Beugung kommt. In dieser Stellung werden mit Daumen und Zeige- bzw. Mittelfinger der linken Hand die Gleichbeine nach medial verschoben und nach lateral wieder auf sich zugezogen (▶ Abb. 6.12). Diese Technik kann auch im Einbein-Kniestand durchgeführt werden.

6.7 Hüftgelenk

Das Hüftgelenk stellt die Verbindung zwischen Rumpf und Gliedmaße her. Dabei liegt der Gelenkkopf des Femurs so in der Gelenkpfanne des Beckens, dass das Becken von dorsal auf den Gliedmaßen aufgelagert ist, die Gliedmaßen das Becken also tragen. Von seiner Form her kann das Hüftgelenk als Nussgelenk Rotationsbewegungen durchführen. Doch sind die Dreh- und Seitwärtsbewegungen durch Bänder und Muskeln stark eingeschränkt. Die Glutealmuskulatur verhindert eine ausgeprägte Adduktion, während die mediale Oberschenkelmuskulatur und die Ligg. capitis und accessorium ossis femoris eine zu starke Abduktion verhindern. Die beiden Bänder setzen zentromedial am Femurkopf an, wobei das Lig. capitis von der Gelenkpfanne des Hüftknochens ausgeht und das Lig. accessorium ein Sehnenast des M. rectus abdominis ist.

Die Hauptbewegungsrichtung des Hüftgelenks besteht dementsprechend in der Extension und Flexion. Die Ab- und Adduktion sind eingeschränkt. Im Gegensatz zu einer Kuh kann ein Pferd weniger zur Seite ausschlagen. Eine Rotationsbewegung ist nur geringfügig vorhanden.

Die Ab- und Adduktion spielen insbesondere bei den Seitengängen eine Rolle, die Rotation bei Bewegungen auf der Stelle wie den Pirouetten. Zudem begleiten sie die Extension und Flexion. Da ein Pferd beim Vorführen der Hintergliedmaße den Oberschenkel außen am Rumpf vorbeiführt, ist die Flexion des Hüftgelenks immer mit einer Abduktion und leichten Außenrotation verbunden. Die Extension ist umgekehrt stets mit einer Adduktion und Innenrotation assoziiert, um die Spur zu halten. Daher muss das Hinterbein nach kaudomedial geführt werden, wenn es nach hinten herausgezogen wird.

Merke

Werden die Hinterbeine sehr breit oder sehr eng in der Bewegung geführt oder bricht die Hinterhand leicht aus, deutet dies auf eine Läsion in diesem Bereich hin.

6.7.1 Untersuchung des Hüftgelenks

Beim Hüftgelenk werden Extension und Flexion bzw. Ad- und Abduktion getestet.

Technik

Extension und Flexion

Der Untersucher steht seitlich vom Pferd und hebt die Hintergliedmaße mit der rechten Hand am Huf in Mehrfachflexion. Dabei steht er mit dem Gesicht nach kaudal. Mit der linken Hand ertastet er das Hüftgelenk oder vielmehr den Trochanter major des Femurs. Dann wird das Gelenk unter möglichst geringer Beteiligung von Knie- und Sprunggelenk gebeugt und gestreckt, indem die Gliedmaße vor- und zurückgeführt wird (▶ Abb. 6.13).

Cave

Bei der Untersuchung von Extension und Flexion ist es wichtig, dass die Mehrfachflexion der Hintergliedmaße korrekt eingehalten wird und der Untersucher körpernah am Pferd steht.

▶ **Abb. 6.13** Untersuchung des Hüftgelenks: Extension und Flexion. (Foto: Ludwig Sauels)

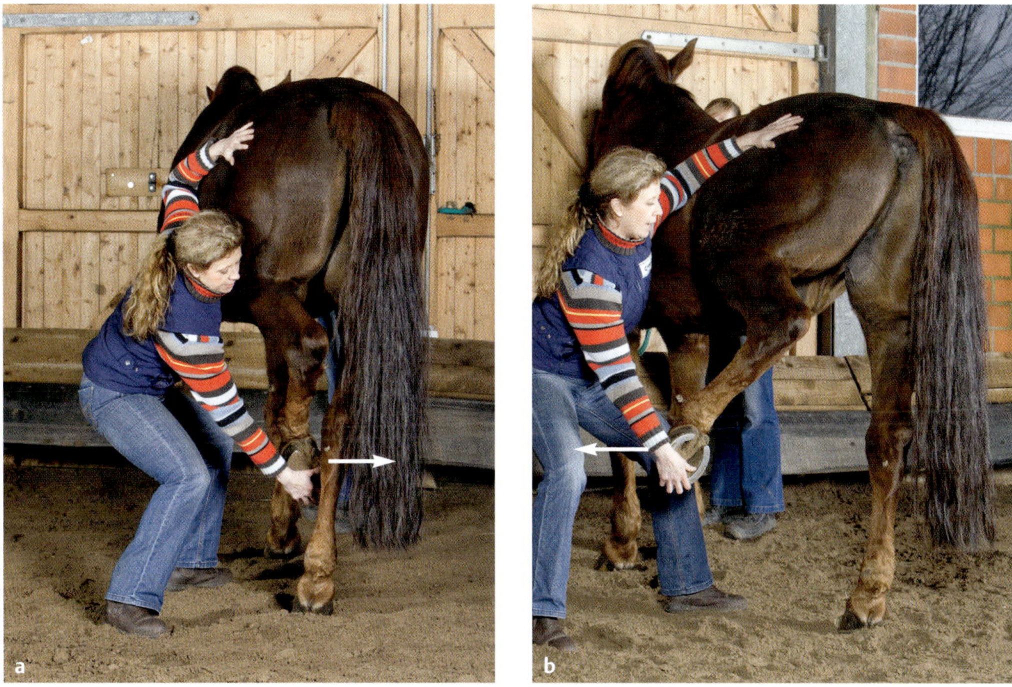

▸ **Abb. 6.14**

a Adduktionstest: Hierbei ist es wichtig, dass der Untersucher körpernah am Pferd steht. (Foto: Ludwig Sauels)

b Abduktionstest: Die Abduktion der Hüfte geht passiv deutlich weiter als aktiv. Danach geht sie in eine Beckenrotation über. (Foto: Ludwig Sauels)

Technik

Ab- und Adduktion

Aus der gleichen Position wird die Gliedmaße nach medial unter den Rumpf geführt und wieder nach lateral gezogen (▸ Abb. 6.14). Dabei sollte der Therapeut engen Körperkontakt mit dem Pferd halten.

Cave

Um eine Beteiligung des Beckens an der Bewegung zu vermeiden, darf das Hüftgelenk bei den Tests nicht nach dorsal verschoben werden.

6.8

Knie

Das Knie besteht aus Kniekehl- und Kniescheibengelenk (▸ Abb. 4.21). Das Hauptgelenk ist das **Kniekehlgelenk.** Es ist ein Walzengelenk und speziell ein Spiralgelenk. Es setzt sich zusammen aus der Gelenkwalze des Femurs, die durch eine längs verlaufende Furche in 2 Rollkämme geteilt wird, und der dazu planen Gelenkfläche der Tibia. Die Konturen der Rollkämme gleichen von der Seite dem Ausschnitt einer Spiralwindung. Diese Form verhindert eine Hyperextension des Gelenks. Durch den exzentrischen Ansatz der Seitenbänder wird zusätzlich eine zu starke Flexion verhindert.

Die Inkongruenz beider Gelenkflächen wird durch 2 Menisken ausgeglichen, die sichelförmig lateral und medial im Kniegelenk liegen. Sie inserieren kranial und kaudal über Ligamenta an der Tibia. Der laterale Meniskus ist zusätzlich am kaudalen Rand des Femurs befestigt. Sie sind außen dicker als in der Mitte des Gelenks und haben eine Pufferfunktion. Beide Gelenkpartner stehen durch die Kreuzbänder (Ligg. cruciata) in Verbindung. Sie haben weniger eine Haltefunktion als vielmehr eine propriozeptive Rolle, sie koordinieren also die Bewegungen beider Gelenkpartner. Das Kniekehlgelenk besitzt eine mediale und eine laterale Gelenkhöhle, die unterschiedlich miteinander kommunizieren.

Das **Kniescheibengelenk** ist ein Schlittengelenk. Es wird aus der Patella gebildet, einem in der Sehne des M. quadriceps femoris eingelagerten Sesambein, und der Furche, die die beiden Rollkämme des Femurs trennt. Die Patella bewegt sich synchron mit dem Kniekehlgelenk. Da der laterale Rollkamm etwas größer ist als der mediale, bewegt sie sich bei der Extension leicht nach ventromedial. In Ruhestellung liegt die Patella auf der dorsalen „Nase" des medialen Rollkamms fixiert. In der Bewegung beschreibt sie, von vorne gesehen, ein Komma. Zu Beginn der Flexion wird die Patella über die Anspannung des M. quadriceps femoris vom medialen Rollkamm angehoben (entriegelt) und dann nach lateral und ventral geschoben. Die Lage der Patella zeigt ▸ **Abb. 6.15**.

Die Hauptbewegungsmöglichkeiten des gesamten Knies sind wiederum Extension und Flexion, doch sind durch die Beweglichkeit der Menisken auch Ab- bzw. Adduktion und Rotation möglich. So kommt es im Endstadium der Flexion zu einer Abduktion und Außenrotation des Femurs und demgegenüber zu einer Adduktion und Innenrotation der Tibia. Bei der Extension kommt es dagegen zu einer Adduktion und Innenrotation des Femurs und demgegenüber zu einer Abduktion und Außenrotation der Tibia.

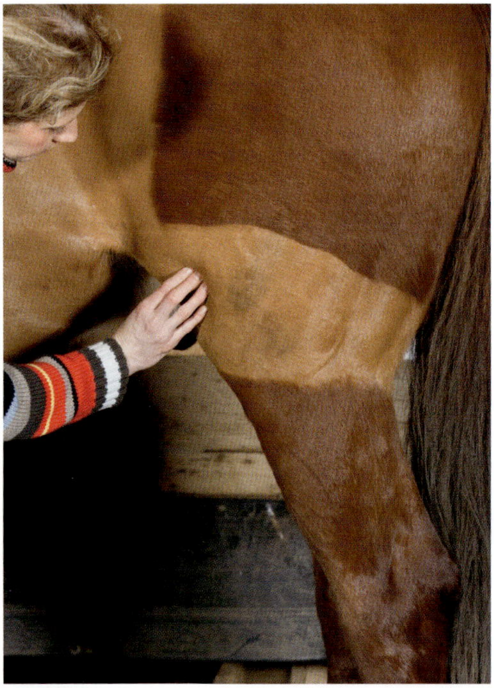

▸ **Abb. 6.15** Lage der Patella: Palpation am distalen und lateralen Rand. (Foto: Ludwig Sauels)

6.8.1 Untersuchung des Kniescheibengelenks

Die Tests und Korrekturen beschränken sich auf das Kniescheibengelenk, wobei der Verlauf der Patellabewegung während der Extension und Flexion des Knies beurteilt wird. Das häufigste Problem ist die sog. Patellafixation. Hierbei kann die Patella nur verzögert oder z. T. gar nicht vom medialen Rollkamm gehoben werden. Das Pferd kann die Hintergliedmaße in der Hangbeinphase nicht mehr korrekt anbeugen und vorführen.

Cave

Es ist darauf zu achten, dass sich die palpierende Hand vorsichtig an den Kniebereich herantastet, da die Pferde dort sehr empfindlich sein können. Der Behandler sollte zunächst in Höhe der Vordergliedmaße stehen und mit der rechten Hand über den Rücken des Pferdes vorsichtig zum Knie fahren. Die Abwehrbewegungen können speziell am Knie so extrem sein, dass es nicht bei der Erstuntersuchung getestet werden kann. Auch die andere Hand sollte sich während der gesamten Untersuchung am Pferd befinden.

Technik

Patellabewegung

Für die Bewegungsuntersuchung sollten beide Beckengliedmaßen geschlossen parallel stehen. Der Therapeut steht seitlich hinter dem Pferd und fasst mit der linken Hand die Patella. Durch eine Schaukelbewegung versucht man, das Pferd dazu zu bewegen, das Belastungsbein zu wechseln. Dabei wird die Bewegung der Patella verfolgt.

Dieser Test kann auch im Vorwärtsschreiten durchgeführt werden. Der Untersucher folgt dem Pferd beim Vorführen der Gliedmaße und kontrolliert hierbei die Bewegung der Patella. Dabei wird überprüft, ob der Bewegungsablauf der Patella durchgehend möglich ist oder ob sie hakt.

6.9 Sprunggelenk

Das Sprunggelenk setzt sich aus 4 horizontal verlaufenden Gelenkspalten zusammen. Hinzu kommen noch die vertikalen Gelenkspalten zwischen den kleinen Sprunggelenksknochen. Die Hauptbewegung ist in dem proximalen Gelenk, dem **Talocruralgelenk,** möglich. Bei den distalen Gelenken handelt es sich um straffe Gelenke, die auch eine Stoßdämpferfunktion haben.

Das Talocruralgelenk ist ein Wechselgelenk und speziell durch den exzentrischen Ansatz seiner Seitenbänder ein Schnappgelenk. Es schnappt also aus der Zwischenstellung immer in eine Beuge- und Streckhaltung. Es wird aus dem distalen Teil der Tibia und der damit verwachsenen Fibula und dem Rollkamm des Talus gebildet.

Die kleinen Tarsalknochen des Sprunggelenks sind in 3 Reihen angeordnet. Die proximale Reihe besteht aus dem dorsomedial gelegenen Talus und dem plantolateral gelegenen Calcaneus (Fersenbein). Letzterer bildet beim Menschen die Ferse und beim Pferd den Sprunggelenkshöcker. In der mittleren Reihe folgt das Os tarsi centrale und in der distalen Reihe die Ossa tarsalia I–III (IV). Diese stehen schließlich nach distal in Verbindung mit dem Röhrbein und den Griffelbeinen (Ossa metatarsalia II–IV) (► Abb. 6.16).

Die Primärbewegungen im Talocruralgelenk sind die Extension und Flexion. Da die Talusrolle von proximomedial nach distolateral ausgerichtet ist, ist die Flexion mit einer Abduktion und Außenrotation des Röhrbeins und die Extension mit einer Adduktion und Innenrotation verbunden. Der Talus bewegt sich als konvexer Anteil des Gelenks bei der Flexion nach proximoplantar und bei der Extension nach distal und dorsal. Die kleinen Tarsalknochen bewegen sich bei der Flexion nach dorsal und die Gelenkspalten öffnen sich auf der Plantarseite. Bei der Extension bewegen sie sich nach plantar und die Gelenkspalten öffnen sich dorsal.

Praxistipp

Beim Testen und Korrigieren des Sprunggelenks muss die Bewegungsachse der Beckengliedmaße berücksichtigt werden. Die Beckengliedmaße muss bei der Rückführung nach medial und beim Vorführen nach lateral bewegt werden. Im Sprunggelenk werden nur Extension und Flexion getestet.

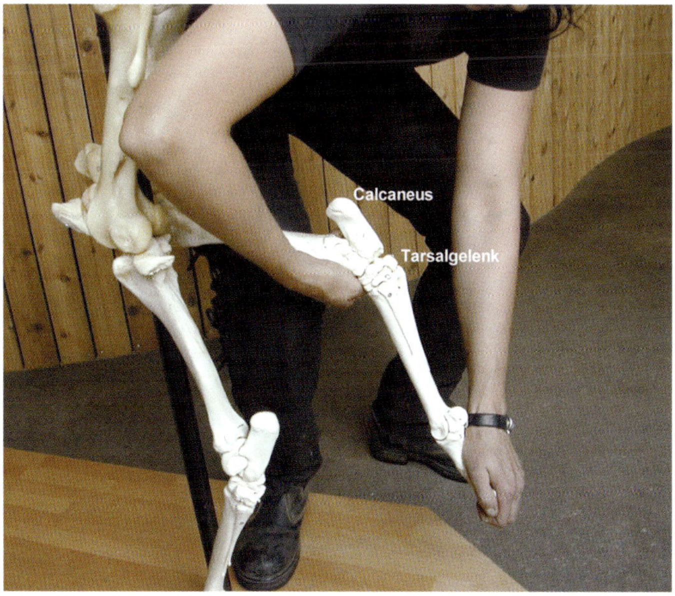

► **Abb. 6.16** Lage der Ossa tarsalia. (Foto: Ludwig Sauels)

6.9.1 Untersuchung des Sprunggelenks

Technik

Flexion und Extension

Bei der Flexion und Extension steht der Untersucher seitlich vom Pferd und hält die Gliedmaße in „Tripleflexion“ mit der rechten Hand an der Hufspitze. Die linke Hand befindet sich auf der Dorsalseite des Sprunggelenks, sodass der Daumen auf der Medialseite und die Finger auf der Lateralseite des Gelenks liegen (▸ **Abb. 6.17**). Während der Beugung und Streckung des Gelenks wird das Schließen und Öffnen der Gelenkspalten auf der dorsalen Seite des Gelenks kontrolliert.

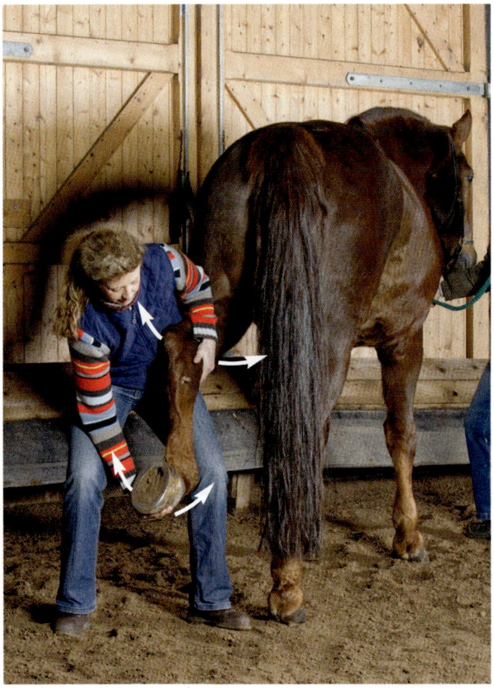

▸ **Abb. 6.17** Untersuchung des Sprunggelenks in Extensions- und Flexionsbewegung. (Foto: Ludwig Sauels)

6.10 Kiefergelenk

Das Kiefergelenk (Art. temporomandibularis = TMG) ist ein Walzengelenk mit inkongruenten Gelenkflächen, die durch einen eingelagerten Diskus ausgeglichen werden (▸ **Abb. 6.18**). Die Walze ist Bestandteil des Unterkieferknochens (Mandibula) und verläuft quer zur Längsachse des Pferdes. Die Gelenkpfanne gehört zum Os temporale des Schädels. Beim Öffnen des Mauls rotiert die Walze nach rostral und senkt sich ab (vertikale Translation). Beim Schließen bewegt sie sich wieder nach oben und dreht nach kaudal. Der Diskus folgt diesen Bewegungen. Die Mahlbewegung wird durch eine zusätzliche Lateralverschiebung erzeugt.

Bei Wildpferden ist die Schädigung des Kiefergelenks eher selten. Sie fressen über den ganzen Tag verteilt rohfaserreiches Futter, wobei sie intensiv kauen. Dadurch kommt es zu einer gleichmäßigen Abnutzung der Zähne, die beim Pferd während des gesamten Lebens aus dem Zahnfach nachgeschoben werden.

Die Stallhaltung macht die Pferde dagegen zu Fastfood-Essern. Sie bekommen 3, manchmal auch nur 2, wenig kauintensive Mahlzeiten pro Tag, die sie innerhalb kurzer Zeit verschlungen haben. Die Pferde kauen nicht mehr lange genug und machen keine ausladenden Mahlbewegungen mehr, die über die gesamte Kaufläche der Zähne gehen. Dadurch werden die Zähne nicht mehr gleichmäßig abgenutzt. Sie bekommen Haken und Spitzen, die zu Verletzungen der Schleimhäute führen. Dies verursacht natürlich Schmerzen, sodass diese Pferde sehr unwillig auf das Gebiss und Zügelhilfen reagieren. Zudem verschlechtern die Verletzungen die Maulhygiene, sodass die Pferde wesentlich anfälliger für Zahn- und Weichteilerkrankungen der Maulhöhle werden. Da die Haken die Mahltätigkeit des Kiefers noch weiter einschränken, entsteht ein Teufelskreis, der letztendlich zu einer Fehlbelastung und Schädigung des Kiefergelenks führt.

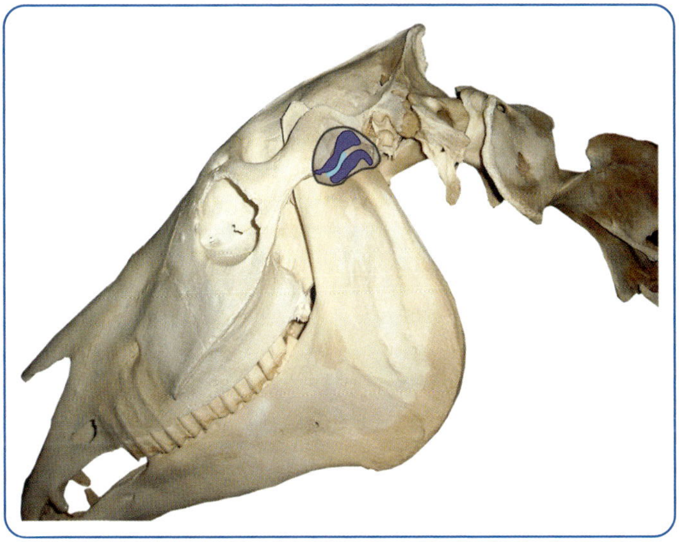

▶ **Abb. 6.18** Schematische Darstellung des linken Kiefergelenks mit Diskus. (Foto: DIPO)

Praxistipp

Bemerkbar macht sich ein Problem des Kiefergelenks oft durch eine Verspannung der Kaumuskeln, vor allem des M. masseter. Durch ein Streichen mit den Fingern ventral des M. sternomandibularis längs der Jochbeinleiste lassen sich meist entsprechende Schmerzpunkte erfühlen.

Eine weitere Folge ist die **Einschränkung der Speichelproduktion,** die zu einer schlechteren Aufspaltung der Nahrung im Maul führt. Ein zahngesundes Pferd mit intakter Maultätigkeit produziert bei adäquater Fütterung etwa 38 Liter Speichel pro Tag. Ist die Kaufunktion dagegen eingeschränkt, reduziert sich auch die Speichelproduktion. Die Zunahme an Magen-Darm-Beschwerden bei Pferden muss also nicht verwundern, insbesondere vor dem Hintergrund der Trias aus rohfaserarmem Futter, Funktionseinschränkung des Kauapparats und Stress.

Auch alltägliche Dinge wie das Anbringen der Tröge auf Bugglenkshöhe wirken sich negativ aus. Die Pferde fressen dann nicht mehr mit dem Kopf am Boden, sondern halten ihn hoch. Dadurch müssen die Nacken- und die dorsale HWS-Muskulatur viel länger als bei den Wildpferden gegen die Schwerkraft angespannt werden und verspannen sich dadurch viel eher. Da die Nackenmuskulatur besonders viele Propriozeptoren hat und eng mit dem Gleichgewichtssinn des Körpers zusammenhängt, sind bei nur im Stall gehaltenen Pferden Bewegungsstörungen viel wahrscheinlicher. Zudem bedeutet ein langes Kopfhochhalten eine unerwünschte Hypertonisierung der Wirbelsäulenextensoren.

Praxistipp

Heu sollte immer auf dem Boxenboden angeboten werden oder in engmaschigen Heunetzen, damit das Pferd wie in der Natur kleine Portionen zu sich nehmen kann und lange beschäftigt ist.

Die **Zahnkontrolle,** inklusive der Überprüfung der Kiefergelenksmobilität, gehört unbedingt zum osteotherapeutischen Untersuchungsgang. Auch wenn der Osteotherapeut nicht bis zu den hinteren Backenzähnen einblicken kann, kann er an der Situation der Schneidezähne – Über- oder Unterbiss, persistierende Milchzahnkappen, ausgeschlagene und gespaltene Zähne – auf Probleme der Backenzähne und der Okklusion schließen.

Wolfszähne, auch blinde (Prämolaren 1), kann er ebenfalls ausmachen. Sie sollen in jedem Fall vom Pferdezahnarzt entfernt werden, da sie äußerst schmerzhaft sind, wenn beim Reiten das Gebiss daran stößt.

Die **Verschnallung der Zäumung** ist ebenfalls zu überprüfen, denn in der Regel werden dem Pferd heutzutage die Kinn- und damit auch Nasenriemen viel zu eng verschnallt. Das Pferd soll kauen können. Dafür muss es die Zähne voneinander

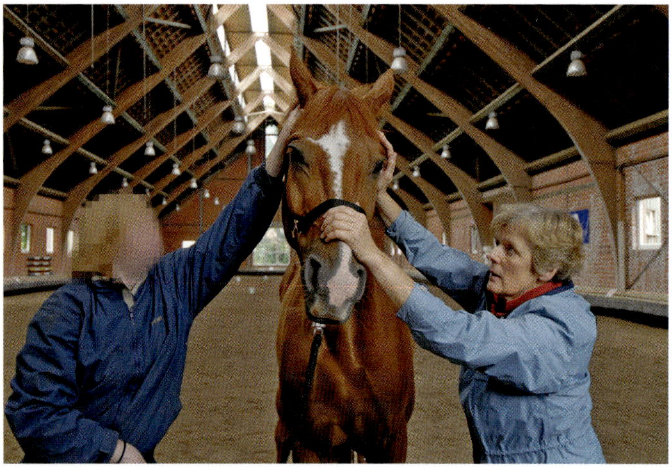

▸ **Abb. 6.19** Mobilisierung des linken Kiefergelenks: Das linke Kiefergelenk wird nach rechts bewegt. Dort wird das Os temporale von einem Helfer fixiert. (Foto: Ludwig Sauels)

wegbewegen können. Zwei Finger sollten senkrecht zwischen Nasenrücken und Nasenriemen passen, so steht es in allen alten Reitlehren. Jedoch wird seit Jahren erheblich von diesen Empfehlungen abgewichen.

Den meisten Reitern ist die verheerende Wirkung zu eng geschnallter Nasenriemen auf den Kauapparat, die Kiefergelenke und daraus resultierender Verspannungen im Genick und Hals gar nicht klar und sie sind mehr als erstaunt, wenn sie die Entspannung ihres Pferdes bei der Mobilisierung der Kiefergelenke beobachten.

In der Sportmedizin, Orthopädie, Hals-Nasen-Ohren-Heilkunde, Kinderheilkunde, Neurologie und Zahnmedizin hat der Zusammenhang von **Dysfunktionen des kraniomandibulären Systems,** Traumata und falscher Körperhaltung als Schmerzursache längst an Bedeutung gewonnen. In der Pferdeheilkunde führt dieses Gebiet noch ein regelrechtes Schattendasein. Dabei ist nicht zu unterschätzen, wie viele Probleme von der Kiefergelenksdysfunktion herrühren. Diese können auch durch eine ungeschickte oder unnachgiebige Reiterhand und falsche Zäumung ausgelöst werden.

Mancher **Headshaker** wird unter **Trigeminusneuralgie** oder Migräne leiden, deren Auslöser Dysfunktionen oder arthrotische Veränderungen des Kiefergelenks sind. Eine Arthrose des temporomandibulären Gelenks kann natürlich ebenso wenig osteopathisch geheilt werden wie z. B. eine Kissing spine. Jedoch kann das Kiefergelenk sehr gut mobilisiert und die Kaumuskulatur mit gezielten Handgrifftechniken gelockert werden (▸ **Abb. 6.19**).

Die alten Reitmeister haben sehr wohl erkannt, wie wichtig das Kauen des Pferdes für ein lockeres Genick und wie bedeutend dies für seine Dressurausbildung ist. Eindrücklich beschreibt dies der frühere französische Offizier und Profireiter Jean Claude Racinet in seinem Buch über Francois Baucher und dessen Ausbildungsmethoden.

6.11 Kreuzdarmbeingelenk

Das Kreuzdarmbeingelenk bzw. ISG stellt die Verbindung zwischen dem Kreuzbein (Sakrum), das aus den 5 verschmolzenen Kreuzwirbeln des Pferdes besteht, und dem Becken dar. Das Sakrum ist, von ventral kommend, zwischen den Darmbeinschaufeln beider Beckenhälften eingefügt (▸ **Abb. 6.20**) und trägt das Becken. Zur Palpation der Sakrumbewegungen liegt die Hand in den Furchen kaudal der Tubera sacralia. Man könnte sagen, dass das Sakrum und die Wirbelsäule als funktionelle Einheit das Becken tragen, das wiederum über die Hüftgelenke von den Hintergliedmaßen getragen wird. Dies macht deutlich, dass das Becken nicht isoliert betrachtet werden kann, sondern sowohl statisch als auch funktionell eine Einheit mit der LWS und der Hintergliedmaße bildet. Es überträgt den in den Hintergliedmaßen entwickelten Schwung und Vorwärtsschub auf die Wirbelsäule und damit auf den gesamten Körper des Pferdes. Dementsprechend kann eine Läsion in

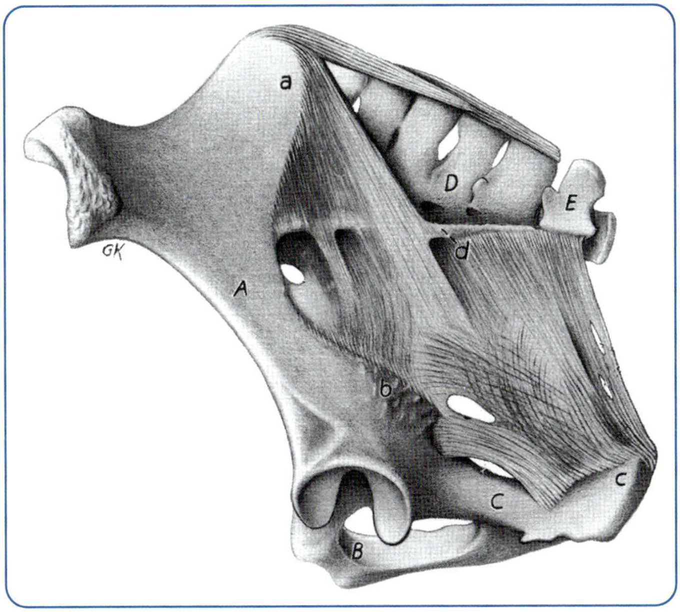

▶ **Abb. 6.20** Lage des Sakrums zu den Ossa ilii, Lateralansicht (A: Darmbein; B: Schambein; C: Sitzbein; D: Kreuzbein; E: 1. Schwanzwirbel; a: Tuber sacrale; b: Spina ischiadica; c: Tuber ischiadicum; d: Seitenteil des Kreuzbeins). (aus: Nickel R, Schummer A, Seiferle E. Lehrbuch der Anatomie der Haustiere. Band I, Bewegungsapparat. 8. Aufl. Stuttgart: Parey in MVS Medizinverlage Stuttgart; 2003)

diesem Bereich den Bewegungsablauf der Pferde stark beeinträchtigen (▶ Abb. 6.21).

Durch das komplexe Zusammenspiel der beteiligten Strukturen existieren viele verschiedene Bewegungsachsen im Beckenbereich. Am besten kann man sich diese vorstellen bei einem trabenden oder passagierenden Pferd, das von hinten betrachtet wird. Zum einen bewegt sich das Becken einseitig auf und ab, abhängig davon, ob sich die Gliedmaße in der Stütz- oder Hangbeinphase befindet. Beim Anheben einer Gliedmaße senkt sich das Becken auf der gleichen Seite, während es auf der Gegenseite im Verhältnis angehoben wird, wobei die Gliedmaße der Gegenseite leicht adduziert erscheint. Diese Bewegung ist kombiniert mit einer zusätzlichen Bewegung des Beckens nach kranial und kaudal entsprechend der Vor- und Rückführphase der Gliedmaße. Zudem kann das Becken gemäß des Versammlungsgrads des Pferdes bilateral steiler oder flacher im Raum gestellt werden. Dementsprechend gibt es eine Vielzahl von Bewegungsachsen.

Das ISG ist ein straffes Gelenk, an dem die dorsolaterale Seite des Sakrums und die ventromediale Seite der Darmbeinschaufel beteiligt sind. Die Gelenkflächen sind annähernd parallel zur Wirbelsäule angeordnet und sehen wie ein umgekehrtes „L" aus, dessen kurzer Arm nach kranial zeigt.

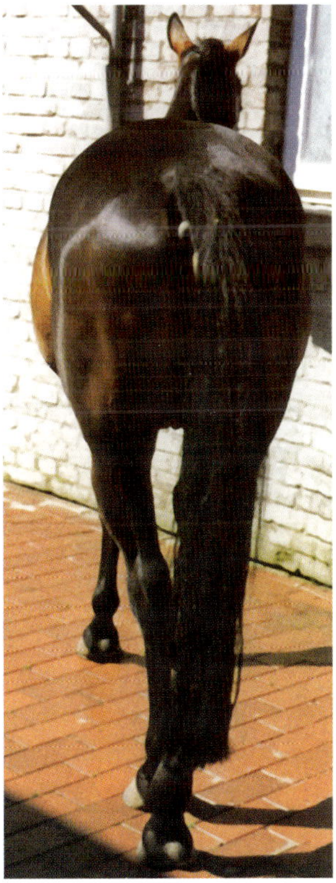

▶ **Abb. 6.21** Dieses Pferd trägt den Schweif stets zur rechten Seite. Das deutet auf eine Fehlstellung des Kreuzbeins und seiner inserierenden Muskulatur hin. (Foto: Ludwig Sauels)

Die Knorpeloberfläche ist nicht wie bei anderen Gelenken glatt, sondern sehr unregelmäßig strukturiert, wodurch ihre Verschieblichkeit zusätzlich eingeschränkt ist. Dennoch ermöglicht das ISG die komplexen Bewegungsabläufe im Bereich des Beckens.

Es werden folgende Bewegungsachsen am Becken unterschieden:

6.11.1 Obere transversale Achse

Die obere transversale Achse (OTA) ist nach Sutherland benannt. Sie spielt bei der kraniosakralen Therapie eine Rolle, ist jedoch nicht an der Physiologie des Ganges beteiligt. Sie verläuft wie alle transversalen Achsen horizontal im rechten Winkel zur Wirbelsäule und schneidet das Sakrum zwischen dem 1. und 2. Kreuzwirbel (S 1 bzw. S 2) horizontal.

6.11.2 Mittlere transversale Achse

Die mittlere transversale Achse (MTA) verläuft ventrobasal vor dem Sakrum außerhalb der Gelenkfläche (▶ **Abb. 6.22a**). Das Zentrum dieser Bewegung kann individuell unterschiedlich gelagert sein oder auch bei ein und demselben Individuum in Abhängigkeit von der Bewegung wandern. Um diese Achse verlaufen die Bewegungen des Sakrums gegenüber dem Ilium. Dies sind die Nutation und die Kontranutation. Bei der **Nutation** bewegt sich der kraniale Rand des Sakrums (= Basis) ventral und die kaudale Spitze (Apex) dorsal. Bei der **Kontranutation** ist es umgekehrt und die Basis des Sakrums bewegt sich nach dorsal. Durch die enge Verbindung mit der LWS ist die Kontranutation immer mit einem Aufwölben und die Nutation mit einem Wegdrücken derselben verbunden.

6.11.3 Untere transversale Achse

Sie trifft abhängig von der individuell verschiedenen Stellung des Beckens im Raum in einem rechten Winkel jeweils auf die beiden Gelenkflächen. Um diese Achse finden Bewegungen des Iliums gegenüber dem Sakrum statt. Getestet werden „Öffnung" und „Schließung" des Iliums.

6.11.4 Linke schräge Achse

Die linke schräge Achse verläuft vom kranialen Pol des kurzen Arms der L-förmigen Gelenkfläche des

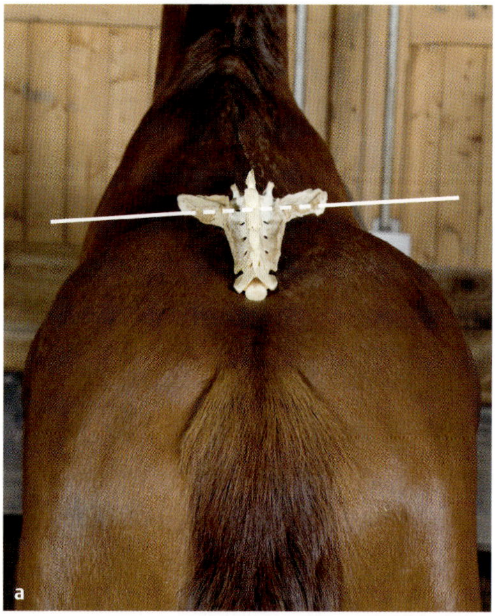

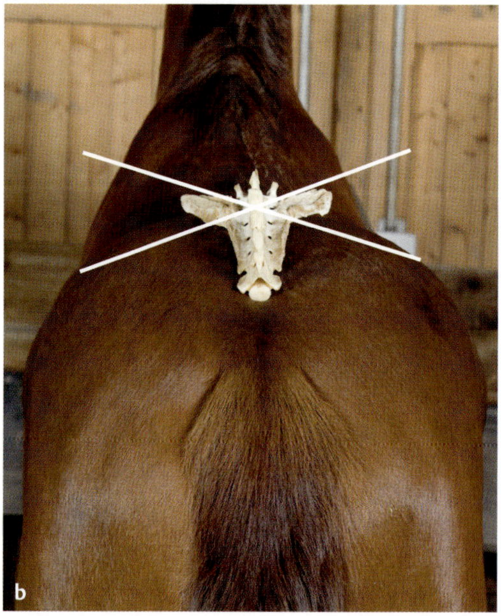

▶ **Abb. 6.22** Schematische Darstellung: MTA und schräge Achsen.
a Verlauf der MTA. (Foto: Ludwig Sauels)
b Verlauf der schrägen Achsen. (Foto: Ludwig Sauels)

linken Sakrums zum unteren Pol des langen Arms der Gelenkfläche des rechten Sakrums. Sie passiert das Sakrum von links-kranial nach rechts-kaudal. Ausgehend von der Tatsache, dass die zuvor beschriebenen Achspunkte als Fixpunkte betrachtet werden, können die linke Seite des Promontoriums und die rechte Seite des Apex des Sakrums um diese Achse Bewegungen zulassen.

6.11.5 Rechte schräge Achse

Diese Achse verläuft vom kranialen Pol des kurzen Arms der L-förmigen Gelenkfläche des rechten Sakrums zum unteren Pol des langen Arms der Gelenkfläche des linken Sakrums (▸ **Abb. 6.22b**). Sie passiert das Sakrum von rechts-kranial nach links-kaudal. Dementsprechend können die rechte Seite des Promontoriums und die linke Seite des Apex Bewegungen um diese Achse zulassen.

Die beiden schrägen Achsen sind Drehachsen für das Sakrum. Die Bewegungen um diese Achsen werden auch als **Torsionen** bezeichnet. Bei einer Torsion bzw. Drehung nach rechts bewegt sich die ventrale Seite des Sakrums (Facies pelvina) nach rechts. Bei einer Drehung nach links wendet sich die Facies pelvina nach links. Die schrägen Achsen entstehen erst während der Bewegung durch den beidseitigen Zug der Glutealmuskulatur (dynamische Achse).

Merke

Die Bewegungen um diese Achsen werden mit 2 Buchstaben bezeichnet. Der erste Buchstabe benennt die Achse, der zweite die Richtung der Drehung. R/L bedeutet bspw., dass eine Drehung um die rechte Achse (Fixpunkt S 1 rechts) nach links stattgefunden hat. Die ventrale Seite des Sakrums zeigt dann nach links.

Bei den Tests werden die Bewegungen des Sakrums von denen des Iliums und umgekehrt unterschieden. Eine Läsion im Beckenbereich kann nur durch den Test der Bewegungen festgestellt werden. Eine statische Schiefstellung des Beckens – zu erkennen an der unterschiedlichen Höhe der Tubera sacralia – ist kein Anlass für eine Manipulation, da sie keine unbedingte Bewegungseinschränkung der Beckenbewegungen bedeutet. Zudem verknorpelt die Symphyse des Beckens beim Pferd bereits mit 1½ Jahren, sodass keine anatomische Verschiebung der beiden Beckenhälften mehr möglich ist. Dagegen deutet ein sehr breites oder enges Fußen der Hintergliedmaßen beim Vortraben oder eine unnormale Schweifhaltung auf eine Bewegungsstörung im Kreuzdarmbein-Becken-Bereich hin.

6.11.6 Untersuchung des Darmbeins

Technik

Ilium in Schließung

Der Therapeut steht dicht am Pferd, das Gesicht ihm zugewandt. Mit der rechten Hand am Huf wird die Hintergliedmaße in „Tripleflexion“ gehalten. Die linke Hand palpiert das linke Tuber sacrale. Mit einer Bewegung aus den Knien heraus und mit geradem Rücken wird die Gliedmaße in Abduktionsführung angehoben. Dabei bewegt sich das linke Tuber sacrale, bedingt durch ein translatorisches Gleiten des Iliums gegenüber dem Sakrum, nach dorsal und nähert sich der Medianebene an. Hierbei ist darauf zu achten, dass die übrigen Gelenke der Gliedmaße nicht weiter angebeugt werden. Es wird kontrolliert, inwieweit das gleichseitige Tuber sacrale der Bewegung folgt.

Technik

Ilium in Öffnung

Die Stellung des Therapeuten bleibt gleich. Um die Öffnung zu testen, wird die Gliedmaße adduziert. Dabei bewegt sich das linke Tuber sacrale, bedingt durch das translatorische Gleiten des Iliums gegenüber dem Sakrum, nach ventral und entfernt sich von der Medianebene.

6.11.7 Untersuchung des Kreuzbeins

▼

Technik

Nutation und Kontranutation

Der Therapeut steht neben dem Pferd, mit dem Gesicht zum Schweif gewandt. Mit der rechten Hand palpiert er in Höhe S 2/S 3 auf der kaudal der Tubera sacralia gelegenen Furche. Mit der rechten Hand fasst er die Schweifrübe von der Unterseite und führt sie in Höhe der Medianebene nach dorsal (▶ **Abb. 6.23**).

▼

▼

Dabei muss sich die Basis des Sakrums nach ventral bewegen, d. h. die Furche kaudal der Tubera sacralia vertiefen. Danach wird der Schweif senkrecht nach unten gezogen. Hierbei muss sich die Basis des Sakrums entsprechend nach dorsal bewegen und die Furche abflachen (▶ **Abb. 6.24**).

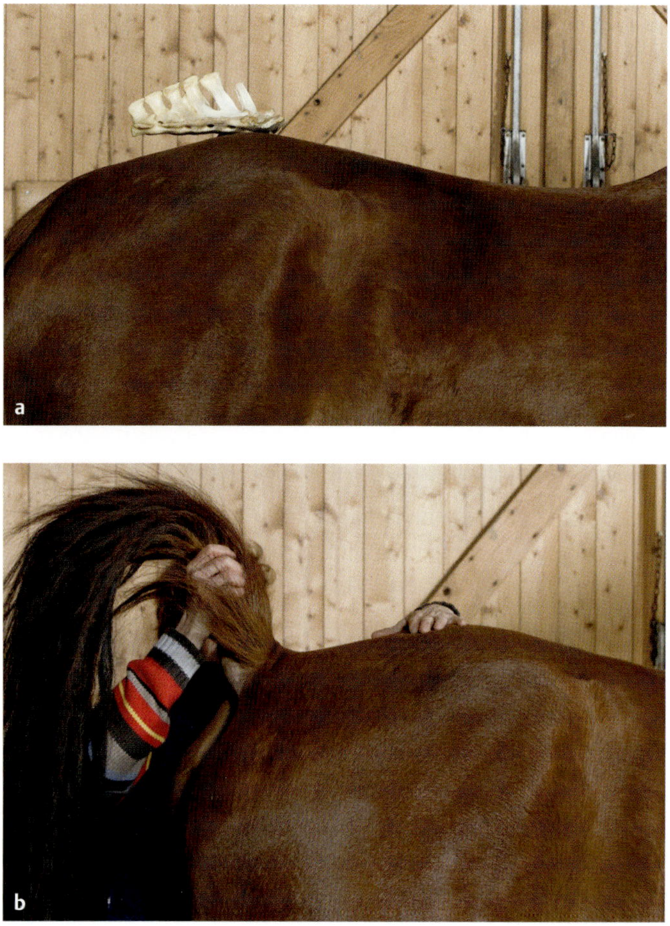

▶ **Abb. 6.23** Sakrum in Nutationsstellung (**a**) und Test der Nutation mithilfe des verlängerten Hebels über den Schweif (**b**). (Fotos: Ludwig Sauels)

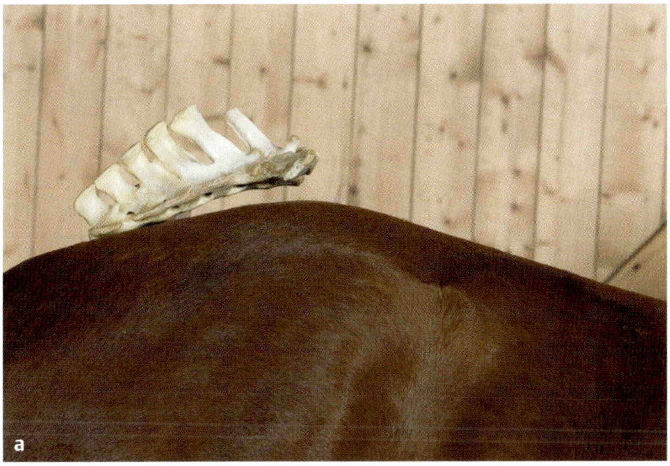

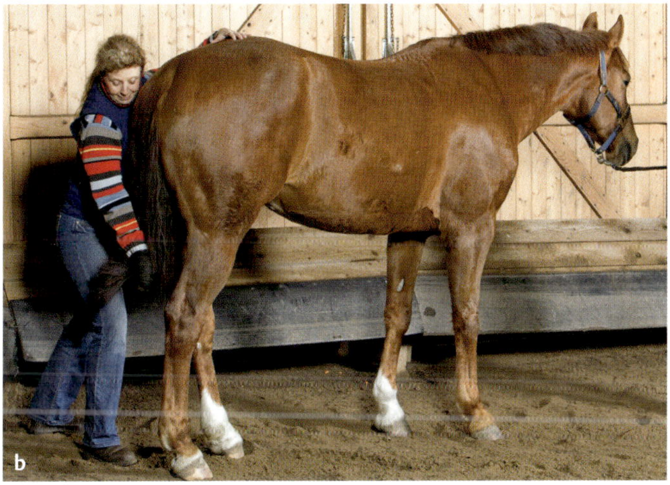

▶ **Abb. 6.24** Sakrum in Kontranutationsstellung (**a**) und Test der Kontranutation über den Schweifzug (**b**). (Fotos: Ludwig Sauels)

Technik
Sakrum R/R und L/R

Der Therapeut steht links vom Pferd, mit dem Gesicht zum Schweif. Die linke Hand liegt über der Sakrumbasis. Die rechte Hand umfasst den Schweif. Für R/R, einer Drehung des Sakrums um die rechte Achse nach rechts (▶ **Abb. 6.25**), wird der Schweif nach dorsal-links und auf sich zu geführt. Während S 1 rechts als Fixpunkt der Bewegung konstant bleibt, muss sich S 1 links nach ventral bewegen und die Furche kaudal des linken Tuber sacrale tiefer werden. Für L/R wird der Schweif nach links-ventral gezogen. Hierbei wird überprüft, ob sich S 1 rechts nach dorsal bewegt. Die Furche muss kaudal des rechten Tuber sacrale abflachen.

Technik
Sakrum L/L und R/L

Es wird ein Seitenwechsel vorgenommen und der Untersucher steht auf der rechten Seite des Pferdes. Die rechte Hand palpiert im Bereich der Sakrumbasis, während die linke Hand den Schweif ergreift. Für L/L, d. h. die Drehung des Sakrums um die linke Achse nach links, wobei S 1 links ein Fixpunkt ist, wird der Schweif nach dorsal-rechts geführt. Dabei muss sich S 1 rechts nach ventral bewegen und sich die Furche kaudal des rechten Tuber sacrale vertiefen. Für R/L (▶ **Abb. 6.26**) wird der Schweif nach ventral-rechts gezogen. Dabei wird überprüft, ob sich S 1 links nach dorsal bewegt.

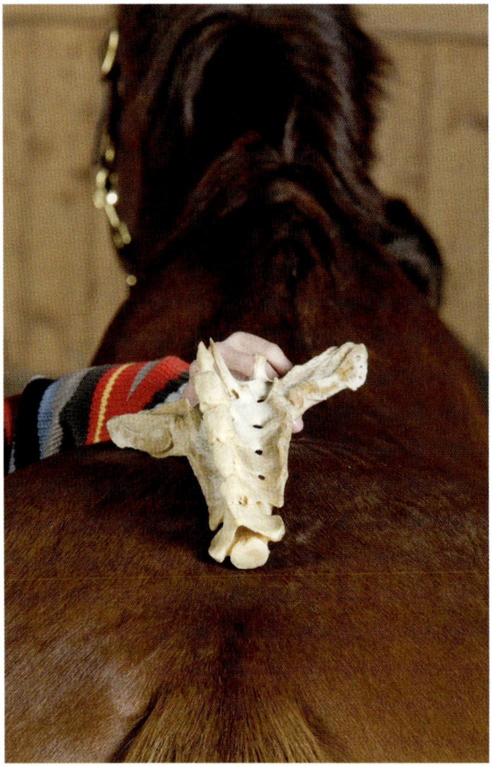

▶ **Abb. 6.25** Das Sakrum steht in R/R. (Foto: Ludwig Sauels)

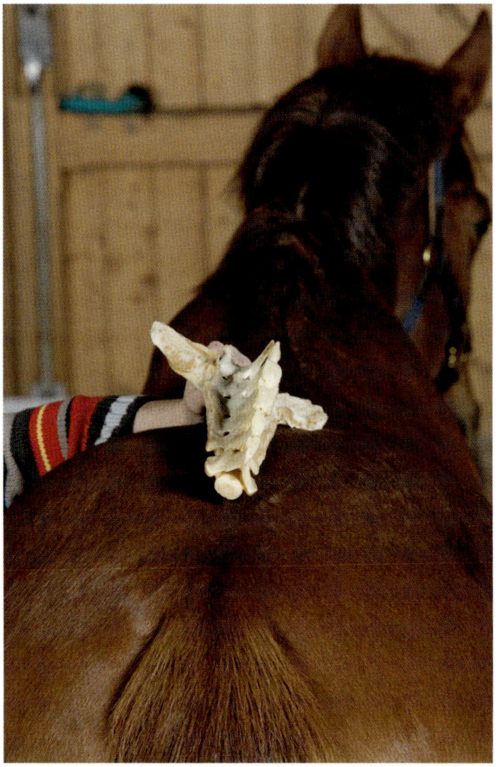

▶ **Abb. 6.26** Das Sakrum steht in R/L. (Foto: Ludwig Sauels)

6.12
Wirbelsäule

Bevor auf die speziellen Eigenschaften der einzelnen Wirbelsäulenabschnitte und deren Tests eingegangen wird, werden zunächst die prinzipielle Form und die grundsätzlichen Bewegungsmöglichkeiten der Wirbel zueinander beschrieben, da sie für alle Wirbel gleich und Grundlage für die gesamte Wirbelsäulenbewegung sind. Eine Ausnahme bilden nur der 1. und 2. Halswirbel, die gesondert beschrieben werden.

Die **Wirbel** bestehen aus dem Wirbelkörper und dem dorsal befindlichen Wirbelbogen, durch den das Rückenmark von kranial nach kaudal verläuft. Lateral befindet sich jeweils ein Querfortsatz und nach dorsal ragt der Dornfortsatz, dessen Spitze in der Rückenmedianen durch die Haut fühlbar ist.

Die Wirbel sind zum einen verbunden über die **Bandscheiben,** die zwischen den Wirbelkörpern liegen. Sie übernehmen gleichzeitig eine Pufferfunktion. Zum anderen befindet sich am kranialen und kaudalen Ende der Wirbel beidseits der Wirbelbögen jeweils ein Gelenkfortsatz, der die Wirbel nach vorne und hinten verbindet. Die Gelenkflächen dieser Fortsätze sind plan und ermöglichen so ein Auseinander- und wieder Ineinandergleiten der Gelenkfortsätze (Divergenz und Konvergenz) (▸ Abb. 6.27). Die Anordnung dieser Gelenkflächen im Raum unterscheidet sich zwischen den Wirbeln der einzelnen Wirbelsäulenabschnitte, sodass die Amplitude der einzelnen Bewegungsmöglichkeiten je nach Abschnitt etwas variiert. Im Folgenden werden die Gelenke der Fortsätze kurz als Wirbelgelenke bezeichnet.

6.12.1 Bewegungen der Wirbel

Prinzipiell sind folgende Bewegungen der Wirbel möglich:

Flexion

Hierbei bewegt sich der kraniale Wirbel gegenüber dem kaudal folgenden nach ventral. Gleichzeitig divergieren die Gelenkflächen der beiden Wirbelgelenke und die kaudalen Gelenkflächen des kranialen Wirbels gleiten nach kranioventral. Dadurch erweitern sich die Austrittslöcher der Spinalnerven aus dem Wirbelkanal (Foramina intervertebralia), die sich unterhalb der Querfortsätze zwischen den Wirbeln befinden. Begrenzt wird diese Bewegung zudem durch die Anspannung des Lig. supraspinale, das oberhalb der Dornfortsätze läuft, und durch die Ligg. interspinalia. Das Lig. longitudinale ventrale, das ventral entlang der Wirbelkörper verläuft, entspannt sich dagegen. Die Bandscheibe wird ventral „zusammengeschoben", während sie dorsal „auseinandergezogen" wird, wodurch Scherkräfte innerhalb der Bandscheibe entstehen.

Extension

Bei der Extension bewegt sich der kraniale Wirbel gegenüber dem kaudal folgenden nach dorsal, wobei die Gelenkflächen beider Wirbelgelenke konvergieren. Die kaudalen Gelenkflächen des kranialen Wirbels bewegen sich nach kaudodorsal. Bei der Extension werden die Foramina intervertebralia im Gegensatz zur Flexion eingeengt. Dadurch ist die Wahrscheinlichkeit, dass ein Spinalnerv

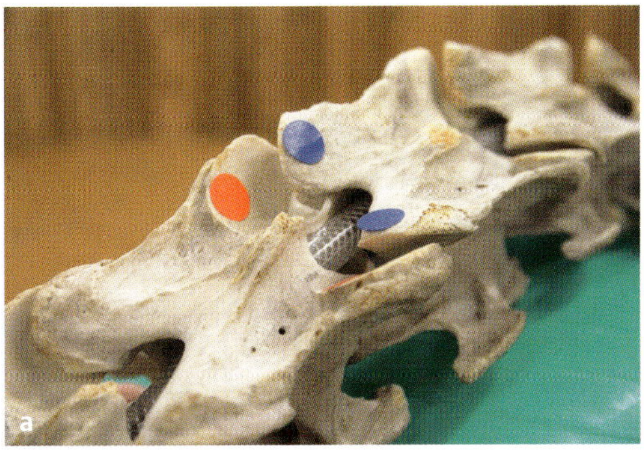

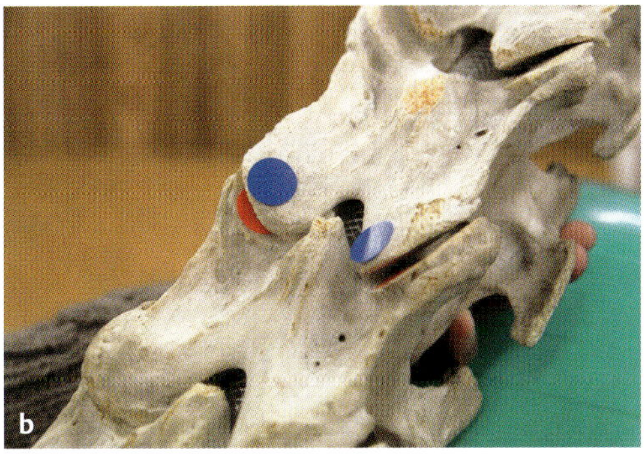

▸ **Abb. 6.27** Darstellung eines Wirbels in Divergenz- (**a**) bzw. in Konvergenzstellung (**b**). (Fotos: Ludwig Sauels)

komprimiert wird, bei einem Pferd, das ständig mit einem durchgedrückten Rücken geritten wird, wesentlich größer. Während sich das Lig. supraspinale entspannt, wird in der Extension das Lig. longitudinale ventrale stark angespannt und begrenzt die Bewegung mit. Die auf die Bandscheibe wirkenden Scherkräfte kehren sich entsprechend um.

Lateralflexion und Rotation

Die Lateralflexion ist immer gekoppelt mit einer Rotation der Wirbel. Bei einer Wirbelsäule in Flexion verläuft diese Rotation gleichsinnig zur Lateralflexion, während sie bei einer Wirbelsäule in Extension gegenläufig ist. Die **Rotationsrichtung** eines Wirbels wird definiert über die Richtung, in die sich die ventrale Seite des Wirbels (Crista ventralis) hinwendet, im Verhältnis zu den kaudal folgenden Wirbeln, die als fix betrachtet werden. Eine Rotation nach links bedeutet also, dass sich der kraniale der beiden beteiligten Wirbel mit seiner Crista ventralis nach links dreht.

Praxistipp

Um sich zu merken, welche Lateralflexion mit welcher Rotationsrichtung während der Extension und Flexion verbunden ist, kann das Anschnallen im Auto simuliert werden. Beim Ergreifen des Gurtes mit der linken Hand von hinten wird die Wirbelsäule gestreckt und nach links geneigt, dabei rotiert sie nach rechts (Extension: links-rechts). Beim Befestigen des Gurtes mit der rechten Hand ist die Wirbelsäule gebeugt und nach rechts geneigt, wobei sie zusätzlich nach rechts rotiert (Flexion: rechts-rechts).

Beschrieben wird als Beispiel eine Seitneigung nach links in Flexion. Hierbei divergieren die Gelenkflächen auf der rechten Seite der Wirbel und konvergieren auf der linken Seite. Der kraniale Wirbel bewegt sich nach links. Durch die gleichsinnige Rotation bewegt sich die linke kaudale Gelenkfläche des kranialen Wirbels nach dorsal und kaudal, während sich die entsprechende rechte Gelenkfläche nach ventral und kranial bewegt. Der Dornfortsatz des kranialen Wirbels wandert dabei nach rechts. Bei einer Seitneigung nach links in Extension verhalten sich die beiden Gelenkflächen genau umgekehrt und der Dornfortsatz bewegt sich nach links.

Insgesamt ist in der Flexion eine stärkere Lateralflexion und Rotation der Wirbel möglich, daher werden die Tests auch an einer flektierten Wirbelsäule durchgeführt, um die gesamte Spannbreite der Bewegungsmöglichkeit wahrnehmen zu können.

Cave

Vor allem die Tests im Kopf-Hals-Bereich dürfen niemals mit Kraft durchgeführt werden.

6.12.2 Halswirbelsäule

Die HWS besteht wie bei fast allen Säugetieren aus 7 Halswirbeln. Sie ist im Verhältnis zu dem Rest der Wirbelsäule extrem beweglich. Dies ist bedingt durch die Form der Wirbel und die Beschaffenheit des Bandapparats. Die Halswirbel besitzen nur rudimentär angelegte Dorn- und Querfortsätze und die Gelenkflächen der Wirbelgelenke verlaufen schräg nach außen und sind plan, sodass sie einen großen Bewegungsradius haben. Die Ligg. interspinalia bestehen aus elastischem Bindegewebe und das Lig. supraspinale wird im Halsbereich durch das elastische Nackenband ersetzt. Auch das Lig. longitudinale ventrale fehlt an der HWS und seine Funktion wird von den den M. splenius antagonisierenden ventralen Halsmuskeln übernommen.

Die hohe Beweglichkeit ist essenziell für die Aufgaben, die Kopf und Hals zu erfüllen haben. Sie sind für die Einleitung, Steuerung und das Ausbalancieren der Körperbewegungen verantwortlich. Um aufstehen zu können, muss ein Pferd zunächst den Kopf heben. Die einzige Methode, ein Pferd am Boden zu halten, ist, sich auf den Hals zu setzen. Genauso kann ein Pferd nur buckeln, wenn es den Kopf zwischen die Vorderbeine führt.

Eine Besonderheit bilden die ersten beiden Halswirbel. Der **1. Halswirbel** (C 1, **Atlas**) ist mit der Schädelbasis (Okziput = O) über 2 quer zum Wirbel verlaufenden Gelenkflächen verbunden. Durch diese Anordnung ist im O/C 1-Gelenk nur eine Flex- und Extension und eine Lateralflexion möglich. Die Rotationsbewegung ist minimal. Die fehlende Rotationsbewegung wird durch die gelenkige Verbindung zwischen C 1 und C 2 ausgeglichen, die ein Zapfengelenk ausbilden. Der **2. Halswirbel**

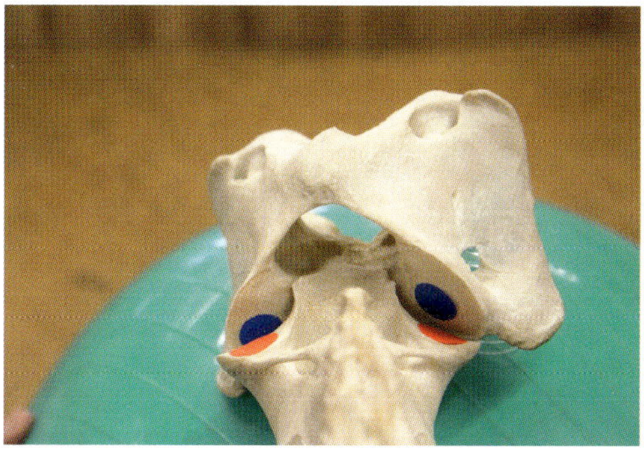

▶ **Abb. 6.28** Verschiebungen bei der Drehung und Seitwärtsneigung der Gelenkverbindungen zwischen Kopf und C 1 bzw. C 1 + C 2. (Foto: Rainer Weppelmann)

(C 2, **Axis**) besitzt kranial einen zapfenförmigen Fortsatz (Dens axis), um den der Atlas dreht. Da erst die Kombination beider Gelenke alle Bewegungen im Nackenbereich ermöglicht, werden sie z. T. zum Okzipitoatlantoaxialgelenk zusammengefasst. Vom Okziput bis C 2 sind keine Bandscheiben vorhanden.

Durch die andere Gelenkform ist die Lateralflexion im O/Cl-Gelenk in Beugung nicht wie bei den anderen Wirbelgelenken mit einer gleichsinnigen Rotation des kranialen Gelenkpartners verbunden, sondern mit einer gegengleichen Rotation. Bei einer Seitneigung rechts rotiert der Kopf geringfügig nach links. Dies ist bei der Untersuchung dieses Gelenks zu beachten. Der rechte Teil des Okziputs bewegt sich dabei nach ventrokaudal, der linke nach dorsokranial. Eine Seitneigung links im O/C 1-Gelenk provoziert eine gegensinnige Rotation im C 1/C 2-Gelenk (▶ Abb. 6.28).

Untersuchung des O/C 1-Gelenks

Technik

Extension

Der Osteotherapeut steht links vom Pferd. Die linke Hand umfasst den Unterkiefer von unten, übernimmt das Gewicht des Schädels und führt den Kopf in Extension. Die rechte Hand positioniert sich auf dem O/C 1-Gelenk. Dabei liegt der Handballen auf der Protuberantia occipitalis. Der Daumen liegt seitlich vom linken Ohr, der Kleinfinger seitlich des rechten Ohres, die restlichen Finger ruhen auf dem Schopf. Die rechte Hand dient der Wahrnehmung der Bewegung (▶ Abb. 6.29).

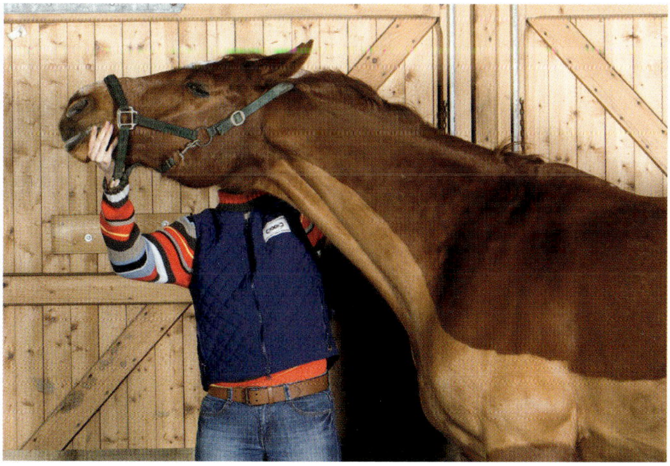

▶ **Abb. 6.29** Untersuchung der Extension zwischen Okziput und Atlas. (Foto: Ludwig Sauels)

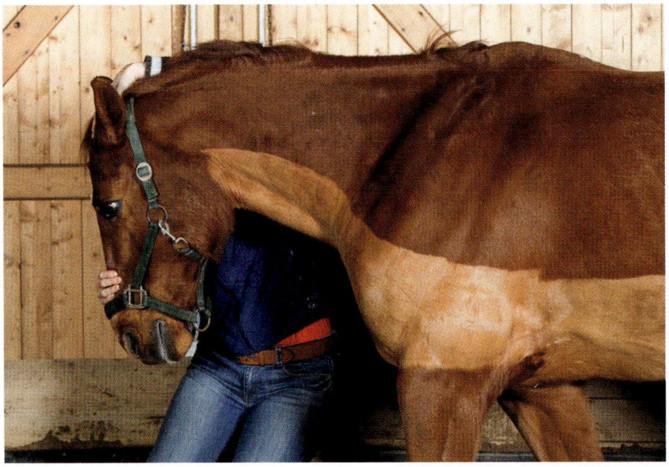

▶ **Abb. 6.30** Untersuchung der Flexion zwischen Okziput und Atlas. (Foto: Ludwig Sauels)

Technik
Flexion

Der Therapeut steht seitlich vom Pferd, mit dem Gesicht nach vorne. Die linke Hand umfasst den Nasenrücken und beugt den Kopf. Die rechte Hand wird wie beim Vortest positioniert und fühlt die Bewegungen des Gelenks (▶ **Abb. 6.30**).

Technik
Lateroflexion

Die linke Hand befindet sich auf dem Nasenrücken und bewegt den Kopf nach links. Die rechte Hand liegt seitlich auf dem rechten Atlasflügel. Der Daumen befindet sich im Spalt von O/C 1. Die ausgelöste Bewegung entspricht einer Genickstellung nach links. Ein Pferd, das sich verwirft, weicht dieser Bewegung durch eine Rotation im C 1/C 2-Gelenk aus.

Untersuchung des C 1/C 2-Gelenks

Technik
Rotation

Die Rotation wird zusammen mit einer Flexion und Seitneigung des Kopfes durchgeführt. Der Therapeut steht links vom Pferd, den Blick nach vorn gerichtet. Die linke Hand liegt auf dem Nasenrücken und führt den Hals zunächst in Flexion und Seitneigung links. Aus dieser Position wird mit der rechten Hand, die seitlich flach auf C 1 ruht, die zusätzliche Rotation nach links eingeleitet, indem die Hand über den Oberkiefer (Maxilla) die Rotation nach links ausführt (▶ **Abb. 6.31**). Es wird die Bewegung des linken Atlasflügels nach dorsal geprüft.

▶ **Abb. 6.31** Untersuchung der Segmente C 1/C 2 in Rotation rechts. (Foto: Ludwig Sauels)

Untersuchung der kaudalen Halswirbelsäulengelenke

Technik

Flexion, Seitneigung, Rotation

Der Untersucher steht auf der linken Seite. Die Seitneigung der kaudalen HWS wird bei flektiertem Hals durchgeführt. Die linke Hand fasst das Halfter und bringt den Hals zunächst in Flexion und dann in Seitneigung nach links. Die rechte Hand liegt auf dem Querfortsatz des jeweils zu testenden Wirbels und überprüft die Bewegung desselben. Der Querfortsatz muss nach dorsal rotieren.

Technik

C 7/Th 1 (zervikothorakaler Übergang)

Auch hier erfolgt die Beschreibung von der linken Seite, getestet wird aber die rechte Seite. Dieses Wirbelgelenk benötigt erhöhte Aufmerksamkeit, da der 7. Halswirbel nicht direkt palpierbar ist. Wurde die Beweglichkeit des C 6/C 7-Gelenks überprüft und der 6. Halswirbel (C 6) bis zu seiner Bewegungsgrenze gebracht, wandert die rechte palpierende Hand von der linken auf die rechte Halsseite und legt sich auf den Bereich von C 6. Dann wird die Seitneigung des Halses nochmals verstärkt, sodass auch das letzte Gelenk der HWS lateroflektiert. Gegebenenfalls muss diese Technik mit angebeugtem Vorderbein durchgeführt werden (► Abb. 6.32).

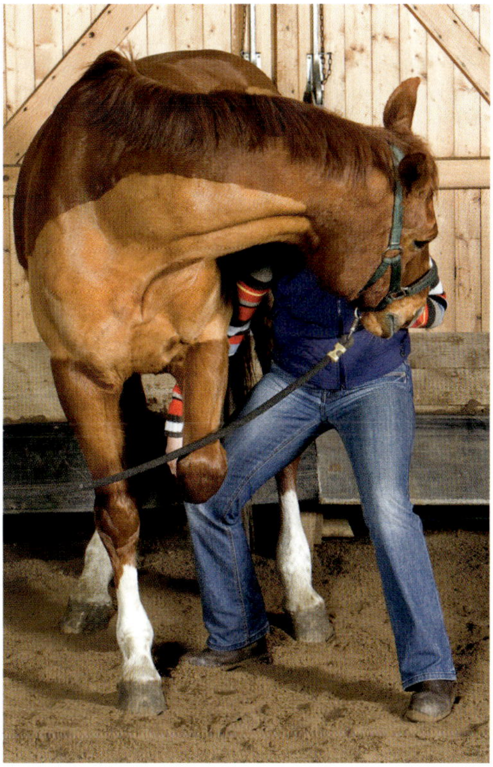

► **Abb. 6.32** Untersuchung des zervikothorakalen Übergangs. (Foto: Ludwig Sauels)

Merke

Bei Blockierungen des zervikothorakalen Übergangs kommt es häufig zu Irritationen der Mm. scaleni (S. 57) und des Plexus brachialis (Kap. 4.4.1).

6.12.3 Brustwirbelsäule

Die BWS bildet zusammen mit den Rippen und dem Brustbein eine stabile Einheit, die jedoch flexibel genug ist, um Atembewegungen zuzulassen und den Schub aus der Hinterhand nach vorne zu übertragen. Dafür sorgen die über 140 Gelenke, die sich im Bereich des Brustkorbs befinden.

Für den Reiter sind die BWS und der gesamte Brustkorb zugleich ein „Sinnesorgan", das seine Gewichtshilfen wahrnimmt.

Die Bewegungen der BWS werden durch die Form und Lage der Wirbelgelenke, den Ansatz der Rippen und den Bandapparat begrenzt, sodass eine geringere Beweglichkeit als in der HWS besteht.

Grundsätzlich besitzen Extension und Flexion die größte Bewegungsamplitude. Die Beweglichkeit der einzelnen Wirbel der BWS variiert jedoch von kranial nach kaudal. Bei aufgerichtetem Hals ist die maximale Bewegungsamplitude im Bereich des 14.–18. Brustwirbels (Th 14–Th 18), bei vorwärts-abwärts gebogenem Hals, durch den Zug des dorsalen Nackenbandes zwischen Th 5 und Th 9.

Die stärkste Lateroflexion und Rotation im BWS-Bereich ist dagegen zwischen Th 9 und Th 14 möglich. Doch ist sie gering im Verhältnis zur Lateroflexion, die im HWS- und vorderen LWS-Bereich (L 1–L 4) möglich ist. Dadurch ist die BWS der begrenzende Faktor für die Gesamtlängsbiegung, die einem Pferd möglich ist (6-m-Volte). Da sich die

Ausrichtung der Gelenkflächen der Wirbelgelenke von kranial nach kaudal und von horizontal nach vertikal verändert, nimmt die Rotationsmöglichkeit der BWS nach hinten leicht zu.

Merke

Blockaden findet man vor allen Dingen in den kleinen Bewegungen (Rotation und Seitneigung) und weniger in den großen (Flexion und Extension).

Untersuchung der Brustwirbelsäule

Technik

Flexion

Zunächst wird die Flexion der BWS global geprüft. Dazu steht der Therapeut auf der linken Seite, mit Blick zum Pferd. Die rechte Hand stimuliert auf der Bauchmedianen durch Druck mit einem Stäbchen (► **Abb. 6.33**) oder auch mit einer Streichbewegung den M. rectus abdominis an seinem Ursprung am Brustbein. Die linke Hand befindet sich auf den Dornfortsätzen der BWS und ertastet deren Bewegungen. Beim Test der globalen Bewegungen der Wirbelsäule hilft auch ein gutes Auge.
Beim selektiven Test liegt die linke Hand auf dem zu testenden Segment und beurteilt das Divergieren der Dornfortsätze. Die rechte Hand stimuliert von kaudal nach kranial das Aufwölben der Wirbelsäule.

► **Abb. 6.33** Das Pferd flektiert die BWS, wenn man gefühlvoll mit einem Holzstäbchen über das Brustbein zieht. (Foto: Ludwig Sauels)

Technik
Extension

Der Therapeut behält seine Stellung bei und stimuliert nun mit der rechten Hand in Griffhaltung (Daumen links, Finger rechts) vorsichtig die Rückenmuskulatur in der Mitte der BWS, sodass das Pferd den Rücken durchdrückt (▶ Abb. 6.34). Bei der selektiven Untersuchung arbeitet sich die rechte Hand langsam von kranial nach kaudal vor und die linke Hand palpiert die Bewegung der Dornfortsätze, die bei diesem Test konvergieren sollten. In der Regel wird bei der segmentalen Untersuchung zunächst die Flexion und dann die Extension überprüft.

Technik
Lateroflexion

Die Lateroflexion (globaler Test) wird in Flexion der Wirbelsäule durchgeführt und ist immer mit einer gleichsinnigen Rotation verbunden. Für eine globale Seitneigung links steht der Therapeut auf der rechten Seite des Pferdes und legt einen Finger bzw. das Behandlungsstäbchen auf die linke Seite des Widerrists. Dann stimuliert die linke Hand die linke Kruppenmuskulatur, indem sie mit einem Stäbchen oder mit dem geraden Finger parallel zur Wirbelsäule und etwa eine Handbreit entfernt von kranial nach kaudal auf dieser Muskelgruppe entlangstreift (▶ Abb. 6.35).

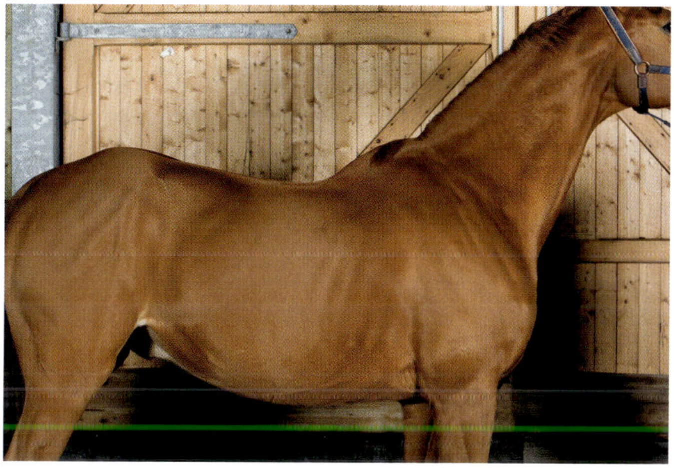

▶ **Abb. 6.34** Pferd mit extendierter BWS. (Foto: Ludwig Sauels)

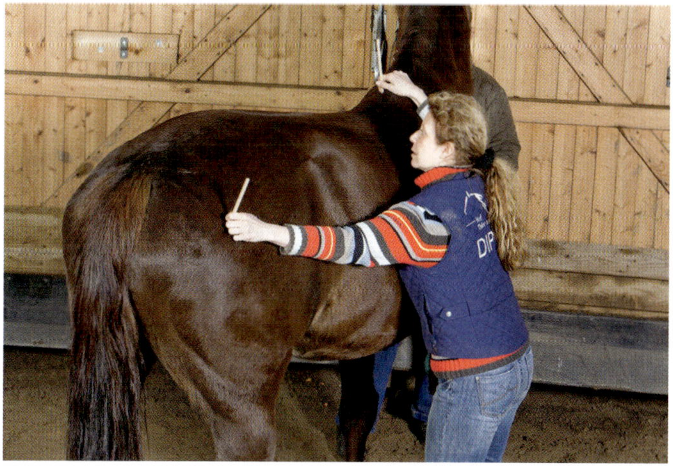

▶ **Abb. 6.35** Globale Lateralflexion nach links. (Foto: Ludwig Sauels)

Technik
Segmentale Tests
Bei den segmentalen Tests gibt es 2 Möglichkeiten:
1. Mit der rechten Hand wird der zu untersuchende Dornfortsatz umfasst, während die linke Hand am Halfter den Kopf zur Seite neigt. Bei einer Seitneigung links muss der entsprechende Dornfortsatz nach rechts ausweichen.
2. Alternativ werden Daumen und Zeigefinger beider Hände um den zu untersuchenden Wirbel gelegt und der Rumpf des Pferdes mit dem Körper bewegt. Bewegt sich der Dornfortsatz nicht nach rechts, liegt eine Blockierung vor.

6.12.4 Lendenwirbelsäule

Prinzipiell sind bei den Lendenwirbeln die gleichen Bewegungen wie bei den anderen Wirbeln möglich. Doch muss hier zwischen dem kranialen (L 1–L 4) und dem kaudalen (L 4–S 1) Abschnitt unterschieden werden. Die Wirbelgelenke der kranialen Wirbel besitzen Gelenkflächen, die eher vertikal ausgerichtet sind und leicht nach lateral verlaufen. Dadurch ist in diesem Bereich eine deutlichere Rotation der Wirbel möglich. Durch die erleichterte Rotation können die Querfortsätze leichter aneinander vorbeigleiten, sodass auch eine „ausgeprägtere" Lateroflexion ermöglicht wird. Die LWS ist in diesem Bereich entsprechend wenig stabil.

Dagegen machen gelenkige Verbindungen zwischen den Querfortsätzen der kaudalen Lendenwirbel eine Seitneigung fast unmöglich, sodass diese kaum zur Längsbiegung beiträgt.

Zwischen L 6 und dem 1. Kreuzbeinwirbel (S 1) befindet sich jedoch eine sehr breite Zwischenwirbelscheibe, die zum besonders starken Beugen und Strecken dieses Gelenks beiträgt. Die Verbindung zwischen L 6 und S 1 ist dementsprechend essenziell für die Schubübertragung aus der Hinterhand auf die Wirbelsäule und mitverantwortlich beim Unterschieben der Hinterhand.

Untersuchung der Lendenwirbelsäule

Die Tests für die LWS werden entsprechend denen der BWS durchgeführt.

Technik
Flexion
Für den Test der globalen Flexion kann sich der Therapeut hinter oder seitlich neben das Pferd stellen und beidseitig die Kruppenmuskulatur stimulieren. Mit den beiden Holzstäbchen streicht er gefühlvoll rechts und links der Mitte über die Kruppenmuskulatur langsam nach kaudal, bis das Pferd die LWS aufwölbt (► **Abb. 6.36**).

Technik
Extension
Für die Extension stimuliert die rechte Hand paravertebral mit leichtem Druck die Rückenmuskulatur von kranial nach kaudal. Dabei liegt der Daumen auf der linken Seite der Wirbel und die Finger auf der rechten Seite. Alternativ kann die Rückenmuskulatur auch mithilfe von Stäbchen vorsichtig stimuliert werden. Die linke Hand liegt auf den Processus spinosi der Wirbel, die bei diesem Test konvergieren sollten. Die Erfahrung zeigt, dass die Pferde an den Läsionsstellen augenblicklich mit deutlicher Hyperextension reagieren.

Technik
Lateroflexion
Für diesen Test steht der Therapeut seitlich vom Pferd und stimuliert gleichzeitig auf der gegenüberliegenden Seite mit der linken Hand die Muskulatur direkt kaudal der letzten Rippe und mit der rechten Hand die gleichseitige Kruppenmuskulatur.
Für die **selektive Lateroflexion** gibt es **2 Möglichkeiten:**
1. Der Therapeut kann mit der linken Hand den zu testenden Dornfortsatz palpieren, indem er ihn zwischen Daumen, Zeige- und Mittelfinger fasst und durch einen kaudolateralen Zug am Schweif eine Seitneigung auslöst. Dabei ist darauf zu achten, dass die Schweifrübe nicht einfach zur Seite gezogen wird, sondern der Schweif bis auf Höhe des Kniegelenks senkrecht nach unten verläuft und erst oberhalb des Sprunggelenks zur Seite gezogen wird.

▼

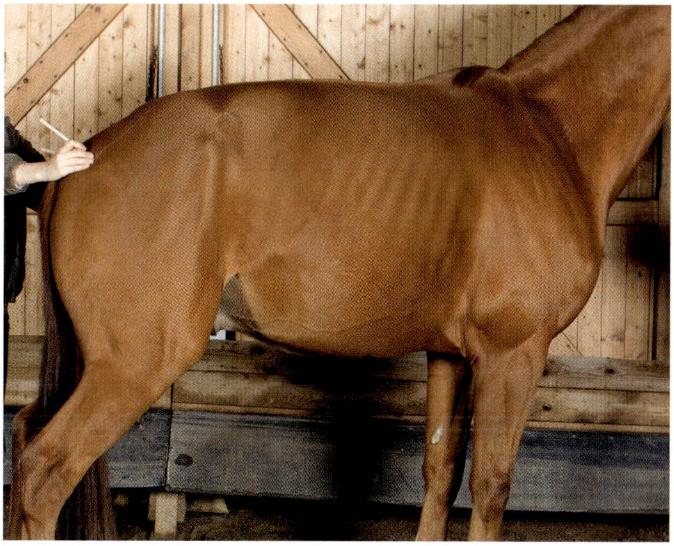

▶ **Abb. 6.36** Test der globalen Flexion: Das Aufwölben der LWS mithilfe von Stäbchen. (Foto: Ludwig Sauels)

▼

2. Alternativ kann sich der Therapeut dicht an den Körper des Pferdes stellen und mit beiden Händen den zu testenden Dornfortsatz palpieren. Die Seitneigung wird dabei durch den Druck des Körpers gegen den Pferdeleib erzeugt. Bei der Lateralflexion müssen sich die Dornfortsätze zur kontralateralen Seite bewegen.

Im Unterschied zur BWS wird die LWS jedoch nicht über eine Stimulation der Bauchmuskulatur in Flexion gebracht. Die Stimulation der Kruppenmuskulatur erfolgt vielmehr mit einem Stäbchen oder mit dem geraden Finger, der bzw. das parallel zur Wirbelsäule und etwa eine Handbreit entfernt von kranial nach kaudal gestreift wird. Für die Lateroflexion wird entsprechend nicht der Kopf-Hals-Bereich, sondern der Schweif zur Unterstützung herangezogen.

6.13 Rippen und Zwerchfell

Die BWS, die Rippen und das Sternum bilden eine funktionelle Einheit, die während der Atmung extrem gefordert wird. Blockierungen in diesem Bereich zeigen sich daher insbesondere in einer eingeschränkten Atembewegung, während es sich reiterlich in verminderter Biegungsfähigkeit äußern wird.

Die Rippen sind über 3 Gelenke mit den Brustwirbeln verbunden – 2 Gelenkflächen am Rippenköpfchen, die ventral am kranialen bzw. kaudalen Brustwirbelkörper ansetzen, und eine Gelenkfläche am Rippenhöcker. Die Lage der 3 Gelenkflächen zueinander bestimmt die Bewegungsachse der Rippe zur BWS. Sie verläuft als Gerade durch die Drehzentren der 3 Gelenke. Bei den kranialen Rippen liegt die Gelenkfläche des Rippenhöckers dorsal der anderen beiden Gelenkflächen, sodass eine vertikale Bewegungsachse entsteht. Je weiter kaudal die Rippen liegen, umso mehr verlagert sich diese Gelenkfläche nach kranial, sodass bei den letzten Rippen eine horizontale Bewegungsachse vorliegt.

Dadurch bewegen sich die kranialen Rippen bei der Rippenhebung während des Einatmens vermehrt nach kranial und vergrößern den sagittalen Durchmesser des Thorax. Dagegen werden die kaudalen Rippen während des Einatmens vor allem nach lateral angehoben, sodass sich der transversale Durchmesser vergrößert. Das Brustbein bewegt sich beim Einatmen nach ventral und kranial. Die Rippenknorpel erfahren durch das Einatmen eine Torsion, die dazu beiträgt, dass sich der Brustkorb beim Ausatmen passiv wieder zusammenzieht.

6.13.1 Untersuchung der Rippen

Technik

Test der 1. Rippe

Der Osteotherapeut steht rechts vom Pferd, in Höhe des Schultergelenks. Die rechte Hand palpiert das Gewebe in Höhe der 1. Rippe. Dazu muss er sich mit der Hand zwischen dem Schulterblatt und dem Sternum **vorsichtig in Richtung kaudal** in die Tiefe vorarbeiten. Zur Entspannung der Muskulatur in diesem Bereich kann zusätzlich die gleichseitige Vordergliedmaße angehoben und das Schultergelenk in Richtung Schließung gebracht werden. Mögliche zu fühlende Bewegungen sind die Kranial- und Kaudalbewegung der 1. Rippe beim Ein- und Ausatmen (▶ **Abb. 6.37**).

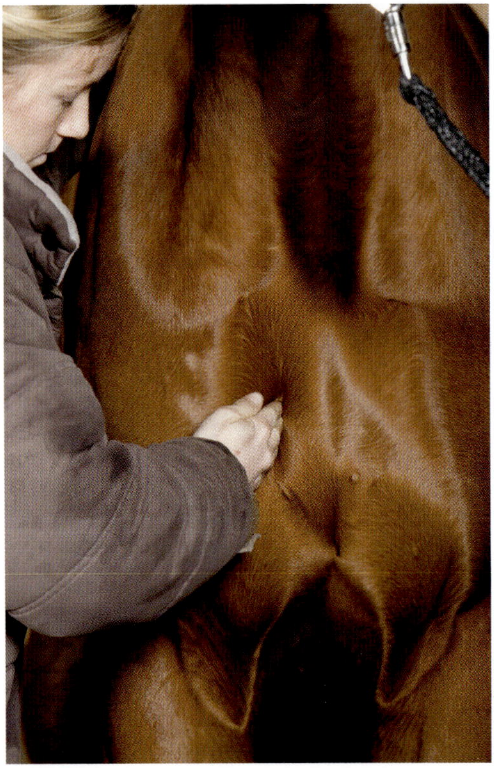

▶ **Abb. 6.37** Untersuchung der 1. Rippe (in diesem Fall ohne angehobenes Vorderbein). Die Finger der palpierenden Hand werden tief, aber gefühlvoll in Richtung 1. Rippe gedrückt. (Foto: Ludwig Sauels)

Technik

Test der 2.–18. Rippe

Für die globale Untersuchung wird zunächst die palpierende Hand in Höhe der 6.–7., der 12.–13. und der 17.–18. Rippe aufgelegt und über einige Atemzüge dort belassen. Bei einem Seitenvergleich lassen sich hierbei oft schon Unterschiede im Anheben des Brustkorbs feststellen. Danach wird jede einzelne Rippe etwa auf mittlerer Höhe über den Rippenknorpeln palpiert. Sie müssen sich beim Einatmen gegen die Hand drücken. Dabei ist darauf zu achten, dass sich die vorderen Rippen vermehrt nach kranial und die hinteren vermehrt nach lateral bewegen.
Zusätzlich kann bei diesem Test der Hals bzw. der Schweif zur homolateralen Seite gezogen werden, um die Bewegung der Rippen während der Lateralflexion zu beurteilen. Dies ist gleichzeitig eine Mobilisation.

6.13.2 Untersuchung des Zwerchfells

Technik

Tonus des Zwerchfells

Zur direkten Wahrnehmung der Zwerchfellbewegung wird der Tonus erfühlt. Dazu legt der Untersucher eine Hand auf das kaudale Ende des Brustbeins (Processus xiphoideus) und die andere dorsal auf die Haut über den Dornfortsätzen von Th 18–L 2. Beim Einatmen und Ausatmen wird die Spannung beurteilt, die sich zwischen den beiden Händen aufbaut (▶ **Abb. 6.38**).

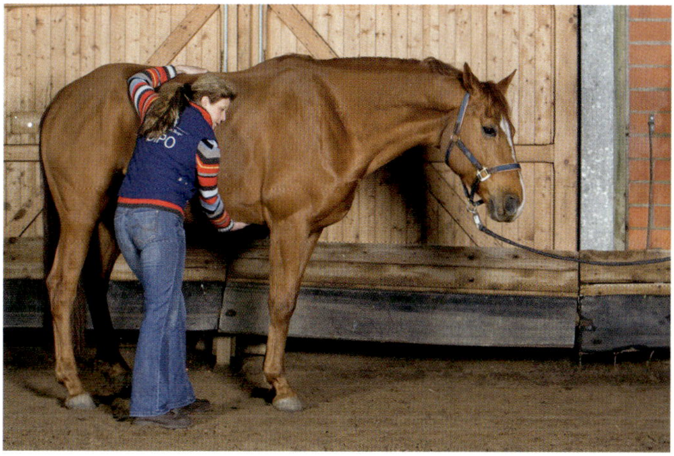

▶ **Abb. 6.38** Lage der Hände beim Tonustest des Zwerchfells. (Foto: Ludwig Sauels)

Technik

Tonus des M. iliopsoas

Aufgrund der kombinierten Insertion von Zwerchfell und M. iliopsoas ist auch der Tonus dieses Muskels zu testen. Dazu wird die Hinterextremität aufgenommen und nach kaudomedial geführt (▶ **Abb. 6.39**). Diese Bewegung sollte ohne Widerstand und Ausweichbewegung des Rückens leicht durchzuführen sein. Bei Verkürzung des M. iliopsoas kann das Pferd auch versuchen, sich durch das Wegdrücken des Rückens dieser Bewegung zu entziehen. Gleichzeitig deutet es auch auf eine Verspannung der gleichseitigen Zwerchfellpfeiler hin.

Zusätzlich sind zu beachten:

- Atembewegungen der 17. und 18. Rippe
- Beweglichkeit der Segmente Th 18–L 3
- Beweglichkeit der 1. Rippe
- Beweglichkeit der Segmente C 5–C 7 (N. phrenicus)

▶ **Abb. 6.39** Untersuchung des Tonus des M. iliopsoas. (Foto: Ludwig Sauels)

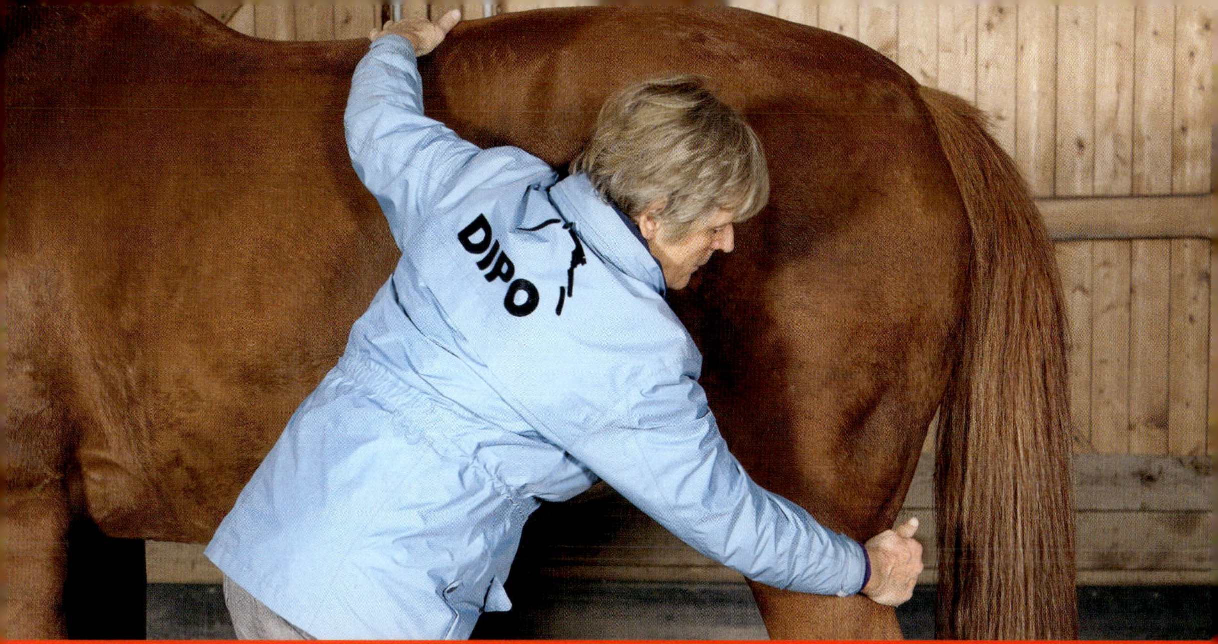

Teil 3 Therapie und Belastungssituationen

7 Die osteopathische Therapie

7.1 Einführung

Wie im Vorwort dargestellt, werden in diesem Buch keine spezifischen osteopathischen Techniken beschrieben. Zum Grundverständnis der osteopathischen Behandlung gehört aber das Wissen um den logischen Aufbau.

Zu Beginn wurde beschrieben, dass sich die osteopathischen Behandlungen beim Menschen auf den parietalen (Wirbelsäule und Extremitäten), auf den viszeralen (innere Organe) und auf den kraniosakralen Bereich (Hirnhautverbindungen vom Kopf bis zum Kreuzbein) erstrecken.

Beim Pferd kann direkt nur parietal und kraniosakral behandelt werden, weil die Organe durch ihr Gewicht und die Dicke der Bauchdecke osteopathisch nicht zu palpieren und separat zu behandeln sind.

Zwei Techniken aus der kraniosakralen Therapie sollen hier aber doch dargestellt werden, weil sie im Anschluss an die osteopathische Behandlung zusätzlich eine gute Entspannung beim Pferd bewirken und vom Besitzer leicht durchgeführt werden können. Das Stuttgarter Institut für Kommunikations- und Gehirnforschung hat die Wirksamkeit dieser Techniken über Gehirnstrommessungen beim Pferd nachgewiesen.

7.2 Kraniosakrale Therapie

Über die kraniosakrale Therapie kann nur ein kurzer Eindruck vermittelt werden, da es ohne direkte Anleitung schwer ist, sich in diese Behandlungsmethode hineinzuversetzen. Dies ist zum einen dadurch bedingt, dass wesentlich feinere Bewegungsabläufe als bei den Gelenktechniken zu erfühlen sind. Zum anderen sind die Zusammenhänge zwischen den Bewegungen, die unter den Händen zu fühlen sind, noch nicht vollständig erforscht. Daher ist es nicht einfach, sich ein inneres Gesamtbild über die Bewegungsabläufe zu machen.

Merke

Das kraniosakrale System setzt sich aus den einzelnen Schädelknochen, dem Sakrum, der Dura mater, die im Bereich des Schädels und 1. Halswirbels sowie des Sakrums am Knochen fixiert ist, und dem Liquor cerebrospinalis zusammen.

Es wird davon ausgegangen, dass die bei dieser Therapieform zu fühlenden wellenförmigen Bewegungen durch eine sinusförmige Liquorproduktion erzeugt werden, die über die Dura mater an die Schädel- und Kreuzbeinknochen und den Rest des Körpers weitergeleitet werden. Die gleichmäßigen Bewegungen werden auch als **primärer Atemmechanismus** (PAM) bezeichnet, der als dritter autonomer Bewegungsmechanismus neben Herzschlag und Atemfrequenz im Körper existiert. Die Existenz und Palpierbarkeit dieser Bewegung am Schädel wurde oft angezweifelt, da die Schädelnähte angeblich im Alter vollständig verknöchern. Doch existieren wissenschaftliche Hinweise, dass auch in den Schädelnähten älterer Menschen kollagene Fasern vorkommen und eine minimale Bewegung der Schädelknochen zueinander existiert. Exakte Daten dazu fehlen beim Pferd jedoch noch.

Um eine Vorstellung von der Therapieform und deren Wirkung zu bekommen, sollen hier 2 technisch einfachere Methoden beschrieben werden, bei denen sich die Pferde sehr gut entspannen.

Technik
Der Schweifzug

Für diese Technik stellt sich der Therapeut hinter das Pferd. Er umfasst den Schweif und übt über diesen einen Zug auf die Dura mater aus.

Der Zug am Schweif muss langsam aufgebaut werden und sich den zu fühlenden Bewegungstendenzen des Pferdes anpassen. Wird dieser Zug eine Weile aufrechterhalten, entspannen sich die Pferde, was am Absenken des Kopfes und Halses äußerlich sichtbar wird (► **Abb. 7.1**). Mit dem Schweifzug, der über das Sakrum bis zum Okziput wirkt, erreicht man eine „Dehnung" der Hirnhäute.

Cave

Bei dieser Übung darf auf keinen Fall am Schweif gerissen werden. Auch mechanische Hilfsmittel zum Ziehen des Schweifes sind absolut kontraindiziert.

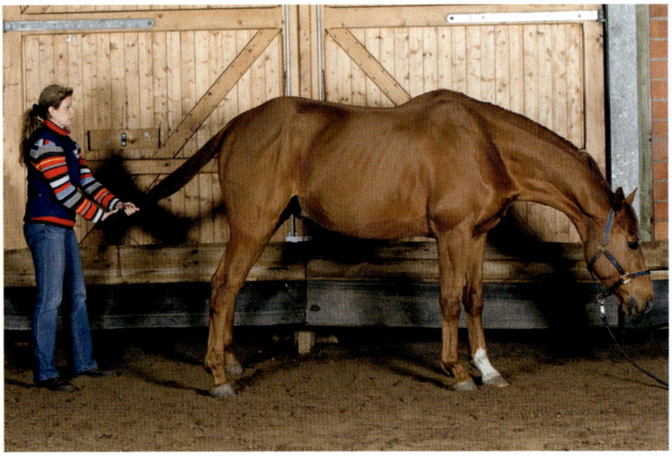

► **Abb. 7.1** Kraniosakrale Therapie: Der Schweifzug. (Foto: Ludwig Sauels)

Technik

Der Ohrenzug

Diese Technik wird auch „temporaler Lift“ bzw. „Ear pull“ genannt. Hierfür kann sich der Osteotherapeut seitlich neben den Kopf des Pferdes, mit Blickrichtung nach vorne, oder frontal vor das Pferd stellen und den Schädel des Pferdes auf seiner Schulter ruhen lassen. Dann umfasst er vorsichtig und ganz locker mit beiden Händen jeweils ein Ohr des Pferdes und übt einen sanften Zug aus (▸ **Abb. 7.2**). Dieser kann nach dorsolateral führen, wobei stets äußerst sensibel der Richtung der Gewebespannung zu folgen ist.

Ein äußeres Zeichen für die innere Entspannung des Pferdes ist das Absenken des Kopfes und Kauen oder Gähnen.

▸ **Abb. 7.2** Kraniosakrale Therapie: Der Ohrenzug („Ear pull“). (Foto: Ludwig Sauels)

8 Faszien- und Mobilisierungstechniken – Nachbehandlung durch den Reiter

8.1 Einführung

Es ist ein Trugschluss zu glauben, dass mit der einmaligen Anwendung gezielter Handgrifftechniken alle Bewegungsprobleme gelöst seien.

Merke

Ohne grundlegende osteotherapeutische Untersuchung und Behandlung, die zeitlich immer einen Rahmen von 1–1,5 Stunden einnehmen wird, sowie Sattelkontrolle und Reiteranalyse, ist kein dauerhafter Erfolg möglich.

Bis auf wenige Ausnahmen, z. B. bei einer akuten Blockierung in der LWS, die durch Festliegen in der Box zustande kommen kann, oder einer akuten Blockierung im okzipitoatlantoaxialen (OAA) Bereich, die bspw. durch Losreißen bei Anbindung erfolgen kann, wird immer eine Weiterbehandlung durch den Pferdehalter oder weitergebildete Personen wie Pferdephysiotherapeuten erfolgen müssen, um dauerhafte gesundheitliche Stabilität wiederzuerlangen.

Wie auch bei jedem Leistungssportler, der durch Muskel-, Sehnen- oder Bänderprobleme längere Wettkampfausfälle in Kauf nehmen muss, müssen sich Reiter und Pferdebesitzer daran gewöhnen, dass ein Pferd mit derartigen Problemen längere Nachbehandlungs- und Rekonvaleszenzzeiten benötigt, ggf. eine ganze Saison. Dies bedeutet aber keinesfalls, dass das Pferd in der Box stehen bleiben soll oder darf. Ganz im Gegenteil: Intensive Rehabilitation heißt intensive Betreuung und diese dauert mindestens so lange wie das tägliche Reiten (mit Vor- und Nachbereitung).

Die folgenden Handgrifftechniken können nach Anleitung durch den Pferdeosteo- oder -physiotherapeuten auch vom Reiter, Besitzer oder Pfleger ausgeführt werden. Ist das Pferd schließlich von seinen Schmerzen und Bewegungseinschränkungen befreit, wird es auch wieder motiviert sein, seine Arbeit zu leisten.

8.2 Mobilisierung der Muskulatur

Technik

M. brachiocephalicus

Häufig ist der M. brachiocephalicus verspannt. Er ist der stärkste Vorführer der Vordergliedmaße. Bei Problemen der HWS, fehlerhaftem Hufbeschlag (vor allen Dingen bei zu langen Zehen), aber auch bei unnachgiebiger bzw. fester Hand des Reiters ist er eigentlich immer beteiligt.

Zur Mobilisierung des Muskels fährt man mit der Hand an der Drosselrinne entlang und umgreift unmittelbar vor dem Ansatz des Muskels am Humerus den Muskelbauch und zieht ihn langsam dehnend nach lateral (▶ **Abb. 8.1**). Dies hat so gefühlvoll zu erfolgen, dass das Pferd den Hals dabei wölbt und nicht wie in ▶ **Abb. 8.2** nach dem Ausführenden schnappt.

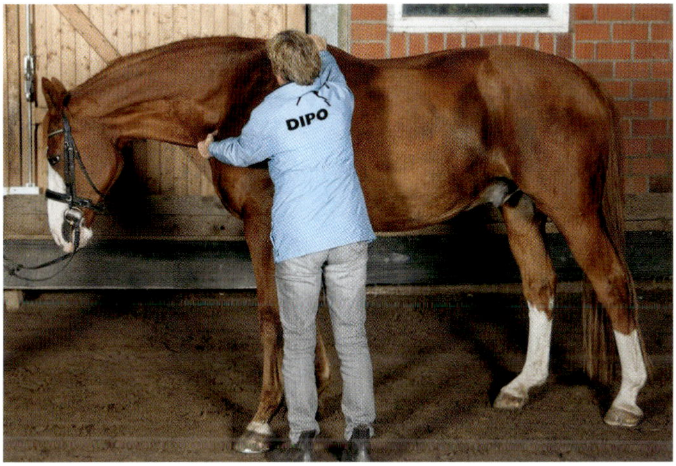

▶ **Abb. 8.1** Mobilisierung des M. brachiocephalicus. (Foto: Ludwig Sauels)

▶ **Abb. 8.2** Zu fester Griff in den M. brachiocephalicus. Das Pferd schnappt nach der ausführenden Person. (Foto: Ludwig Sauels)

Technik

M. pectoralis

Eine andere dehnende und massierende Muskeltechnik ist die Mobilisation des M. pectoralis. Man greift vorsichtig seitlich vom Brustbein im Bereich der Gurtlage die Muskelfasern des Brustmuskels, schließt vermehrt die Hand und bewegt sie vorsichtig in alle Richtungen. Wenn das Pferd die Sattellage aufwölbt und den Hals dehnt, ist das die gewünschte Antwort auf den Behandlungsimpuls (▶ Abb. 8.3).

Cave

Viele Pferde reagieren sehr empfindlich auf diesen Griff. Häufig kann man zunächst nur sehr feinfühlig die Haut über dem Brustbein abheben und über die langsam intensiver werdende Dehnung auch die tiefer gelegenen Strukturen erreichen.

Pferde, die z. B. unter Gurt- oder Satteldruck leiden oder mit weggedrücktem Rücken geritten werden, können so überempfindlich reagieren, dass sie anstatt den Rücken aufzuwölben, ihn vermehrt wegdrücken, die Ohren anlegen, mit den Hinterbeinen schlagen und alle Anzeichen der Abwehr zeigen. Dem Reiter ist oftmals gar nicht bewusst, was das Pferd mit diesen Reaktionen ausdrückt. Aus therapeutischer Verantwortung muss ihm dann klar gemacht werden, dass das Pferd so lange nicht geritten werden darf, bis es komplikationslos in der Lage ist, den Rücken aufzuwölben. Erst dann sollte wieder ein Sattel aufgelegt und begonnen werden, das Pferd zu longieren. Erst im letzten Aufbauschritt sollte der Reiter aufsitzen. Rühren die Probleme in dieser Region von einem nicht passenden Sattel her, darf der Reiter erst dann wieder aufsitzen, wenn dieser Baustein des Equipments funktionsgerecht angepasst wurde.

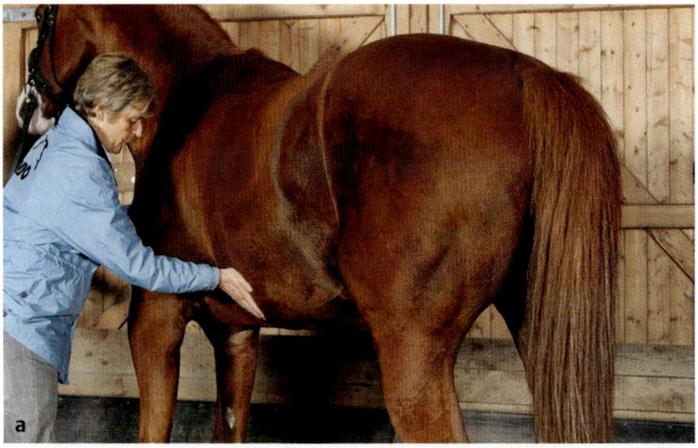

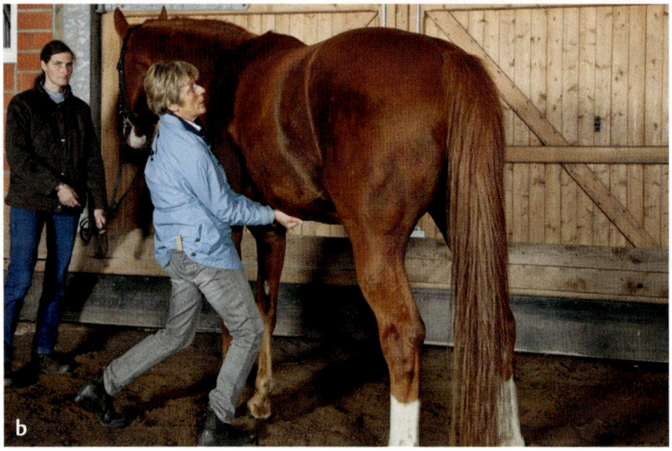

▶ **Abb. 8.3**

a Bei sehr empfindlichen Pferden muss in dieser Region zunächst mit weichen, kreisenden Massagegriffen begonnen werden. (Foto: Ludwig Sauels)

b Greift man mit den Händen in die Gurtregion, beginnt das Pferd, die Sattellage (BWS) aufzuwölben. (Foto: Ludwig Sauels)

Technik

Hals-, Brust- und Schulterregion

Jeder verkrampfte Muskel verliert seine Schwingungsfähigkeit und die ihn umhüllende Faszie verklebt regelrecht. Sehr effektiv können hier Hautabhebetechniken (Faszientechniken) eingesetzt werden, bei denen die Intensität immer von der Reaktion des Pferdes bestimmt wird (► Abb. 8.4). Diese Techniken können von der Vordergliedmaße über die gesamte Schulterblatt-, Brust- und Halsregion angewandt werden. Sie kommen sehr oft zur Anwendung, weil viele Pferde hier Überlastungssyndrome zeigen.

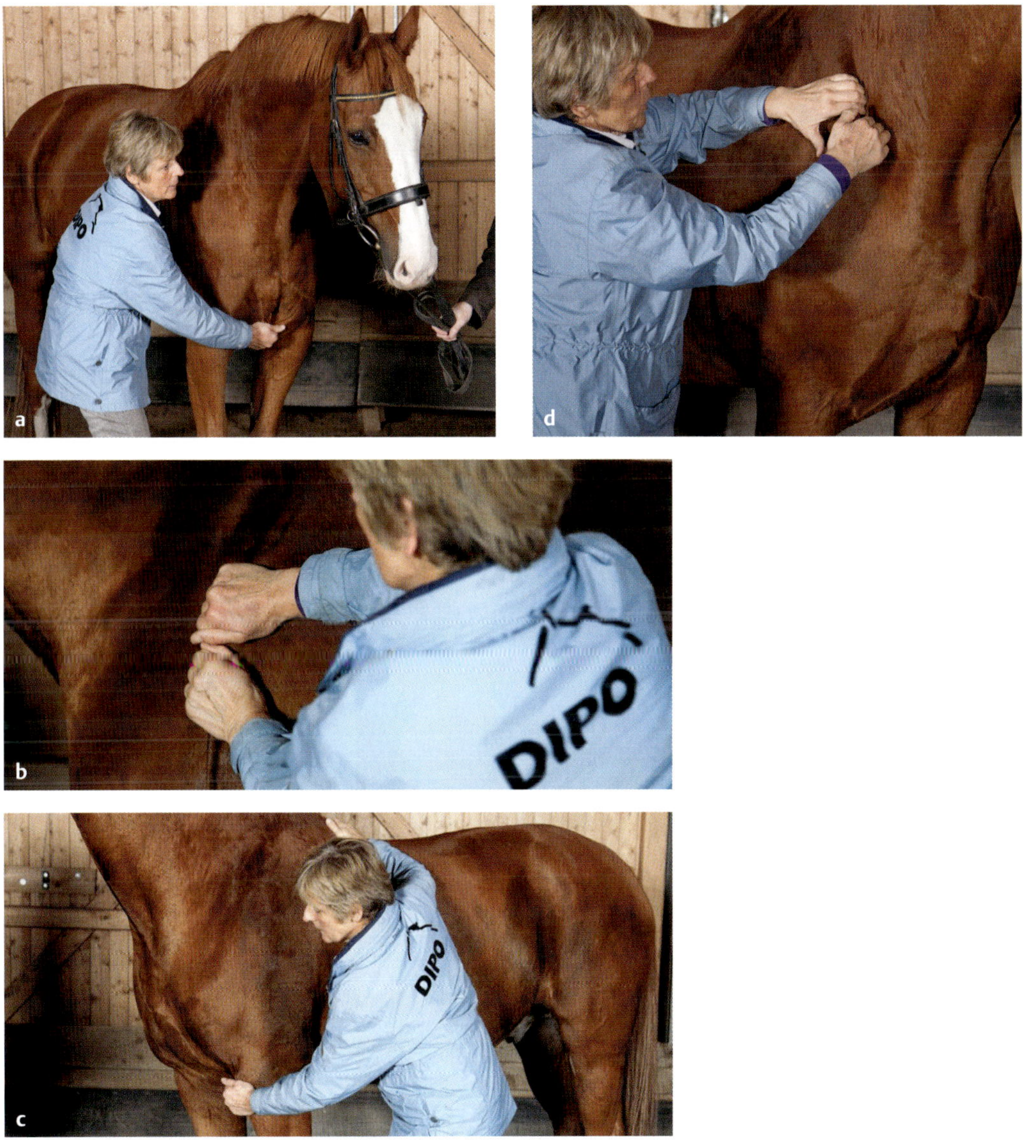

► **Abb. 8.4** (Fotos: Ludwig Sauels)

a Sternokostale Faszienmobilisation.

b Intensivierung der Gewebemobilisation durch vorsichtiges Schließen der Hände und Bewegen in alle Richtungen.

c Abheben und Mobilisieren der Faszien am Unterarm des Pferdes.

d Oberhalb des Schultergelenks dringt man gefühlvoll so tief wie möglich in das Gewebe hinter der Skapula ein, indem man mit den Fingern beider Hände um den Skapularand greift und den Griff so weit wie möglich nach dorsal fortführt.

Technik
Skapulabewegende Muskulatur

Da viele Pferde fälschlicherweise so geritten werden, dass sie ihr Gewicht vermehrt auf die Vorderhand verlagern, verspannt sich neben der Brustmuskulatur auch die Schultermuskulatur. Zur Mobilisierung der skapulabewegenden Muskulatur umgreift man die Fessel des Vorderbeins und zieht es vorsichtig nach hinten, bis der Vorderhuf in etwa den Hinterhuf erreicht (► **Abb. 8.5**). Gegebenenfalls ist diese Aktion mehrfach zu wiederholen, da das Pferd nur „schrittweise" nachgibt. Diese Übung ist viel effizienter als das Nach-vorne-Herausziehen des Vorderbeins, bei dem die Pferde dazu neigen, verstärkt in die Lordose zu gehen, den Rücken also wegdrücken.
Zur Mobilisierung der Strukturen, die an der Medialseite der Skapula verlaufen, greift man seitlich und oberhalb vom Schultergelenk mit den Fingern beider Hände um den kranialen Skapularand und dringt vorsichtig, aber so tief wie möglich in das Gewebe ein. Dabei beobachtet man stets die Reaktionenen des Pferdes. Es sollte den Hals dehnen und senken. Hebt es stattdessen den Kopf an und drückt den Unterhals heraus, fühlt man als Therapeut augenblicklich die Spannung an den Händen, die Finger werden regelrecht aus dem Gewebe herausgedrückt. Sensibel sollte man versuchen, am Skapularand so weit wie möglich dorsal und medial gehend, die Technik zu wiederholen.

Technik
Gluteal- und ischiocrurale Muskulatur

Ist es einem Pferd nicht möglich, mit der Hinterhand unter den Schwerpunkt des Körpers zu treten, oder verschiebt das Pferd sein Gewicht zu sehr auf die Vorhand, neigen die Glutealmuskulatur und die ischiocrurale Muskulatur zu Verkrampfungen. Manuell sind diese Verspannungen nach Anleitung durch den Pferdeosteo-/physiotherapeuten auch für den Laien sehr gut aufzuspüren und mit den entsprechenden Friktionen zu lockern.
Als sehr effektiv gilt hierbei auch die **Stresspunktmassage nach Jack Meagher.** Sie wird in dem gleichnamigen Buch von Claus Teslau ausführlich dargestellt. Die insgesamt 25 Punkte haben eine erstaunlich detonisierende Wirkung. Der Stresspunkt **SP 15** liegt am Übergang vom M. longissimus dorsi zum M. glutaeus superficialis (► **Abb. 8.6**) und erweist sich neben anderen als sehr wirkungsvoll für das Heimprogramm.

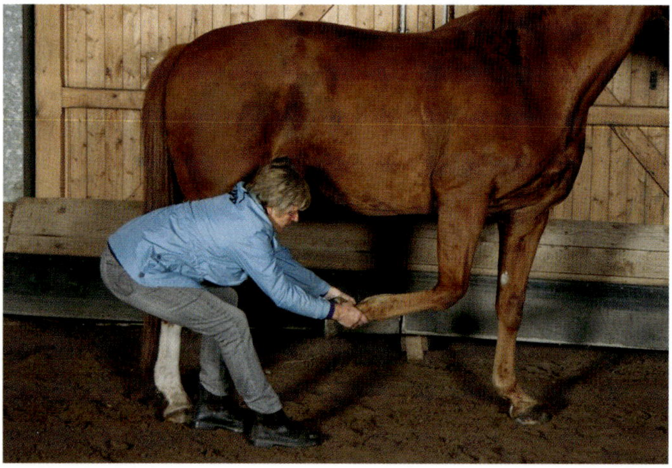

► **Abb. 8.5** Mobilisierung der Skapula nach kranial. (Foto: Ludwig Sauels)

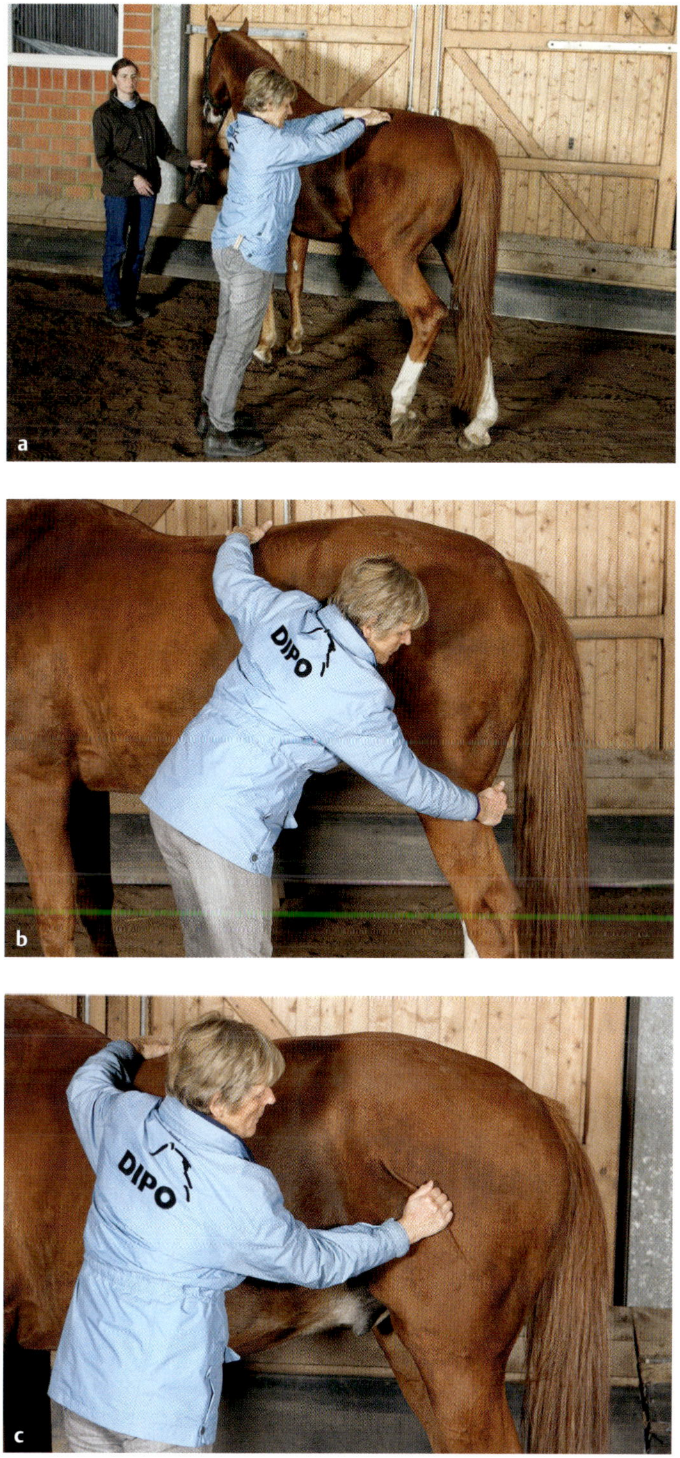

▶ **Abb. 8.6**

a Behandlung des Stresspunkts SP 15 nach Jack Meagher. (Foto: Ludwig Sauels)

b Beide Hände sollten am Pferd liegen, um so frühzeitig etwaige Reaktionen wahrnehmen zu können. Pferde mit verspannten Muskeln neigen dazu, nach hinten herauszuschlagen, deshalb sollte der Behandler immer so weit wie möglich vorne am Pferd stehen. (Foto: Ludwig Sauels)

c Zunächst greift man gefühlvoll mit einer Hand in den Hüftbereich, im zweiten Schritt mobilisiert man das Gewebe mit beiden Händen. (Foto: Ludwig Sauels)

Technik
Lange Sitzbeinmuskeln
Sehr dankbar und geradezu genussvoll reagieren Pferde auf die Deep friction der ischiocruralen Muskulatur rechts und links neben der Schweifrübe. Häufig entlasten sie dabei das Hinterbein, schauen sich von vorne interessiert um oder stemmen sich mit aufgewölbtem Rücken gegen die Therapeutenhand und biegen sich in der Längsachse, wie man es sich als Reiter nicht schöner wünschen kann.
Bei der Mobilisation der langen Sitzbeinmuskeln kann es zu unterschiedlichen Reaktionen kommen. Sind die Muskeln sehr verspannt, neigen die Pferde dazu, das Bein nach hinten wegzuschlagen (► **Abb. 8.6b**). Sind sie lockerer geworden, beugen sie das Bein an und der Therapeut kann die umgriffenen Muskeln locker hin- und herbewegen.
Auch die Dehnung der langen Sitzbeinmuskeln ist eine hilfreiche Maßnahme als Eigenbehandlungsprogramm für zu Hause. Pferde, die nicht genug unter den Schwerpunkt treten, sind in dieser Muskelgruppe häufig verspannt und verkürzt. Man umgreift gefühlvoll die Fessel des Pferdes und dehnt vorsichtig in dem Maße das Hinterbein nach vorne, wie das Pferd muskulär nachgibt. Spürt man Widerstand, verharrt man einen Augenblick an Ort und Stelle oder geht sogar ein Stück in Richtung Ausgangsstellung zurück, um die Dehnung fortzuführen, sobald man merkt, dass das Pferd wieder nachgibt. Die Dehnungsrichtung erfolgt auf den Vorderhuf zu.

Cave
Pferde mit Rückenproblemen haben häufig auch Gleichgewichtsschwierigkeiten. Es ist deshalb darauf zu achen, dass das Bein nicht zu weit vom Boden hochgehoben wird, sondern dass sich der Therapeut in seiner Behandlungsposition dem Pferd anpasst.

Technik
Hintergliedmaße
Gefühlvolle Faszienabhebungen über dem Hüftgelenk sind oftmals hilfreiche Techniken zur Mobilisierung der Hintergliedmaße. Die Gewebespannungen können sehr unterschiedlich sein und beim Pferd entsprechend Schmerz oder Wohlgefühl auslösen. Deshalb greift man zunächst vorsichtig, von vorne kommend, mit einer Hand in das Gewebe über dem Hüftgelenk und nimmt dann zur Intensivierung mit beiden Händen die Gewebemobilisation vor, indem man die Haut, die mit der Faszie verbunden ist, seitlich abzieht, strafft und gefühlvoll hin- und herbewegt (► **Abb. 8.6c**).

8.3 Mobilisierung der Gelenke

Technik
Hüftgelenk
Zur Mobilisierung des Hüftgelenks zieht man das Hinterbein der betroffenen Seite unter dem Bauch hindurch zur Gegenseite (► **Abb. 8.7**). Der Zug wird vorsichtig verstärkt, bis das Pferd das Bein eigenständig und reflektorisch in Abduktion, Extension und Innenrotation zieht.

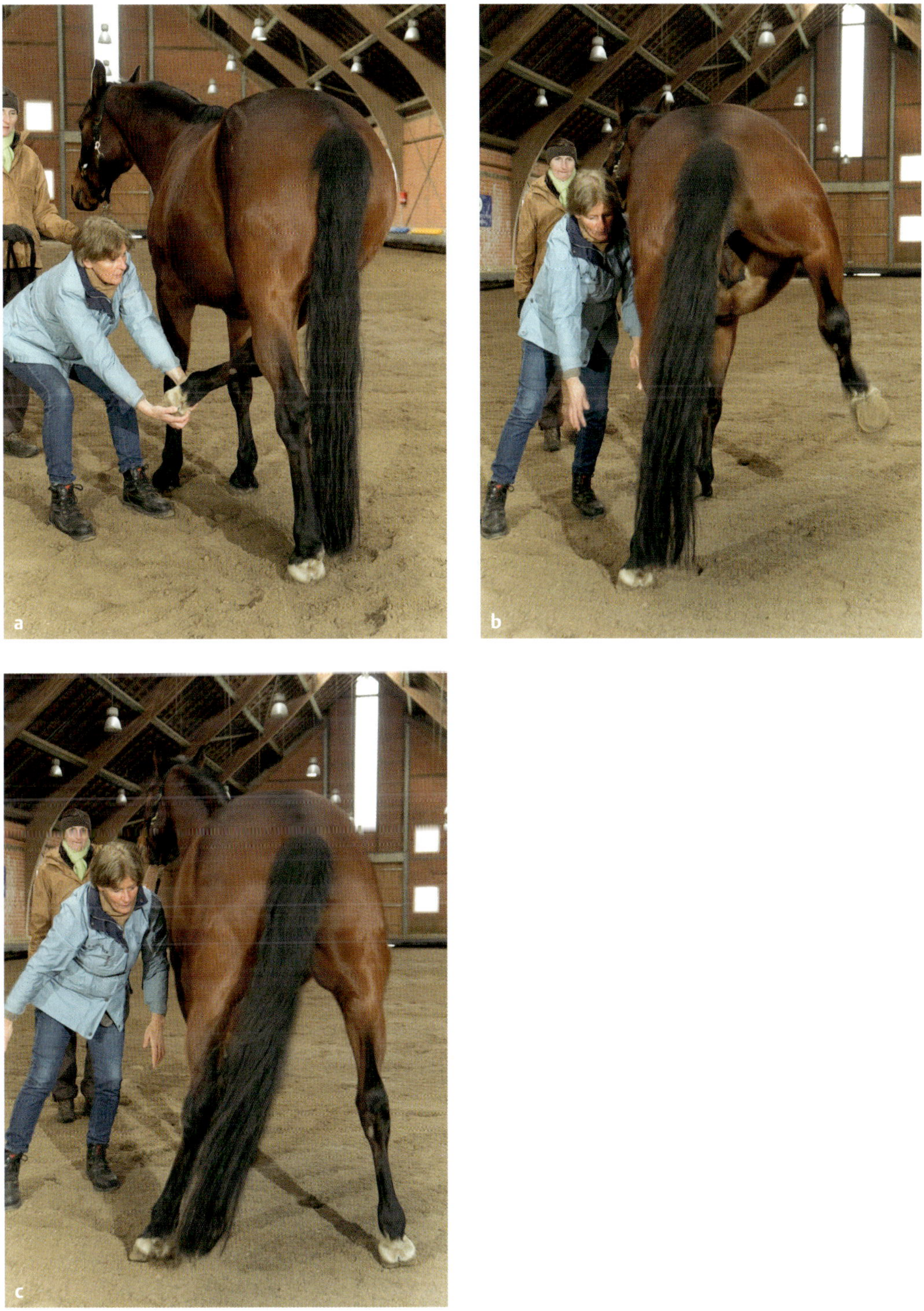

▸ **Abb. 8.7** Mobilisierung des Hüftgelenks. (Fotos: Rainer Weppelmann)

Technik

Lendenwirbelsäule

Als mobilisierende Übung für die LWS wird der Schweif umfasst und einmal so um die Hand geschlungen, dass keine Schweifhaare ausgerissen werden. Der Ausführende zieht gefühlvoll den Schweif in die Richtung des gleichseitigen Vorderhufs. Dadurch kommt es zu einer globalen Mobilisierung der LWS in Seitneigung und Rotation sowie zu einer Dehnungsmobilisierung der lumbalen Muskulatur auf der Gegenseite.

Zur Mobilisierung der LWS in Richtung Kyphose sind 2 Holzstäbchen dienlich, die als verlängerte Finger wirken (▶ **Abb. 8.8**). Jeweils rechts und links von den Proc. spinosi des Sakrums wird vorsichtig ein zunehmender Druck ab den Tubera sacralia in Richtung Schweifrübe ausgeführt. Dabei soll das Pferd die LWS aufwölben.

Cave

Pferde reagieren auf diese Technik unterschiedlich sensibel, deshalb kann die Intensität des Druckes von Pferd zu Pferd sehr unterschiedlich sein.

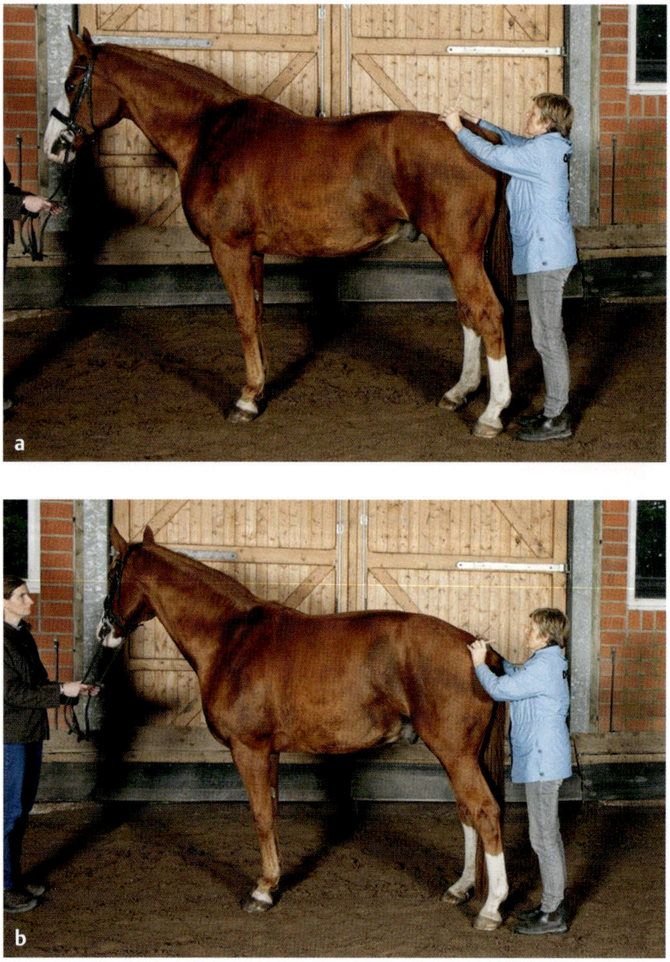

▶ **Abb. 8.8** Mobilisierung der LWS in Flektion mithilfe von Holzstäbchen. (Fotos: Ludwig Sauels)

8.4

Mobilisierung der Kopf-Hals-Region

Besondere Aufmerksamkeit ist dem Genick-, Ganaschen- und Kauapparat zu widmen. Ursachen für Bewegungseinschränkungen in dieser Region sind u. a.:

- fehlerhafte Trensen und Kandaren oder deren falsche, meist zu enge Verschnallung
- unkoordiniert einwirkende Reiterhände
- Reiten in „Rollkur"
- zu enges Ausbinden
- alte Tritt- oder Schlagverletzungen (die schon bei der Aufzucht in der Herde erfolgt sein können)
- fehlende oder fehlerhafte Zahnbehandlungen
- schlechtes Huf- und Sattelmanagement

In jeder Reitlehre ist zu lesen, dass die Bewegungen nur dann über den Rücken gehen, wenn das Pferd locker im Genick ist und zufrieden kaut. Wird die Kautätigkeit durch enges Verschnallen des Sperrhalfters eingeschränkt, ist der neurologische Bezug zur Wirkung auf das Genick und die Kiefergelenke schnell hergestellt. Leider ist den meisten Reitern und Trainern dieser Zusammenhang nicht bekannt. Daher sind Pferdeosteo- und -physiotherapeuten hier besonders aufgerufen, nicht nur zu behandeln, sondern zusätzlich Reiter, Besitzer, Pfleger und Trainer über die Zusammenhänge aufzuklären und sie darin anzuleiten, Gelenke, Muskeln, Ligamente, Faszien und Bindegewebe zu mobilisieren.

Technik

Ganaschen

Die gestreckten Finger (▶ **Abb. 8.9a**) der linken Hand werden mit horizontal abgespreiztem Daumen, der keinerlei Druck ausübt, von der Seite kommend, hinter die Ganasche gelegt. Mit der rechten Hand führt man den Pferdkopf langsam in Seitneigung rechts, bis die gestreckten Finger der linken Hand ganz hinter der Mandibula verschwinden. Bei Pferden, die über eine freie Beweglichkeit des Genicks, der Kiefergelenke und der Kaumuskulatur verfügen, ist dieser Handgriff, rechts- und linksseitig angewendet, kein Problem.

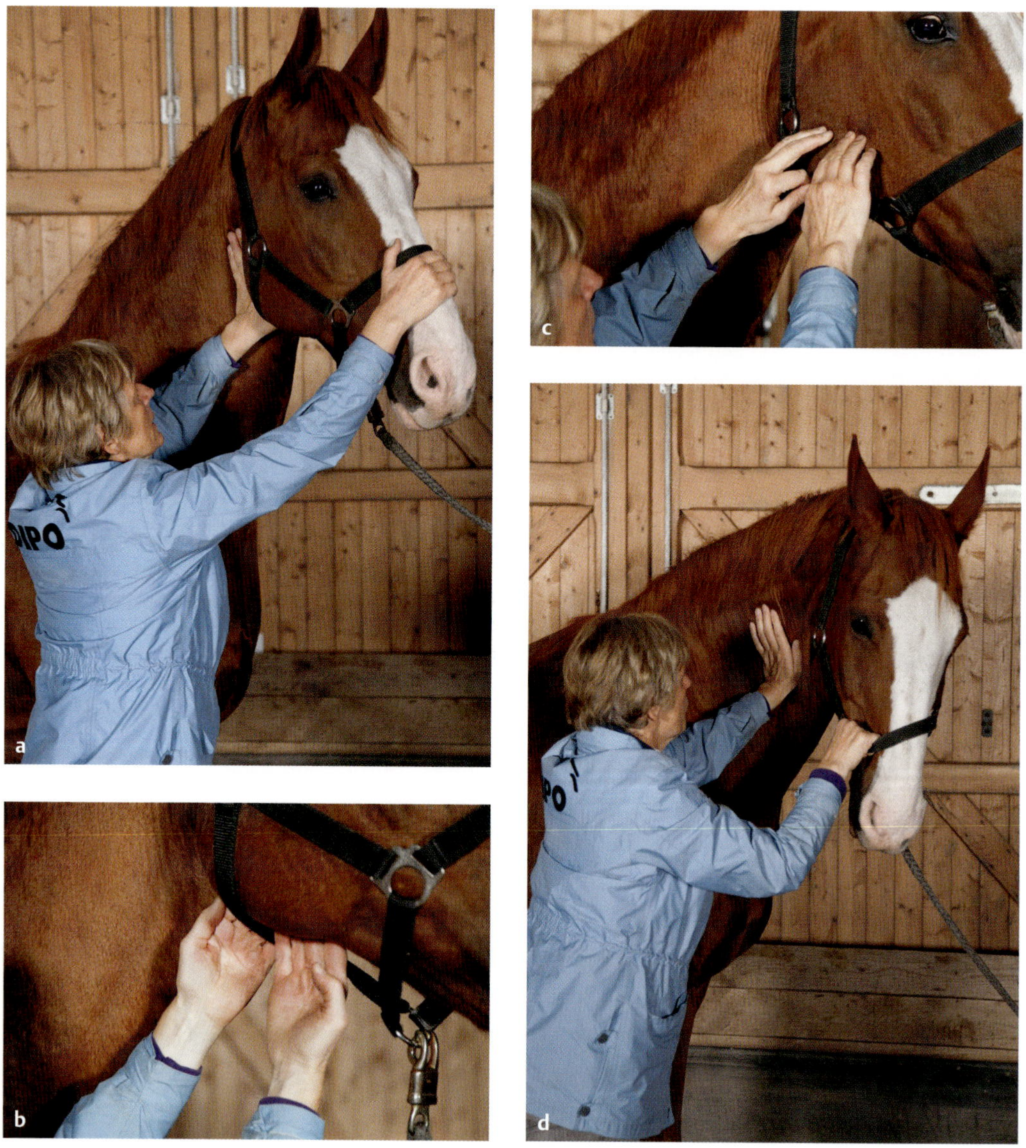

▶ **Abb. 8.9** (Fotos: Ludwig Sauels)

a Mobilisation der Ganaschen. Die Therapeutenhand wird, von lateral kommend, medial hinter die Mandibula geschoben.

b Mit den Fingerkuppen dringt man tief, aber gefühlvoll in das Gewebe medial der Mandibula und lockert die Strukturen durch kreisende Bewegungen.

c Die Fingerkuppen werden auf den M. masseter gelegt und üben dort mit leichtem Druck kreisende Bewegungen aus.

d Mobilisation der Segmente C 3–C 6.

Spürt man aber schon zu Beginn der Seitneigungseinstellung Widerstand und entzieht sich das Pferd durch Hochreißen des Kopfes oder Gegenbewegungen, muss zunächst nochmals die Gelenksituation überprüft werden und anschließend behutsam mit den weichen Handgrifftechniken fortgefahren werden. Es kann sein, dass die Abwehrreaktion des Pferdes nur einseitig besteht, in diesem Fall kann es sich um schmerzhafte Bewegungseinschränkungen auf derselben Seite handeln. Es ist aber auch möglich, dass das Problem kontralateral liegt und dort z. B. die Öffnung des atlantookzipitalen Gelenks nicht möglich ist.

Cave

Grundsätzlich ist vom Pferdeosteo- oder -physiotherapeuten der Grund der Bewegungseinschränkung abzuklären, um dem Reiter, Besitzer oder Pfleger die richtige Nachbehandlungsstrategie zu vermitteln. Eine korrekt ausgeführte pferdeosteo- oder -physiotherapeutische Behandlung muss unbedingt die Untersuchung bzw. Behandlung der Insertionen der Kau- und Kiefermuskeln wie M. sternomandibularis, M. omohyoideus, M. pterygoideus, M. masseter, M. temporalis beinhalten ebenso wie die Mobilisierung des temporomandibulären Gelenks und des Hyoids.

Technik

Kaumuskulatur

Mit den Fingerkuppen fährt man an der Medialseite des Unterkiefers in Richtung Zunge mit kreisenden Bewegungen vom Angulus mandibulae rostral. Mit dieser Technik kann man die weichen, zum Kauapparat gehörenden Strukturen mobilisieren. Häufig verspürt man palpatorische und reaktive Unterschiede zwischen der rechten und linken Seite. Pferde neigen reflektorisch dazu, sich durch das Anheben des Kopfes zu entziehen. Deshalb ist es für Therapeuten wichtig, ihre eigene biomechanisch angelegte Streckung der Wirbelsäule und der Schultergelenke durch Dehnungsmobilisationen zu trainieren (▶ **Abb. 8.9b**).

Technik

M. masseter

Die Massage des M. masseter ist bei Zahn- und Kiefergelenksproblemen unerlässlich. Sie ist einfach auszuführen, indem man mit leichtem Druck die Fingerkuppen der einen oder beider Hände auf den Muskel platziert und mit kreisenden Bewegungen besonders die verspannten Areale massiert (▶ **Abb. 8.9c**).

Technik

Kurze Nackenextensoren

Pferde, die hypersensibel auf Palpationen des okzipitoatlantoaxialen Übergangs reagieren, lassen sich mithilfe eines Tellington-Touch-ähnlichen sanften Mobilisierungsgriffs auf den kurzen Nackenextensoren sehr gut beruhigen und entspannen.

Technik

Halswirbelsäule

Die HWS ist der beweglichste Teil der Pferdewirbelsäule. Sie ist stark muskulär „geschient" und gesteuert. Bewegungseinschränkungen in diesem Bereich sind immer von muskulärem oder bindegewebigem Hartspann begleitet. Deshalb ist die Mit- und Nachbehandlung durch den Reiter, Besitzer oder Pfleger hier auch äußerst wichtig und wirkungsvoll. Bedingung ist natürlich die korrekte Anleitung. Schon häufig haben Reiter bei dieser Mobilisierung spontan gesagt: „Das geht auf der einen Seite ja viel einfacher als auf der anderen und dort fühlt man ja einen richtigen Knubbel." So unangenehm diese Verspannungen auch für das Pferd sein mögen: Als Aha-Erlebnis für den Reiter – der nun realisiert, dass sein Pferd „fassbare" Beschwerden hat – sind sie hilfreich, weil sie für die Zukunft auch die Sensibilität des Reiters seinem Pferd gegenüber fördern.

Wichtig ist, dass dem Laien gezeigt wird, wo die Wirbelkörper der HWS palpiert werden, nämlich oberhalb der Drosselrinne (▶ **Abb. 8.9d**). Wegen der besonderen biomechanischen und anatomischen Gegebenheit des okzipitoatlantoaxialen Übergangs erfolgt die Mobilisierungsanleitung für zu Hause vom 3. Halswirbel an.

8.5
Entspannung

Den Abschluss der Heimübungen bildet eine Technik aus der kraniosakralen Therapie, der **Schweifzug.** Er dient der Entspannung des Rückens und der Dura mater. Der sanfte Dehnungszug soll auch auf die Foramina intervertebralia wirken, die der Duramanschette einen gewissen Bewegungsspielraum zulassen müssen. Man umgreift den Schweif und lehnt sich mit seinem Körpergewicht vorsichtig nach hinten. Nach einiger Zeit – es kann mehrere Minuten dauern – senkt das Pferd entspannt den Kopf und den Hals.

8.6
Physikalische Therapie

Die moderne physikalische Therapie richtet ihr Augenmerk auf die Zellbiologie und Mikrozirkulation des Organismus. Hierbei nehmen der Rhythmus und die Schwingungsfähigkeit des Gewebes eine zentrale Position ein. Ohne Rhythmus und Schwingung sind weder die Weiterleitung von Nerven- oder Bewegungsimpulsen noch die geregelte Zufuhr und der Abtransport von Stoffwechselprodukten sowie der Stoffwechsel selbst möglich.

8.6.1 Grundlagen der Sanogenesestimulation

In der modernen physikalischen Therapie zur Sanogenesestimulation wird das therapeutische Verhalten im Umgang mit Krankheitssymptomen neu überdacht. Das Pferd wird nicht fragmental wahrgenommen, zusammengesetzt aus gesunden und krankhaft veränderten Bereichen, sondern als ein komplexes Wirkgefüge multipler, aufeinander abgestimmter und vernetzter Prozesseinheiten, die in ihrem zeitlich getakteten Zusammenspiel Gesundheit herstellen. So richtet die Therapie ihren Schwerpunkt darauf, diesen sanogenetischen (gesundheitsherstellenden) Prozess zu stimulieren und zu unterstützen, statt nur die pathogenen Prozesse zu beeinflussen. Sie wirkt bspw. auf die Energiegewinnung und -bereitstellung im Organismus zur Regeneration, die Proteinsynthese, die Zellkommunikation, die Bioelektrizität der Körperflüssigkeit, die zeitliche Synchronisation biologisch-physikalisch-chemischer Regelkreisabläufe zur Aktivierung von Heilungsprozessen.

„Die funktionelle Ganzheitlichkeit der Menschen und Tiere ist so vielfältig, dass es nicht einfach ist, diese zu erkennen und zu begreifen. Wenn wir uns verantwortlich verpflichten, Leben und Gesundheit von Menschen und Tieren zu gewährleisten und zu schützen, dann bedeutet dies, viele Wechselbeziehungen zu berücksichtigen." Dies ist ein Zitat des bekannten Neuro- und Pathophysiologen Prof. Dr. Karl Hecht der Charité/Humboldt-Universität zu Berlin, auf dessen Erkenntnissen dieses Kapitel größtenteils inhaltlich basiert. Weiter sagt er in seinem Werk „Naturmineralien – Regulation – Gesundheit", das er zusammen mit seiner Frau, der diplomierten Pädagogin und Philosophin Elena Hecht-Savoley, schrieb: „Mit unserem Kompendium beabsichtigen wir, Ihnen die Vielfalt der Lebensprozesse vor Augen zu führen und neue Wege aufzuzeigen, wie die Gesundheit von Mensch und Tier erhalten bzw. gefördert werden kann. Wir provozieren bewusst neues Denken mit dem Ziel, zum effektiven verantwortungsvollen Handeln im Heilberuf anzuregen."

Alle Vorgänge im Organismus eines Pferdes stehen ganzheitlich in einer Regulations-Rhythmus-Beziehung. Krankheit entsteht in dem Moment, in dem der regulatorische Apparat des Körpers nicht mehr ausreicht, die Störungen zu kompensieren.

In der osteotherapeutischen Behandlung ist es ein großes Ziel, das Pferd durch Stimulation der sanogenetischen Prozesse wieder in den gesunden Zustand zu überführen, d. h. dem Selbstheilungsmechanismen zur Dominanz zu verhelfen. Das regulatorische Zusammenspiel des Pferdeorganismus soll nach Möglichkeit auch in den Einklang mit der Natur und deren Rhythmik gebracht werden.

Dies impliziert die richtige, artgerechte Haltung (Bewegung, Tageslicht, Sauerstoff), die artgerechte Fütterung (mineralien- und rohfaserreich sowie möglichst schadstofffrei) und den stressfreien, wohlwollenden Umgang mit anderen Pferden und den Menschen. Auch die psychophysiologischen Prozesse, die im Gehirn des Pferdes ausgelöst werden, wirken sich in den ganzen Körper ausstrahlend aus.

Wie können Heilungsprozesse stimuliert werden? Was löst in vivo entsprechende Aktivitäten aus? Wer gibt den Zellen die Signale? Wie kommunizieren die Regelkreissysteme?

Zellphysiologie

Im gesamten Organismus fließen messbar elektrische Ströme, die sich als sog. Aktionspotenziale ausweisen. Die Grundlage der elektrischen Aktivität lebender Materie sind die Elektrolyte, d. h. die Ionenform der Mineralien. Ionen (z. B. K^+, Na^+, Ca^{++}, Cl^-) ordnen sich im intrazellulären und extrazellulären Milieu in einer spezifischen Verteilung an. Die intra- und extrazelluläre Körperflüssigkeit stellt sich aufgrund der Mineralien bzw. Elektrolyte als kristalline Flüssigkeit dar, die eine biologische Halbleiterfunktion besitzt. Damit verfügen Wirbel- und Säugetierorganismen über ein einfaches, aber hochleistungsfähiges analoges Informationsübertragungs- und Steuerungssystem.

In der intra- und extrazellulären Matrix (flüssiges Bindegewebe) werden morphologische und funktionelle Schäden „wahrgenommen" und Heilung und Wachstum aufgrund der „Fehlermeldung" koordiniert im Sinne einer Gegenregulation zur Krankheit. Die Steuerzentrale der Aktivierung und Kommunikation der Körperzellen im sanogenetischen Prozess befindet sich im Gehirn, das die Prozessimpulse über feinste freie Endigungen von Nervenfasern des vegetativen Systems in der extrazellulären Matrix reguliert. Daher sind die Stressvermeidung bei einer Behandlung und eine stressfreie Haltungsumgebung nach der Behandlung von entscheidender Bedeutung.

Bioelektrizität

Dort, wo elektrische Ströme fließen, bilden sich messbare Magnetfelder. Die in der extrazellulären Matrix durch die Elektrolyte entstandene Bioelektrizität weist daher adäquate Magnetfelder auf. Die Kommunikation zwischen den lebenswichtigen, miteinander gekoppelten Regelkreisprozessen im Organismus läuft über diese körpereigenen, elektromagnetischen Felder. **Bioelektromagnetische Energiefelder** verändern die Spannungsverhältnisse der Zellmembranen benachbarter Zellen und beeinflussen den Austausch und Aufbau von Molekülen, den Proteinbausteinen. In diesem Zusammenhang sind sie wichtige Informationsträger und -speicher und synchronisieren Heilungs-, Regenerations- und Regulationsprozesse.

Proteine

Zur Veranschaulichung der Komplexität sei hier Biowissenschaftler Dr. Ulrich Warnke zitiert. Er ist seit mehr als 30 Jahren mit der Wirkung elektromagnetischer Kräfte, einschließlich der Wirkung des Lichts, beschäftigt. Dr. Warnke studierte Biologie, Physik, Geografie und Pädagogik in Kiel und Saarbrücken. Er war Lehrbeauftragter in Technischer Biomedizin, Umweltmedizin und klinischer Ökologie, Physiologischer Psychologie und Psychosomatik sowie Präventivbiologie an der Uni Saarbrücken. Durch seine zahlreichen Veröffentlichungen aus den Bereichen Physik, Biologie und Bionik, Psychologie und Medizin und durch die Mitgründung der Gesellschaft für Technische Biologie und Bionik der Universität des Saarlandes ist er auch für die osteotherapeutische Pferdetherapie von Bedeutung. In seiner Schrift „Innovation in der Biomedizin & Bionik" erklärt er:

! Merke

„Die elektromagnetischen Kräfte haben sehr große Bedeutung […], da sie in jeder biologischen Funktion wirken. Auch Proteine wie zum Beispiel Enzyme, die beinahe alle diese Funktionen steuern, arbeiten mit elektromagnetischer Kraft. So entstehen bei jeder Muskelbewegung und Nervenaktion Unmengen von gewitterartigen, elektromagnetischen Kraftkomponenten […].
Das Geheimnis der Funktion (Physiologie) aller Lebewesen liegt in ihren Proteinen und ganz besonders in ihren Enzymen. Pro Sekunde laufen im Menschen insgesamt etwa 1024 Reaktionen ab, wobei diese Reaktionen grundlegend quantenphysikalischer Natur sind. Fast alle diese Reaktionen werden durch Proteine (Enzyme) gesteuert und kontrolliert. Eine einzelne Zelle braucht 1,75 Mio. Proteinmoleküle. Pro Sekunde werden durchschnittlich 1,458 Proteine synthetisiert. Dafür müssen 2,187 Mio. ATP-Moleküle eingesetzt werden. Das sind 78 % der benötigten Biosynthese-Gesamtenergie.

▼

▼

Proteine, die ihre Funktion nicht erfüllen können, sind die Ursache für Krankheiten und das Absterben von Zellen. Umgekehrt ist die Optimierung von Aufbau und Funktion der Proteine mit Gesundheit und der Wiederherstellung der Integrität von Zellen verbunden. Das Wissenschaftsfachgebiet für die Proteinherstellung und -beeinflussung heißt Proteomic-Engineering, eine Facette der Bionik" .

8.6.2 BionMed®

Um dem aktuellen Wissen der Quantenmedizin in der osteotherapeutischen Pferdebehandlung Rechnung zu tragen, sei das Gerät BionMed® erwähnt, das seit vielen Jahren am DIPO eingesetzt wird (▶ **Abb. 8.10**). Unter Zuhilfenahme darin erzeugter elektromagnetischer Felder ist es möglich, Ureigenschaften von Zellen zu rekrutieren. Die erzeugten Potenziale an den Zellmembranen sorgen für eine kohärente, natürliche elektromagnetische Hochfrequenzschwingung. Diese kann Enzyme aktivieren bzw. inhibieren (Protein-Informations-Änderung), was verschiedene weitere positive Auswirkungen hat, z. B. die Steuerung der Zellteilung, die Umwandlung von Nährstoffen in Energie, den Transport von Stoffen durch die Zellmembran.

Das BionMed®-Gerät wird direkt auf die zu behandelnden Regionen des Pferdes aufgesetzt. Über das eingestellte Sennex- bzw. Relax-Programm werden elektromagnetische Hochfrequenzschwingungen, gepaart mit Infrarot-A-Strahlen, erzeugt, die eine Stoffwechselreorganisation an den Zellen nicht nur der Haut, sondern auch der darunterliegenden Muskeln erzeugen (▶ **Abb. 8.11**).

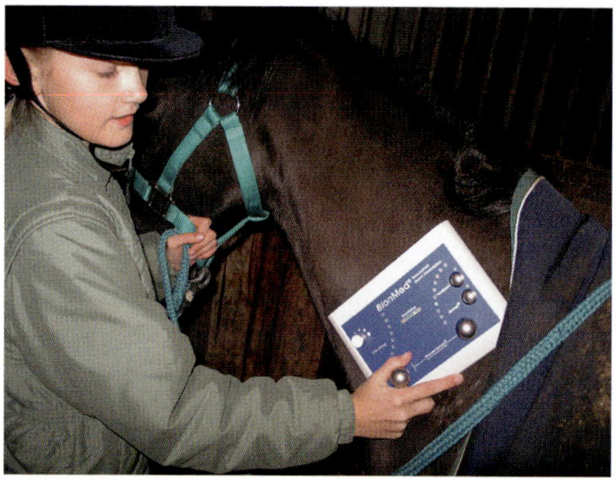

▶ **Abb. 8.10** Einsatz des BionMed® auf Bissstellen am Hals. (Foto: Jutta Wilbricht)

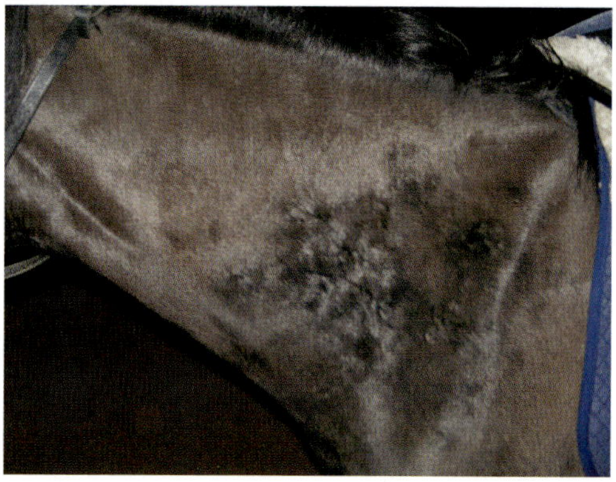

▶ **Abb. 8.11** Stoffwechselreaktion der Muskulatur nach Einsatz des BionMed®. Deutlich sichtbar ist bei dem geschorenen Pferd auch der verstärkte Fellwuchs auf der behandelten Halsregion. (Foto: Jutta Wilbricht)

Indikationen

Zu den Indikationen des BionMed® zählen:

- Entzündungen (z. B. Talgdrüsen, Stollbeule, Piephacke)
- Hämatome (z. B. nach Biss, Sturz, Schlag)
- Hufspalten
- Kapselschwellung und Bluterguss
- Karpaltunnel-Syndrom
- Kolik
- Kreuzverschlag
- Nervosität
- Muskelverspannungen (z. B. Rücken, Glutealbereich, Hals, Brustmuskulatur)
- Sehnenschwellungen
- Schmerzen (akut)
- Schmerz und Schwellung (z. B. durch Satteldruck, Gurtdruck, Scheuerstellen)
- Stirn- und Kieferhöhlenvereiterung, Nasenausfluss
- Wunden bzw. Narben

8.6.3 Gepulste Magnetfelddecken und -gamaschen

Wie bei dem BionMed® kann bei gepulsten Magnetfelddecken und -gamaschen mit codierten Informationsfeldern an den kleinsten „Bausteinen" des Stütz- und Bewegungsapparats sowie des Nervensystems therapiert werden. Mit den Decken bzw. Gamaschen kommen indikationsabhängig unterschiedlich erzeugte Magnetfelder (z. B. starke, schwache, schnell oder langsam pulsierende etc.) am Pferd in spezifischen Programmierungsfolgen zum Einsatz. Es wurde vielfach nachgewiesen, dass es unter dem Einsatz von gepulsten Magnetfeldern, z. B. bei Huffrakturen, zu einer signifikant früheren Kallusbildung kommt.

8.6.4 Biomechanische Stimulation

Der nächste „Therapiebaustein" widmet sich der Zeitoperation der extrazellulären Matrix. Die Schwingungsfrequenz von 8–12 Hz der extrazellulären Matrix als Eigenrhythmus dient den erheblich schneller schwingenden Zellen als „Leitfrequenz", in die diese sich einkoppeln und so leichter miteinander in Resonanz treten können. Die rhythmische Kommunikation zwischen den Zellen ist ebenfalls ein fundamentales Kriterium für die Gesundheit des Zellgewebes. Ein Fehlen dieser Kommunikationsschwingung geht mit funktionellen bzw. strukturellen pathophysiologischen Veränderungen des Gewebes einher.

In der osteotherapeutischen Behandlung des Pferdes kommen daher unterstützend jene medizinisch-technischen Geräte in Betracht, die die manuelle Gewebemobilisation des Therapeuten auf der Matrix-Ebene (Bindegewebsebene) durch die apparative Taktung von 8–12 Hz optimieren (▶ Abb. 8.12).

Indikationen

Die Indikationsliste für die BMS-Therapie (BMS: biomechanische Muskelstimulation) umfasst:

- Muskelverkürzungen
- Muskelhartspann
- Gewebeverklebungen
- Schwellungen an Weichteilen und Gelenken, Gallen
- Narben
- Schmerzzustände am Bewegungsapparat

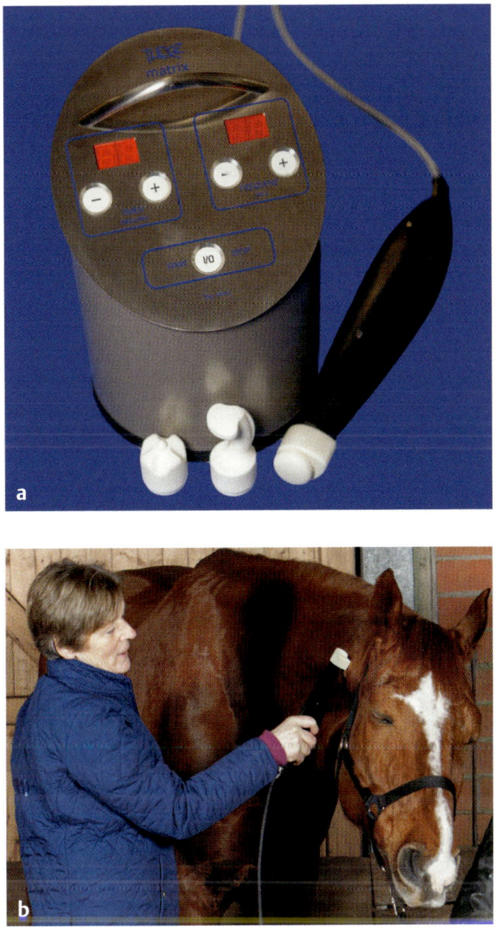

▶ **Abb. 8.12** THERZ-matrix-Gerät (**a**) und Anwendung beim Pferd (**b**). (Fotos: Ludwig Sauels)

8.6.5 Zusammenfassung und Ausblick

Dem osteotherapeutischen Leitgedanken in der Pferdebehandlung folgend, wird in der modernen physikalischen Therapie und bionischen Gesundheitsförderung ganzheitlich und regulativ an der Förderung der Selbstheilung gearbeitet. Hier wird das Leistungsspektrum der spezifisch ausgebildeten Therapeuten des Deutschen Instituts für Pferde-Osteopathie (DIPO) bis auf quantenmedizinisches Niveau mittels medizintechnischer apparativer Unterstützung differenziert erweitert. Es können verschiedene technische „Helfer" zum Einsatz kommen, wie **Ultraschallgeräte** oder **Elektrotherapiegeräte** verschiedener Frequenzbereiche, die jeweils definierte „Therapiefenster" haben. Je nach Ausrichtung greifen sie ordnend-unterstützend oder „störend"-interferierend in die prozesshafte Regelkreisdynamik des Organismus ein – immer vor dem Hintergrund, die Selbstheilung und Regeneration zu stimulieren.

Das Therapiefeld erweitert sich so um das Feld der Prozessstörungen an feinsten Gewebsstrukturen, Zellwänden, Proteinen und Molekülen sowie Energiestoffwechselstörungen durch falsche Bindungskräfte zwischen Molekülen und Atomen, z. B. durch Umweltgifte. Dauerhaft dekompensierte Mikroschädigungen gehen langfristig in degenerative Prozesse über, können aber durch diese Therapieform im Sinne eines Physio-Prozess-Managements regeneriert werden, wie Dr. med. Bernhard Dickreiter, ehemaliger leitender Arzt der Rehabilitationsklinik Klausenbach in Nordrach, nach seinen umfangreichen Erfahrungen im Humanbereich postuliert.

Das, was üblicherweise die Natur im Pferdekörper zur Gesunderhaltung stimuliert, aktiviert, taktet, reguliert, kann dank des Einsatzes der heutigen Möglichkeiten der modernen physikalischen Therapie jedem domestizierten Pferd zur Unterstützung angeboten werden. So ist diese Therapieform auch als eine wertvolle Maßnahme im Sinne einer Prävention und Gesundheitsförderung anzusehen und kann intervall- bzw. kurmäßig eingesetzt werden.

8.7 Hilfsmittel zur Muskellockerung: Blue magic®

Als preiswertes Hilfsmittel zur Muskellockerung hat sich das Gerät mit dem Namen Blue magic® der Firma Knipping GmbH bewährt (▶ **Abb. 8.13**). Es kann sehr wirkungsvoll auch von Pferdebesitzern und Reitern bei der Weiterbehandlung zu Hause eingesetzt werden. Das Herzstück des Blue magic® besteht aus einem genoppten Massageteil, in dem 2 gleichseitig geschliffene Magnete so platziert sind, dass sich Plus- und Minuspol gegenüberliegen.

Die Wirkung dieses Geräts basiert auf einem **mechanomagnetischen Effekt,** der zur Normalisierung des Muskeltonus im Sinne einer Detonisierung führt. Hierdurch kommt es, wie schon beschrieben, zur Aktivierung des Stoffwechsels.

Der Blue magic® kann bei muskulären Spasmen, Narben, Myogelosen und Gewebeverklebungen aller Art eingesetzt werden.

8.7.1 Anwendung

Man beginnt mit leichtem Druck über die zu behandelnden Areale zu rollen und steigert diesen im Laufe der Anwendung. Jedes Pferd zeigt durch seine Reaktion, bis zu welchem Grad der Massagedruck gesteigert werden kann. Der Blue magic® wird mehrere Minuten in alle Richtungen gerollt, bis eine Gewebeentspannung erfolgt.

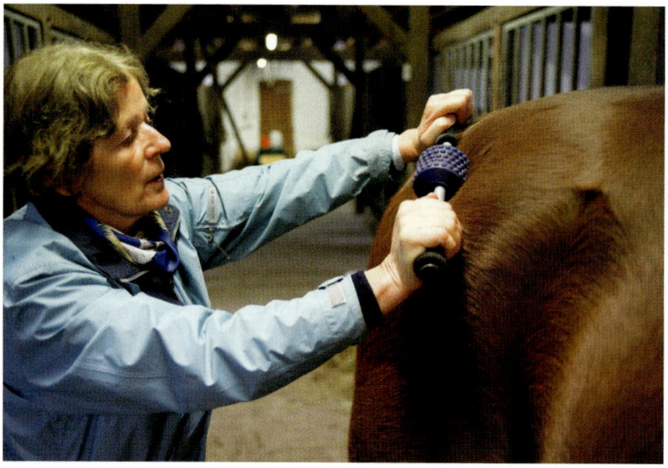

▶ **Abb. 8.13** Blue magic® zur Muskellockerung. Neben der Massage kommt es durch die beiden innenliegenden Magneten zusätzlich zum Magnetfeldeffekt. (Foto: Rainer Weppelmann)

8.8 DIPO-Trainer

Der DIPO-Trainer ist ein Trainingszügel, der das Pferd im Hals nicht eng, sondern lang macht (▶ Abb. 8.14). Er belohnt und entlastet das Pferd durch augenblickliches Nachgeben, wenn es seinen Hals vorwärts-abwärts dehnt. Er bewirkt so, dass das Pferd losgelassen gehen kann.

Der DIPO-Trainer hilft, den Rücken des Pferdes aufzuwölben. Das Pferd ist leichter über den Rücken zu reiten. Die positive Funktionskette reicht bis zur Aktivierung der Hinterhand. Deshalb wird er häufig in der osteopathischen Rehabilitation eingesetzt.

Merke

Im Gegensatz zu herkömmlichen Hilfszügeln wirkt der DIPO-Trainer nicht über Druck auf das Genick oder Maul, sondern gibt einen Impuls an die Unterhalsmuskulatur, sodass das Pferd animiert wird, den Hals zu wölben. In diesem Moment lässt der Impuls nach.

8.8.1 Funktionsweise

Der DIPO-Trainer setzt auf Belohnung statt auf Bestrafung des Pferdes. Damit unterscheidet sich seine Funktionsweise deutlich von den gängigen Hilfsmitteln, die durch Druck auf Maul und Genick sowie einen engen Hals arbeiten. Diese Manipulationen verhindern, dass das Pferd losgelassen geht. Es versucht vielmehr, sich den Reiterhilfen über das Wegdrücken des Rückens zu entziehen. Eine solche Fehlhaltung hat gravierende Folgen für die Leistungsfähigkeit, aber auch für die Gesundheit der Pferde (z. B. Kissing spine). Außerdem ist häufig dokumentiert, dass ein vermehrtes Untertreten der Hinterhand nicht durch Festhalten des Maules und Kurzmachen des Pferdehalses erreicht werden kann.

Die belohnende und entlastende Funktion des DIPO-Trainers wird durch den vorderen Halsriegel ausgeübt (▶ Abb. 8.15). Dieser gibt den Reiz auf die Luftröhre, wenn das Pferd den Kopf hochhebt und sich in den Unterhals drückt. Reflexartig nimmt das Pferd Kopf und Hals herunter und augenblicklich wird es belohnt, indem der Druck des

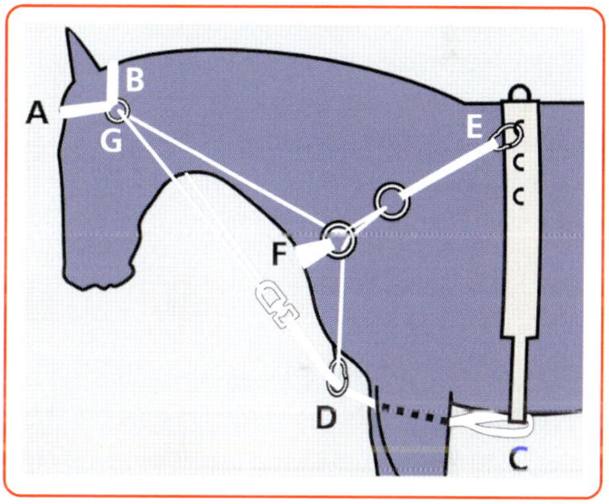

▶ **Abb. 8.15** Der DIPO-Trainer (A: Stirnband; B: Genickstück; C: Schlaufe; D: Karabiner; E: seitliche Riemen; F: Halsriegel; G: Ringe). (Foto: Stefan Lafrentz)

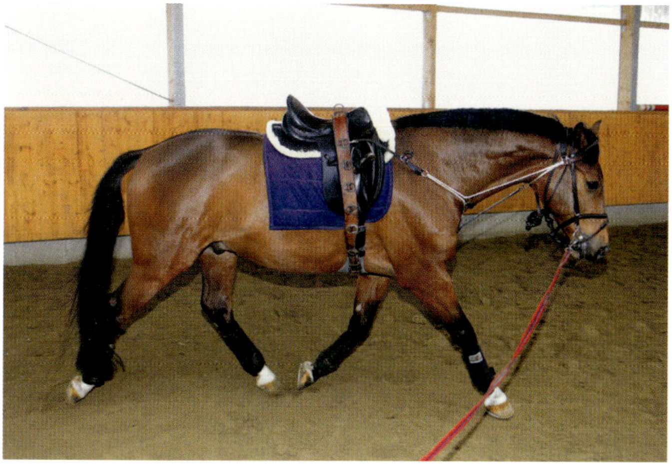

▶ **Abb. 8.14** Der DIPO-Trainer in der Praxis. (Foto: Stefan Lafrentz)

Halsriegels nachlässt. Beim Longieren kann keine fehlerhafte Reiterhand dagegenwirken, die zieht, auch wenn das Pferd nachgibt (wie es bspw. beim Schlaufzügel, Stoßzügel oder Ausbinder der Fall sein kann).

8.8.2 Wirkung auf die Biomechanik

Für die Biomechanik des Pferdes ergibt sich durch den Einsatz des DIPO-Trainers folgende positive Bewegungskette:

Wenn das Pferd den Hals nach vorwärts-abwärts dehnt, wölbt sich die BWS im Bereich des Widerrists und der Sattellage nach oben auf. Die Schulter- und Halsmuskulatur sind frei beweglich, die Rippen können sich ihrer anatomischen Anordnung entsprechend zur Seite und nach vorne wölben und sich in den Gelenken des Brustbeins und der Wirbelsäule gut bewegen. Das Pferd kann jetzt optimal ein- und ausatmen.

Vom Brustbein und den Rippen zieht die gerade Bauchmuskulatur zum Becken und setzt dort an. Wenn das Pferd nun den Widerrist und die BWS aufwölbt, hilft die Anspannung der Bauchmuskulatur auch, den Rücken in der Lenden- bzw. Nierenpartie aufzuwölben. Gleichzeitig kommt das Becken, in dem die Hüftgelenke liegen, in eine Position, welche die Kruppe vermehrt abfallen lässt. Dadurch können die Hinterbeine besser untertreten. Diese Muskelketten, die auch in der Klassischen Reiterei trainiert werden, aktiviert und trainiert der DIPO-Trainer. Dadurch ist er eine effektive Unterstützung für das funktionelle Muskelaufbautraining des gesamten Pferdes. Schon im Schritt wird man bald die aktiver untertretende Hinterhand wahrnehmen.

Merke

Der DIPO-Trainer ist kein Ersatz für das Reiten, denn 2 Dinge vermag er nicht:

1. **Er wird nicht das entsprechend der Ausbildungsskala geforderte Geraderichten erreichen.**
2. **Er kann nicht die Biegearbeit des Reiterschenkels ersetzen. Dies kann bekanntlich keine Bodenarbeit.**

Der DIPO-Trainer ist ein effizientes ergonomisches Hilfsmittel – er kann keine unpassenden Sättel und Longiergurte ausgleichen. Deshalb ist unbedingt zu überprüfen, ob genügend Kammer- und Schulterfreiheit vorhanden ist und ob der Longiergurt rechts und links genügend weich und hoch abgepolstert ist.

Grundvoraussetzung für die Anwendung ist, dass das Pferd keine Gelenkblockierungen hat und die Muskulatur in einem flexiblen Zustand ist. Anderenfalls kann er dem Pferd Schmerzen zufügen. Deshalb ist der DIPO-Trainer nur über DIPO-Therapeuten und geschulte Fachleute zu erwerben.

Merke

Der DIPO-Trainer ist kein Ersatz für eine osteotherapeutische Behandlung. Er kann seine physiologische Wirkung nur ausüben, wenn die Gelenke und Muskeln des Pferdes frei beweglich sind. Er ist jedoch ein idealer Trainingszügel nach der osteotherapeutischen Behandlung und zur Entlastungsarbeit bei nicht bewegungsblockierten Pferden.

8.9 Wiederaufnahme des Trainings

Die Wiederaufnahme des Reittrainings kann frühestens dann erfolgen, wenn das Pferd in der Lage ist, die BWS auf den Impuls über die Brust- und Bauchmuskulatur problemlos zu wölben. Der DIPO-Trainer unterstützt dabei das Aufwölben der gesamten Wirbelsäule, schon bevor der Reiter aufsitzt.

Merke

Damit das Pferd diese Position auch beim Training durchhalten kann, müssen ihm Sattel und Zäumung gut passen.

8.9.1 Der geeignete Sattel

Das Pferd kann den Rücken mithilfe der Bauchmuskeln nur aufwölben, wenn sich die Rückenmuskeln wie ein Gummiband dehnen können (► **Abb. 8.3b**). Drückt z. B. der Sattel in die Rückenmuskulatur, weil der tiefste Sitzpunkt für den Reiter zu weit hinten liegt oder die Sattelkissen zu hart und/oder zu lang sind, wird die Koordination und Kooperation von Rücken- und Bauchmuskulatur unmöglich gemacht. Die Rückenmuskeln verspannen und verkürzen sich und verlieren ihre Dehnfähigkeit. Das Pferd wird den Rücken wegdrücken und das Gewicht vermehrt auf die Vorhand verlagern. Die Hinterhand wird nach hinten herausgestellt.

Ein Blick auf die Stellung der Dornfortsätze der BWS (▶ Abb. 4.1) zeigt, dass sie im vorderen Bereich der BWS schweifwärts und etwa vom 16. Brustwirbel an kopfwärts gerichtet sind. Die Schwerkraftlinie verläuft durch die 12. Rippe und den Dornfortsatz des 15. Brustwirbels. Eine gut trainierte Bauchmuskulatur unterstützt durch ihre Anspannung den Pferderücken beim Aufwölben. In dem Maße, wie sich der Pferdehals dabei nach vorwärts-abwärts dehnt, zieht die im Bereich der Dornfortsätze der vorderen BWS inserierende Muskulatur ihn nach vorne. Durch ein aktives Hintertreten der Hinterhand richten sich die Dornfortsätze im hinteren Bereich der BWS und LWS auf und der Rücken des Pferdes kommt, wie ein federnder Flitzebogen, dem Gesäß des Reiters entgegen. Dieser hat sich dementsprechend mit der Bewegung des Pferdes nach vorne zu orientieren „in die Bewegung des Pferdes zu sitzen", wie es in der Reitersprache heißt – und nicht dagegen.

Merke

Für die Ausbildung des Pferdes ist die Positionierung des Reiters also von größter Wichtigkeit. Er muss vor dem 15. Brustwirbel sitzen und von dort auch einwirken. Hier ist die Zusammenarbeit mit dem Sattler ein wichtiger Baustein im osteopathischen Gesundheitsmanagement.

Leider haben sich in den vergangenen Jahren mehrere Fehler im Sattelbau verbreitet. In erster Linie ist die Verlagerung des tiefsten Sitzpunkts nach hinten zu nennen sowie die zu weit nach hinten in die Rückenmuskulatur des Pferdes ragenden Sattelkissen. Beides führt dazu, dass das Pferd früher oder später den Rücken wegdrückt und sich die positive Entwicklungsmöglichkeit des Pferdes in ihr Gegenteil umkehrt. Auch die gefürchteten schmerzhaften Kissing spines können durch falsche Sättel entstehen.

Der bei Reitern in seiner Funktion und Existenz wohl gänzlich unbekannte Muskel ist der M. serratus ventralis cervicis und thoracis. Er und der M. pectoralis profundus sind die wichtigsten Muskeln zur Aufhängung des Stammes zwischen den beiden Schultergliedmaßen.

Die Halsportion des M. serratus ventralis entspringt an den Querfortsätzen des 3.–9. Halswirbels, der thorakale Abschnitt an den ersten 7–10 Rippen. Der M. serratus ventralis inseriert flächig an der Facies serrata sowie medial am Schulterblattknorpel. Zusammen mit dem M. pectoralis profundus bildet er den Halte- und Trageapparat des Rumpfes zwischen den Vorderbeinen.

Merke

Die Mm. serratus ventralis cervicis bzw. thoracis und der M. pectoralis profundus sind die wichtigsten Muskeln zur Aufhängung des Stammes. Sehr häufig sind diese eine „osteopathische Fundgrube", da sie von erheblichen Überlastungsschmerzen betroffen sind.

Leider sind in Magazinen häufig Abbildungen von Pferden zu sehen, die auf die Vorhand geritten sind. Dem kundigen Betrachter stechen sofort die tonisch-phasischen Dysbalancen ins Auge. Es ist deshalb gerade beim jungen Pferd mit großem Feingefühl darauf zu achten, dass es muskulär nicht durch zu lange Reprisen, zu starkes Zulegen, häufigen Turniereinsatz oder Championate überfordert wird. Soll das junge Pferd zu voller Bewegungsreife kommen und haltbar bleiben, muss nochmals betont werden, dass neben dem angepassten Training unbedingt der passende Sattel eingesetzt werden muss. Es ist die größte Fehlinvestition, junge Pferde mit unpassenden Sätteln auszustatten oder ihnen erst dann einen passenden Sattel zu kaufen, wenn das Pferd ausgewachsen ist.

Mancher Zungenfehler und manches Headshaking sind keineswegs am Kopf zu suchen, sondern über die muskuläre Verbindung im Wirbelsäulen- bzw. Sattelbereich. Hierzu zählt natürlich auch der Gurtzwang, der nichts anderes ist als Ausdruck schmerzhafter Muskeldysbalance von Rücken-, Bauch- und Brustmuskulatur.

Weitere Informationen zum Thema Sättel finden Sie auch in Kap. 10.

8.10 Trainingsberatung durch den Pferdeosteotherapeuten

Der wohl schwierigste Teil nach der pferdeosteopathischen Behandlung ist die Beratung des Reiters und die Analyse seiner Einwirkung. Reiten gehört zu den Sportarten, bei denen die Sporttreibenden meist wenig Dynamik und Koordination zeigen, sondern zu sehr dem Pferd ihre Kontrolle aufzwingen wollen. Körperlich und geistig bereiten sich die wenigsten auf die Ausübung ihrer Disziplin vor.

Takt, Losgelassenheit, Anlehnung, Schwung, Geraderichten und Versammlung, also alle Punkte der Ausbildungsskala (Kap. 4.11), und vor allen Dingen gut koordinierte Übergänge von einer Lektion zur anderen werden häufig vernachlässigt.

Es gehört zum Therapiekonzept, dass der Reiter zunächst über die grundlegenden Funktionen der physiologischen Bewegungen des Pferdes aufgeklärt werden muss. Dies gilt für Amateure genauso wie für Profis.

Dehnung und Lockerung kommen vor Kräftigung (Kap. 8). So wird die Stabilisierung des Behandlungserfolgs im Wesentlichen auch von der Durchführung des Heimprogramms abhängen, das individuell jedem Reiter und Pferdebesitzer nach erfolgter osteopathischer Behandlung vom Pferdeosteo- bzw. Pferdephysiotherapeuten mitgegeben werden soll.

Nach der Dehnung und Muskellockerung hat sich das Auftrainieren mit der Wiedereingliederung physiologischer Bewegungsabläufe ohne Reitergewicht mithilfe des DIPO-Trainers als sehr wirksam erwiesen (Kap. 8.8).

Erst danach sollte das Pferd in kurzen Reprisen 2- bis 3-mal wöchentlich unter dem Reiter vorwärts-abwärts und gymnastizierend, auch mithilfe von Cavaletti-Stangen, geritten werden. Die Ausführungen von Ingrid und Reiner Klimke „Grundausbildung des jungen Reitpferdes“ und „Cavaletti“, sind hierbei für Therapeuten wie für Reiter ein hilfreicher Leitfaden. Selbst wenn eine Abstimmung der Ausstattung auf das Pferd einen Zeitraum von mehreren Wochen einnimmt, kann es besser mit dem DIPO-Trainer (d.h. ohne Reitergewicht) weitergearbeitet werden, als dass die alten Schmerzpunkte dazu führen, dass es in falsche Bewegungsmuster und Abwehrreaktionen zurückfällt.

8.11 Fallbeispiele aus der Praxis

8.11.1 Sechsjährige Stute mit Kissing spines

Anamnese und Befundung

Die 6-jährige Trakehner-Stute Bess (▶ **Abb. 8.16**) „schlägt beim Reiten mit dem Kopf und kommt mit der rechten Hinterhand immer in die Bahn“, so schilderte die Reiterin, die offensichtlich ein ausgesprochen gutes Verhältnis zu ihrem Pferd hat, die Probleme. Ihr Tierarzt hatte zu einer osteotherapeutischen Behandlung geraten, weil er Kissing spines diagnostiziert hatte und vermutete, dass der Sattel nicht passt.

Bei der Adspektion fiel auf, dass das Pferd vorne links einen Hornspalt aufweist. Die Reiterin gab an, dass dieser sich aus unerklärlichen Gründen vor ca. 1½ Jahren entwickelt habe (seit dieser Zeit wird das Pferd geritten). Zur selben Zeit hatten sich auch an den Innenseiten von 3 Beinen Überbeine gebildet. Bei der Stute waren rechts und links vom Widerrist deutliche Gewebeverquellungen zu sehen, die ihr bei der Palpation sichtbar Schmerzen verursachten.

Therapie und Verlauf

Osteopathisch zeigten sich folgende Befunde, die entsprechend mobilisiert bzw. manipuliert wurden:

- 6. Lendenwirbel rechts (Extension und Seitneigung)
- 4. und 5. Halswirbel links (Extension und Seitneigung)
- 5. Halswirbel rechts (Extension und Seitneigung)
- 7. Halswirbel links (Extension und Seitneigung)

Zusätzlich wurden der Widerrist und der thorakolumbale Übergang in Flexion mobilisiert sowie das linke Kiefergelenk.

Durch die Überbelastung der linken Vordergliedmaße – hinten rechts konnte Bess keine Last aufnehmen, weil der Sattel drückte, und kam deshalb dort mit dem rechten Hinterbein in die Bahn – verspannten sich neben dem M. brachiocephalicus der M. sternomandibularis, der M. omohyoideus sowie die gesamte hyoidale Muskulatur. Es

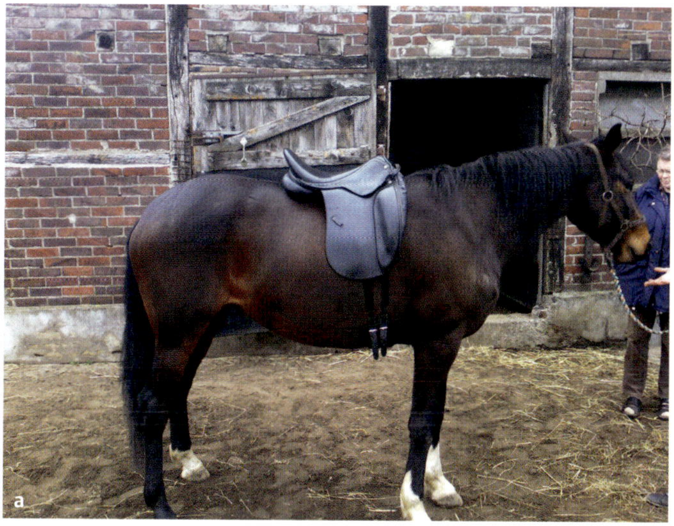

▸ **Abb. 8.16** Trakehner-Stute Bess.
a Vor der Behandlung.
(Foto: Boris Ravenschlag)
b Nach der Behandlung. (Foto: DIPO)

liegt nahe, dass es hierdurch auch zur Bewegungseinschränkung im linken Kiefergelenk kam. Das Kiefergelenk und die hyoidale Muskulatur wurden ebenfalls intensiv mit Friktionen und Mobilisationen behandelt.

Der Reiterin wurde ein Nachbehandlungsplan mit Übungen, die sie selbst durchführen konnte, mit nach Hause gegeben und zum Abschluss wurden die Sättel begutachtet. Beide Sättel waren von einer ausgebildeten Sattlerin angepasst worden.

Beim Springsattel fiel sofort auf, dass das Kopfeisen so eng war, dass der Sattel vorne regelrecht hoch stand, dafür im hinteren Teil umso mehr abfiel und dementsprechend die Reiterin nach hinten zog, sodass sich das gesamte Gewicht auf den thorakolumbalen Übergang verlagerte. Außerdem waren die Sattelkissen deutlich asymmetrisch.

Der Dressursattel war vorne zwar nicht ganz so eng wie der Springsattel, setzte die Reiterin jedoch ebenfalls viel zu weit nach hinten und hatte eine für das Pferd sehr ungünstige V-Gurtung. Die vordere Strupfe war am Kopfeisen fixiert und zog den Sattel vermehrt auf den Schultergürtel.

Bess, die ein ebenso graziles wie dynamisches Pferd ist, war gar nicht mehr in der Lage, den Rücken aufzuwölben. Stattdessen verlagerte sie, um den Rücken zu entlasten, das Gewicht auf die linke Vordergliedmaße. Durch diese Überbelastung und eine etwas zu lange Zehe kam der Hornspalt zustande.

Neben dem Nachbehandlungsplan war hier der wichtigste Punkt, der Reiterin klar zu machen, dass sie ihr Pferd mit keinem der beiden Sättel weiterreiten dürfe. Es wurde ihr eindringlich erkärt, dass sie nur dann die Chance auf eine korrekte weitere Ausbildung des Pferdes hat, wenn sie die Sättel wechselt. Da sie beide Sättel hatte anpassen lassen und entsprechend mehrere Tausend Euro dafür bezahlt hatte, war diese Auskunft für die Reiterin zunächst niederschmetternd. Weil ihr aber klar wurde, dass es reiterlich für sie und ihr Pferd keine Zukunft gibt, wenn das Problem des Sattelequipments nicht gelöst wird, entschloss sie sich, den Pferderücken durch einen anerkannten Sattlermeister ausmessen zu lassen und bei diesem einen neuen Sattel zu beziehen. Zuvor hatte sie Bess mit einem Probesattel geritten und es war deutlich sichtbar, wie sich das Verhalten und das Gangbild des Pferdes positiv veränderten. Es dauerte etwa 10 Wochen, bis ihr Sattel geliefert wurde. In der Zwischenzeit gymnastizierte sie Bess mit dem DIPO-Trainer und führte Mobilisierungsübungen für Muskeln, Faszien und Gelenke durch.

Als schließlich der passende Sattel geliefert wurde, war bereits erkennbar, dass sich der Hornspalt im Huf deutlich zurückgebildet hatte. Nach etwa 4 Monaten war er gänzlich verschwunden, obwohl Bess wieder geritten wurde. Sie konnte jetzt aber trotz des Sattels auch mit dem rechten Hinterbein unter den Schwerpunkt treten und ihr eigenes Körpergewicht, auch unter der Reiterin, ökonomisch einsetzen.

Mittlerweile nimmt die Reiterin Unterricht bei einer erfahrenen und umsichtigen Trainerin und es bedurfte bis heute keiner weiteren Behandlung.

8.11.2 Vielseitigkeitspferd mit Rückenproblemen

Anamnese und Befundung

Dem 7-jährigen Jagd- und Vielseitigkeitspferd schmerzte der Rücken. Und dies war auch dem Reiter und Besitzer direkt klar, denn sein bisher so williger Schimmel wirkte bei der Arbeit unter dem Sattel unzufrieden und schlug mit dem Schweif. Des Weiteren schien ihm insbesondere die Lastaufnahme auf dem rechten Hinterbein erschwert und neuerdings knickte er bereits bei leichter Lösungsarbeit auf dem großen Springplatz gelegentlich hinten weg. Der hochgewachsene irische Wallach war bis zu diesem Zeitpunkt ohne Widersetzlichkeiten sanft an das Vielseitigkeitsniveau der Klasse L herangeführt worden und hatte auch schon die eine oder andere Jagd artig absolviert.

Während der osteotherapeutischen Anamnese stellte sich heraus, dass der Schimmel vor 2 Monaten kastriert worden war. Der Eingriff und die Wundheilung waren komplikationslos verlaufen. Im weiteren Verlauf der Behandlung zeigte sich, dass über die Narbe und die damit verbundenen Faszien eine Folgenkette entstanden war, die zur reduzierten Aufwölbung der LWS führte. Sehr schmerzhaft und akut hochgradig verspannt war die lange Rückenmuskulatur im Bereich der hinteren LWS. Insbesondere über die rechte Fascia glutea hatte sich diese Verspannung auf das rechte Hüftgelenk übertragen, wo sich eine Läsion (Flexion – Adduktion – Außenrotation) entwickelt hatte. Darüber hinaus verhielt sich das Pferd auch im rechten Sprunggelenk, dessen Beweglichkeit durch wiederholte sanfte Mobilisationen rasch wieder hergestellt war. Nachdem im weiteren Verlauf die Narbe behandelt wurde, ließen sich auch die Adduktoren durch Massagegriffe wieder lösen.

Therapie und Verlauf

Um der akuten Symptomatik in der Rückenmuskulatur schnellstmöglich entgegenzuwirken, wurde hier zur Schwingungsverbesserung der Muskulatur ein Matrix-Gerät eingesetzt. Der Wallach konnte bei der Anwendung gut entspannen, am Ende der Schwingungs-Extensions-Therapie ließ sich die Schwingungsfähigkeit der Muskelzellen auch über die großen Faszien hinweg beobachten.

Das Aufwölben des Rückens erfolgte hiernach, wie es für ein 7-jähriges Pferd zu erwarten ist.

Nach 2 Tagen Rekonvaleszenz auf der Koppel setzte der Reiter seinen Schimmelwallach für eine Jagd ein, die er mit großer Bravour und ohne die zuvor beschriebenen Probleme absolvierte.

Das feinfühlige Erkennen des Besitzers und die rasch erfolgte Behandlung haben eine möglicherweise fortschreitende Ursachen-Folgen-Kette unterbunden und führten bereits nach einer einzigen Behandlung zu einem durchschlagenden Erfolg.

8.11.3 Unreitbarer Wallach

Anamnese und Befundung

„Unreitbar!", so galt der damals 7-jährige Wallach Chamberlain (▶ Abb. 8.17), als man ihn der Voltigiergruppe übergab. Die Gruppe trainierte bereits seit einem Jahr auf dem Holzpferd, da kein geeignetes Voltigierpferd gefunden wurde. Und nun sollte sie den ausdrucksstarken Oldenburger für die Voltigiertauglichkeit testen, da Rahmen und Größe in das gesuchte Format passten. Als große Dressurhoffnung wurde er zuvor recht schnell zurückgegeben. Und als man daraufhin versuchte, ihn in den Springsport zu schicken, wurde er zur Mutprobe aller erfahrenen Springreiter im Stall. Für einen Freizeitreiter war der Dunkelbraune nicht zu gebrauchen. „Zu gefährlich und zu stur im Maul", so hieß es.

Als hektisch und panisch beschrieben ihn die beiden verantwortlichen Voltigiertrainerinnen, denn auch an der Longe blieb er lange Zeit durch seine Panikattacken unbrauchbar für die werdende Turniergruppe. Die Verzweiflung war groß, denn seine unberechenbaren „Anfälle" waren selbst für erfahrene Voltigierer nicht ganz ungefährlich. Schnell war den Trainerinnen klar, dass hier nicht nur die Angst den Werdegang zum Voltigierpferd verhindert.

Als Chamberlain zum ersten Mal zur osteotherapeutischen Behandlung vorgestellt wurde, war sein Rücken weggedrückt und das Becken nach vorne gekippt. Bei der Palpation im Bereich von Th 16–L 2 zeigte er heftige Abwehrreaktionen und Schmerzen. Das Aufwölben des gesamten Rückens konnte er nicht zulassen und auch der Unterhals war stark ausgeprägt. Zuvor war er oftmals mit

▶ **Abb. 8.17** Wallach Chamberlain. (Foto: Julia Rau)

Schlauf- und auch Thiedemann-Zügeln geritten worden, da man ihn sonst nicht bremsen konnte.

Therapie und Verlauf

In der osteotherapeutischen Behandlung konnten die Blockaden in den oberen Kopfgelenken und im Kreuzbein durch manipulative Techniken gelöst werden. Weiche mobilisierende Techniken wurden im Bereich des thorakolumbalen Übergangs angewendet. Hier war sowohl eine Detonisierung der Muskulatur als auch eine Mobilisierung der Fascia thoracolumbalis nötig. Das Aufwölben der BWS und LWS konnte vollständig erst nach mehreren Behandlungen ausgeübt werden.

Auf diese Behandlungen hin wurde ein spezieller Nachbehandlungsplan aufgestellt, der beinhaltete, dass Chamberlain 6 Monate mit dem DIPO-Trainer und/oder langen seitlich eingestellten Lauffer-Zügeln vorwärts-abwärts gearbeitet werden sollte. Die Voltigiergruppe orientierte sich in dieser Zeit nur nach dem Pferd und führte auf dem Pferderücken für das Pferd angenehme und lösende Übungen (z. B. die Trabmassage) durch. Weiterhin behandelte die Trainerin, ebenfalls DI-

PO-Pferdeosteotherapeutin, ihn regelmäßig mit einem Matrix-Gerät zur biomechanischen Stimulation der Muskulatur (BMS).

Das Aufwölben des Rückens wird auch heute noch vor und nach jeder Trainingseinheit durchgeführt. Unreitbar ist er seit einiger Zeit zur Freude seiner neuen Besitzerin und Longenführerin nicht mehr. Aber die größte Freude für alle stellte Chamberlains erste Teilnahme an der westfälischen Meisterschaft dar, wo er sich mit seiner Einzelvoltigiererin für die Deutsche Meisterschaft in Alsfeld 2004 qualifizierte. Sein bisheriger Karrierehöhepunkt und damit vielleicht die Belohnung für die große Geduld und die vielen Therapieeinheiten, die Chamberlain bis heute genießt, war der Startplatz bei den Weltreiterspielen in Aachen 2006. Nur um Eintausendstel verpasste der auf ihm startende polnische Einzelvoltigierer Adam Suslowski das große Finale. Ob Chamberlain sich wohl darüber geärgert hat, weil er das Rampenlicht liebt? Ich glaube nicht. Seine Gruppe stand mit Plakaten im Publikum und hat ihm zugejubelt. Für sie ist er ein Verlasspferd geworden, dem sie nun blind vertrauen.

Nachdem er bereits 10 Jahre erfolgreich im Voltigiersport gegangen war und sich auch bei den Qualifikationsturnieren für die Westf. Juniorenmeisterschaften im Gruppenvoltigieren topfit präsentierte – er war mittlerweile 17 Jahre alt –, kam es bei einem Ausscheidungswettkampf zu einem abrupten Stopp, weil Chamberlain sich auf dem Springplatz vor einem überholenden Pferd erschrocken hatte. Im weiteren Verlauf des Konditionstrainings konnte man ihm allerdings nichts anmerken. Zwei Tage später erschien Chamberlain auffallend träge und triebig in der Generalprobe für die am Wochenende stattfindende Meisterschaft. Diese wurde abgebrochen, allerdings ohne Lahmheiten, Fieber oder andere Auffälligkeiten festzustellen.

Am darauffolgenden Tag zeigte sich Chamberlain hochgradig lahm auf dem linken Vorderbein. Er hatte massiven Wendeschmerz und die Ganganalyse zeigte eine starke Seitenwandfußung auf der Außenkante. Wärme und Schwellung konnten zu diesem Zeitpunkt noch nicht festgestellt werden. Zwar ließen sich in der osteotherapeutischen Behandlung einige Blockierungen der HWS und der 1. Rippe lösen, doch in diesem Fall wirkte sich die Behandlung nicht, wie zunächst erhofft, auf die Lahmheit aus. Die für eine Woche angewandte Schmerzmedikation führte zur deutlichen Reduktion der Lahmheit, die nach Absetzen des Medikaments allerdings direkt wieder einsetzte. Nun war die Lahmheit auf weichem Boden erheblich stärker als auf Asphalt. Außerdem war eine kleine Schwellung in der Fesselbeuge zu palpieren.

Die Ultraschalluntersuchung in der Tierklinik ergab einen massiven Längsriss in der tiefen Beugesehne auf Höhe der Sehnenscheiden. Nach Aussage des Tierarztes konnte dieser Riss nur durch ein traumatisches Ereignis, der Überstreckung des linken Fesselgelenks der Schultergliedmaße bei der abrupten Stoppbewegung im Galopptraining, entstanden sein.

Die Behandlung des Sehnenschadens verlief folgendermaßen: Chamberlain durfte weiterhin täglich für einige Stunden sein Bewegungspensum auf dem Paddock selbst bestimmen. Wechselduschen der Sehnen mit heißem und kaltem Wasserstrahl erfolgten täglich von den Voltigierern. Auch das Schrittführen, auf ebenem Boden, gehörte zum täglichen Behandlungsplan. Vor allen Dingen aber wurden alle Voltigierer in den Umgang mit der Matrix-Therapie (BMS) eingewiesen. Viermal wöchentlich wurden für 10 Minuten so der Muskelbauch des tiefen Zehenbeugers sowie die tiefe Beugesehne behandelt und zwar längs zur Faserrichtung.

Der guten Ordnung halber sei noch erwähnt, dass eine Blutegeltherapie durchgeführt wurde, in den ersten 6 Wochen wöchentlich, anschließend in größeren Abständen.

Nach etwa 3 Monaten durfte Chamberlain dann für kleine Sequenzen an der Hand traben, zunächst nur geradeaus. Die erste Ultraschallkontrolle erfolgte nach 4 Monaten. Die Sehne wies noch Restschäden auf, der Riss war weiterhin erkennbar. Nichtsdestotrotz war die Heilung zur Zufriedenheit verlaufen, sodass nun erste Trabtritte an der langen Seite in der Halle wieder unter dem Sattel vorgenommen werden durften. Ziel des Rehabilitationsplans war es, die Belastbarkeit des Narben- und Sehnengewebes zu fördern, wobei die Matrix-Therapie bzw. BMS fortgesetzt wurde, allerdings nur je 4 Minuten/Einheit.

Weitere 8 Wochen später erfolgte die nächste und letzte Ultraschallkontrolle. Ein minimaler Befund ist auf dem Ultraschall geblieben, der jedoch die Sporttauglichkeit des Patienten nicht einschränken wird, so der Tierarzt. Der weiteren Nutzung von Chamberlain als Voltigierpferd steht nun nichts mehr im Wege. Ein sinnvoll gestalteter Trainingsplan brachte ihn nach 2 weiteren Monaten Aufbautraining zurück in das Training seiner Turniergruppe. Diese verwöhnt ihn auch jetzt noch mit der Matrix-Therapie.

8.11.4 Quarterhorse-Wallach mit Kissing spine

Anamnese und Befundung

Ein 4-jähriger Quarterhorse-Wallach wurde der Osteotherapeutin mit dem Problem vorgestellt, er könne beim Hufschmied die Hinterbeine nicht mehr geben. Das Pferd wurde 3-jährig von einem Profiwesterntrainer eingeritten. Die weitere Ausbildung übernahm der Besitzer selbst. Leider war dieser für seinen kleinen Quarter-Wallach zu schwer und auch der Westernsattel passte nicht. Als das Pferd während des Trainings 2-mal hinfiel, wandte sich der Besitzer an die Osteotherapeutin.

Es folgte eine eingehende Befundung des Pferdes und eine Überprüfung der Ausrüstung. Der Quarterhorse-Wallach hatte mehrere Blockierungen in der HWS, eine Fehlstellung des rechten Hufes und damit eine funktionelle Fehlstellung des rechten Schulterblatts. Ferner wurde eine Läsion im Bereich Th 10/11 ertastet. Die LWS konnte dieses Quarterhorse nicht mehr aufwölben. Der Wallach ließ sich weder am Bauch anfassen, um die Sattellage aufzuwölben, noch konnte man die LWS über den Reiz der Kruppenmuskulatur zum Aufwölben bewegen. Die Rücken- und Kruppenmuskulatur war sehr verspannt. Auch eine selektive Beweglichkeit der LWS in Seitneigung war kaum möglich. Der weitere Befund ergab eine Läsion im ISG rechts.

Therapie und Verlauf

Nach der Befundung wurde das Pferd osteopathisch behandelt. Die LWS wurde allerdings ausgespart, da die Therapeutin von diesem Bereich zunächst ein Röntgenbild anfertigen lassen wollte. Ihr Verdacht war ein Kissing-spine-Syndrom. Der paravertebrale Hartspann in der Lenden- und Kruppengegend wurde mit einem Schwingungstherapiegerät behandelt. Der Wallach entspannte sich dabei sichtlich. Nach 2 Tagen kam der Hufschmied und der Wallach konnte seine Hinterbeine viel besser geben. Der Besitzer wurde angeleitet, die Hinterbeine seines Wallachs beim Aufheben nach hinten immer nach innen zu nehmen und auf keinen Fall nach außen zu drücken. Die Sattelproblematik wurde ebenfalls angesprochen.

Leider wurde der Wallach anschließend verkauft, sodass die Therapeutin ihn eine Weile aus den Augen verlor. Seine neuen Besitzer tätigten den Kauf ohne Ankaufsuntersuchung. Nach 3 Monaten buckelte er beim Angaloppieren und war kaum noch reitbar. Daraufhin wurde der Westerntrainer gewechselt. Nach kurzer Zeit entwickelte der Wallach eine Lahmheit hinten rechts mit massiver Schwellung vom Huf aufwärts bis zum Sprunggelenk. Eine chiropraktisch arbeitende Tierärztin wurde hinzugezogen, die den Wallach mit chiropraktischen Techniken behandelte. Das Pferd lief jedoch immer schlechter und die Besitzer holten den Wallach nach Hause.

Dort wurde er erneut der erstbehandelnden Osteotherapeutin vorgestellt. Diese veranlasste die Anfertigung von Röntgenbildern der BWS und LWS sowie beider Sprunggelenke. Der Befund war niederschmetternd: massive Verwachsungen zwischen L 3–L 6 und ein osteolytischer Spat im rechten Sprunggelenk. Die Besitzer waren nahe daran, das Pferd aufzugeben, entschieden sich dann aber doch, ihm noch eine Chance einzuräumen. Vom Tierarzt wurde eine medikamentöse Therapie eingeleitet und begleitend wurde mit osteopathischen und physiotherapeutischen Maßnahmen begonnen: Jeden zweiten Tag wurde die Muskulatur (v. a. M. longissimus dorsi, Glutealmuskulatur, lange Sitzbeinmuskeln) mit dem Gerät zur biomechanischen Stimulation der Muskulatur (BMS) behandelt, was dem Pferd sichtlich Erleichterung verschaffte. Ferner wurde er regelmäßig mit dem DIPO-Trainer longiert. Muskulär hat er sich anschließend enorm verändert. Außerdem erhielt er einen neuen Sattel.

In großen Abständen wird der Wallach noch osteopathisch kontrolliert, aber als Freizeitpferd macht er nun einen glücklichen und stabilen Eindruck. Er benötigt nur hin und wieder minimale therapeutische Hilfe.

9 Die besondere Belastung der Pferde im Sport

9.1 Einführung

So wie jeder Sportler bei der Ausübung seiner Sportart besonderen Belastungen ausgesetzt ist, unterliegt auch das Pferd erhöhten Risiken bei seinen unterschiedlichen Einsatzarten. Im Folgenden werden einige der häufigsten dargestellt, obwohl Pferde noch weitaus vielfältiger eingesetzt werden.

9.2 Dressur

Die Überlastung des Halte- und Trageapparats sowie der Rückenmuskulatur beim Dressurpferd wurde bereits analysiert (Kap. 4.10). Das Pferd soll, wie es in der Skala der Ausbildung zusammengefasst ist, **taktmäßig** – also rhythmisch und locker – **losgelassen** – über den Rücken vertrauensvoll an die Reiterhand (**Anlehnung**) herantreten (▶ **Abb. 9.1**).

Dabei hat der Reiter die Aufgabe, dem Pferd im wahrsten Sinne des Wortes das Gebiss „schmackhaft" zu machen. Diesen treffenden Ausdruck benutzt der ehemalige Leiter der Westfälischen Reit- und Fahrschule Michael Putz, um seinen Schülern die Intensität bzw. Sensibilität der Handeinwirkung zu verdeutlichen. Dann kann das Pferd **schwungvoll** mit dem Hinterbein nach vorne treten und der Reiter kann das von Hause aus schiefe Pferd durch gymnastizierende Übungen, gebogene Linien, Schulter herein, Travers usw. geraderichten. Wichtig ist dabei, dass das Pferd die Reiterhilfen versteht und entsprechend umsetzen kann. Die Reittechnik alleine reicht für die Ausbildung bis zum hoch gereiften Dressurpferd dabei ebenso wenig aus wie dem Osteotherapeuten die reine Kenntnis der osteopathischen Handgrifftechniken.

Es ist immer eine besondere Herausforderung, sich das Vertrauen des Pferdes zu erarbeiten. Dafür benötigt auch der Therapeut ein großes Gespür für Pferde. Nur ein Pferd, das dem Reiter vertraut, seine Hilfen versteht und diese auch umsetzen kann, wird vom Reiter wohlgeformt. Der Titel des Buches „Der Reiter formt das Pferd" von dem bekannten Anatom Prof. Otto Zietschmann und dem Tierarzt und Offizier Dr. Udo Bürger konnte treffender nicht sein.

Pferde, die dagegen fehlerhaft geritten werden (▶ **Abb. 9.2**), und das über eine längere Zeit, werden vom Reiter verformt. Deutlich wird dies am Exterieur des Pferdes: Der Unterhals wird herausgedrückt, der Rücken weggedrückt, es schlägt mit dem Kopf nach oben, es verwirft sich, das Gewicht ist auf die Vorhand verlagert und es verliert den Raumgriff der Hinterhand (▶ **Abb. 9.3**). Das Exte-

▶ **Abb. 9.1** Damon Hill und Helen Langehanenberg: Ein vertrauensvoll an die Reiterhand herantretendes Pferd in Anlehnung. (Foto: Julia Rau)

rieur dieser Pferde wird oft als überbaut und zu lang in der Mittelhand beschrieben. Nehmen die Pferde jedoch nach einer Behandlung ihre physiologische Haltung ein, sind sie durchaus wohlproportioniert.

Zu den schwierigsten Lektionen einer Dressur, die erst in der schweren Klasse gezeigt werden, gehören die Piaffe und die Passage. Hierbei muss das Pferd den Rücken wölben und die Hinterbeine vermehrt unter den Schwerpunkt setzen. Dies bedingt eine gute Beweglichkeit der Gelenke – vom Genick über den Rücken bis zu den Hinterbeinen – und eine kräftige, harmonisch zusammenarbeitende Muskulatur. „Das Pferd kann sich setzen", heißt die Terminologie in der Dressurbewertung.

Leider sieht man allzu häufig Ausführungen dieser Lektionen, bei der das Pferd sich nicht setzen kann, aber dennoch die Hinterbeine auf irgendeine Weise vom Boden abhebt (▸ **Abb. 9.2**). Dies geht auf Kosten der Gelenke und der Muskulatur, die früher oder später einer osteopathischen Behandlung bedürfen.

▸ **Abb. 9.2** Pferd mit weggedrücktem Rücken in der Piaffe. Das Vorderbein wird höher angehoben als das diagonale Hinterbein. Das Hinterbein kann nicht unter den Schwerpunkt des Reiters treten. Das Pferd schlägt mit dem Schweif. Der Reiter wirkt extrem mit der Hand ein. Unterbrochene Linie Unterarm – Reiterhand – Zügel. (Foto: Julia Rau)

▸ **Abb. 9.3** Fehlerhaft gerittenes Pferd. Es wirft den Kopf hoch und wehrt sich, den Unterhals herausdrückend, gegen die Reiterhand. Die Wirbelsäule ist in Hyperextension. Das gesamte Gewicht liegt stark auf der Vorderhand: Eine typische Überlastungssituation. (Foto: Julia Rau)

9.3 Springen

Auch beim Springen ist die Wölbung des Rückens von großer Bedeutung. Springt ein Pferd „mit guter Basküle", wölbt es über dem Sprung den Rücken. Bei einigen Pferden hat man den Eindruck, dass sie sich über dem Hindernis überstrecken; bei optimal trainierten Spitzensportpferden kann es dazu kommen. Diese Körperhaltung ist so zu sehen wie z. B. das Hohlkreuz bei Kunstturnern. Ist die tonisch-phasische Muskulatur im Gleichgewicht, kann der Sportler damit leben, driftet er aber in die Hyperextension ab und überlastet seine Strukturen, kommt es zu Schmerzen, Läsionen und Leistungseinbrüchen. Der Grad ist schmal! Heute sind die Parcours technisch sehr anspruchsvoll und die Pferde müssen eine gute Beweglichkeit, Geschicklichkeit und Schnellkraft haben.

Ein Sattel, der beim Sprung und Wenden die Hebel des Reiters unterstützt, ist ebenso wichtig wie ein guter Hufbeschlag. Bei fehlerhafter Einschätzung oder Reaktion von Pferd und/oder Reiter kann es gefährlich werden (▶ **Abb. 9.4**). Es gibt wohl keinen bedeutenden Springstall mehr, der seine Pferde nicht von Pferdeosteotherapeuten betreuen lässt.

Ein Springpferd ist auch auf einen guten Schmied besonders angewiesen. Hufbeschläge mit Stollen und vielen anderen Varianten sind im Springsport bei den unterschiedlichen Boden- und Witterungsverhältnissen sowie technisch schwierigen Linienführungen der Sprünge besonders wichtig, auch in der Zusammenarbeit mit den Osteotherapeuten.

9.4 Vielseitigkeit

Die Vielseitigkeit gilt als die Königsdisziplin, ähnlich wie der Zehnkampf bei den Leichtathleten. Dressur-, Gelände- und Springprüfungen müssen von Pferd und Reiter beherrscht werden. Vielseitigkeitspferde sind wohl die am intensivsten trainierten Pferde und müssen zweifelsohne höchste Leistung erbringen. Hinzu kommt eine gute Ausdauerfähigkeit und natürlich auch Mut – von Pferd und Reiter. Nur Paare, die 100 %ig harmonieren und Vertrauen zueinander haben, können die Anforderungen bewältigen.

Erstaunlicherweise waren die ältesten der Autorin bekannten Pferde Vielseitigkeitspferde. Vielleicht beruht dies darauf, dass sie besonders intensiv von ihren Reitern und Pflegern betreut werden. Zudem darf kein Reiter eine Geländeprüfung oder die abschließende Springprüfung bestreiten, ohne die tierärztliche Verfassungsprüfung erfolgreich durchlaufen zu haben. Sicherlich hat bei der Vielseitigkeit aber die Tatsache einen Einfluss, dass diese Disziplin für Pferde die artgerechteste ist.

Die Geländestrecke ist der anspruchvollste Teil bei der Vielseitigkeit (▶ **Abb. 9.5**). Neben Kraft, Ausdauer, Geschicklichkeit, bester Herz-Kreislauf-Situation, mentaler Verfassung u.v.m. ist die Ausstattung wie Zäumung, Sattel und Gamaschen ein wichtiger Faktor. Wäre z. B. das Sattelkissen zu lang und würde es in die Rückenmuskulatur drücken, könnte dies in Extremsituationen zu Stürzen führen, die gerade in der Vielseitigkeit mit schweren Verletzungen für Pferd und Reiter enden können.

Trotz eines optimalen Trainingszustands kann es immer wieder zu unberechenbaren Situationen im Gelände kommen, die auch den Einsatz eines Osteotherapeuten erfordern. Wegen der hohen Anforderungen an die Gesamtkonstitution und der besonders intensiven Betreuung der Pferde waren die Vielseitigkeitsreiter die ersten, die die systematische Zusammenarbeit mit Osteo- und Physiotherapeuten umgesetzt haben.

▶ **Abb. 9.4 a–c** Belastung durch eine falsche Fluglinie, Aufprall von Stangen, kompensatorische Fehlbewegung und Extrembewegung der Gelenke. (Fotos: Julia Rau)

d–f Belastung durch eine falsche Fluglinie, Aufprall von Stangen, kompensatorische Fehlbewegung und Extrembewegung der Gelenke. (Fotos: Julia Rau)

▸ **Abb. 9.5** Pferd auf der Geländestrecke eines Vielseitigkeitsturniers. (Foto: Julia Rau)

9.5 Voltigieren

Ein Voltigierpferd muss, eng ausgebunden, über einen längeren Zeitraum auf einer Hand galoppieren. Diese enge Ausbindung führt zu einer Hyperflexion des Halses (▸ **Abb. 9.6**) und gleicht der umstrittenen „Rollkur" aus der Dressur. Voltigierpferde leiden durch die einsatzbedingten Belastungen häufig unter Wirbelblockierungen, die sie in ihrer Bewegung (insbesondere der zum Voltigieren benötigten Galoppade) einschränken.

Voltigierpferde und Therapiepferde sollten daher regelmäßig physiotherapeutisch oder osteotherapeutisch betreut werden, weil sie selten lockernd und gymnastizierend geritten werden. Hinzu kommen häufig schlecht sitzende Voltigiergurte.

▸ **Abb. 9.6** Voltigierpferd mit kurzen Ausbindern. (Foto: Julia Rau)

9.6 Fahrpferde

Jeder Fahrer wünscht sich für sein Pferd einen Reiter, der es locker über den Rücken auf vielen gebogenen Linien reitet, weil sich ein gymnastiziertes Pferd besser fahren lässt und gute Arbeit leistet. In der Realität ist dies aber selten der Fall, sodass viele Fahrpferde damit leben müssen, dass ihr Ausgleichstraining rar ausfällt.

Wer schon einmal an einem Fahrturnier teilgenommen hat oder auf dem Bock eines Vierspänners durch das Gelände geprescht ist, weiß, mit welcher Rasanz es durch Feld, Wald und Wasser geht und was auch ein Fahrpferd leistet (▸ **Abb. 9.7**). Über Kraft, Ausdauer und Geschicklichkeit muss es ebenso verfügen wie ein Spring- oder Vielseitigkeitspferd Eine gut trainierte Muskulatur setzt auch eine lockere Muskulatur voraus. Deshalb erhalten viele Fahrpferde und Fahrponys, die in Meisterschaftsklassen gehen, regelmäßig Physiotherapie, Stresspunktmassagen und Muskellockerung auch mit physikalischen Geräten, Wärmepackungen usw. Generell besteht hier jedoch noch erhöhter Behandlungsbedarf.

▶ **Abb. 9.7** Fahrpferde im Turniereinsatz. (Foto: Julia Rau)

▶ **Abb. 9.8** Sliding stop. (Foto: Julia Rau)

▶ **Abb. 9.9** Spin. (Foto: Julia Rau)

9.7
Westernpferde

Viele Reiter, die dem klassischen Reitverein und der klassischen Dressur frustriert den Rücken kehrten, glaubten, den pferdefreundlichen Umgang beim Westernreiten zu finden.

In der Westernreiterei ist aber keineswegs mehr Horsemanship vertreten als in der klassischen Dressur oder anderen Disziplinen. Auch hier werden Methoden eingesetzt, die der Gesundheit der Pferde nicht immer zuträglich sind. Bei Westernturnieren und Meisterschaften werden enorme Anforderungen an die Muskulatur des Pferdes gestellt, z. B. bei den Sliding stops (▶ **Abb. 9.8**) oder Spins (▶ **Abb. 9.9**).

Osteopathisch findet man bei Westernpferden gehäuft Läsionen in den langen Sitzbeinmuskeln. Ein Problem vieler Quarterhorses sind die zu kleinen Hufe, die jedoch verständlicherweise osteopathisch nicht zu beeinflussen sind. Ausgesprochen kritisch für Westernpferde sind die Westernsättel. Sie haben eine weit nach hinten, oft bis in die LWS ragende Sattelauflage und einen tiefen Sitzpunkt für den Reiter, der ebenfalls zu weit hinten liegt.

Die ursprünglich in der Westernreiterei genutzten Quarterhorses mit einem kurzen, breiten Rücken und einer kräftig bemuskelten Hinterhand, stämmigen Beinen und einem kurzen kompakten Röhrbein konnten die ungünstig einwirkenden Gewichte über diese Sättel offenbar ertragen, zumal sie auch Kaltblut in sich führen. Heute dominieren jedoch verschiedene Blutlinien das Bild und es werden auch Traber, Araber und Haflinger mit Westernsätteln ausgestattet. Dies führt zwangsweise zu Problemen im Rücken, die sich bis in die Beine und Hufe fortsetzen. Auch der Druck des Sattelvorderhorns auf die Schulterregion löst häufig Überlastungssyndrome aus.

9.8 Gangpferde

Bei Gangpferden werden Tölt und Rennpass als 4. bzw. 5. Gangart geritten (▸ **Abb. 9.10**). Um das Pferd zu animieren, in diese Gangart zu wechseln, benutzen die Reiter immer noch Sättel mit weit nach hinten in den Rücken ragenden Trachten und einem nach hinten verlagerten Sitzpunkt. Sitzt der Reiter verstärkt ein, drücken die Trachten in die Rückenmuskulatur, die das Pferd dann reflektorisch anspannt. Über die Hyperextension des Rückens und das Anheben von Kopf und Hals beginnt das Pferd zu tölten. Solange die Pferde gymnastizierend gearbeitet werden, ist gegen den Tölt nichts einzuwenden. Verantwortungsvolle und aufgeklärte Reiter halten sich bei den Töltreprisen im Wesentlichen an die Turnierdistanzen.

Im osteotherapeutischen Alltag werden aber immer wieder Pferde – vornehmlich aus dem Freizeitbereich – vorgestellt, die, z. B. mit Westernsätteln oder extrem langen Trachtensätteln, immer wieder auch über längere Strecken getöltet werden. Verspannte Rückenmuskeln, abgeschwächte Bauchmuskeln, überlastete Brustmuskeln, Extensionsblockierungen der Lenden- und BWS sowie

▸ **Abb. 9.10** Isländer im Tölt. (Foto: Julia Rau)

verspannte Armkopfmuskeln und durch die Fehlbelastung verstellte Hufe sind dann klassische osteopathische Befunde bei diesen Gangpferden.

9.9 Distanzpferde

In den vergangenen Jahren ist das Distanzreiten immer populärer geworden. Diese Disziplin wird allerdings häufig von Reitern betrieben, die über keine fundierte reiterliche Ausbildung und wenig Kenntnisse über die Anatomie des Pferdes oder über Sättel usw. verfügen. Dementsprechend fehlen den Distanzpferden häufig die Grundlagengymnastizierung und die Geraderichtung. Bei unpassenden Sätteln und unsachgemäßer Sitz- oder Steheinwirkung in den Bügeln kommt es zu einer ungünstigen Lasteinwirkungen auf die Wirbelsäule mit entsprechenden Überlastungsproblemen.

10 Der Einfluss des Sattels auf Reiter und Pferd

10.1 Einführung

Die wichtigste Aufgabe eines Sattels ist es, den Pferderücken vor dem Reitergewicht zu schonen. Dazu soll er den Reiter so platzieren, dass die Schwerkraftlinie von Pferd und Reiter möglichst wie eine Senkrechte verläuft. Andererseits soll er die Bewegung des Pferdes abfangen, um so dem Reiter die Möglichkeit zu geben, seine Position auf der Schwerkraftlinie zu halten, auch in der Bewegung, und dabei koordiniert seine Hilfen zu geben. Bildet die Schwerkraftlinie des Reiters mit der des Pferdes eine Senkrechte, kann das Pferd die Last des Reiters am leichtesten ertragen.

Grundsätzlich ist bei jeder pferdeosteotherapeutischen Behandlung sorgfältig zu analysieren, wo die Probleme des Pferdes herrühren. Es können folgende Ursachen in Betracht kommen:

- Pferd (Blockierungen durch Sturz, Tritt, Verletzungen etc.)
- Sattel (Kammer zu eng oder zu weit, unpassender Sattelbaum, fehlerhafte Begurtung u. a.)
- Reiter (Blockierungen, Verspannungen, Unkoordination u. a.)
- Kombinationsprobleme
  - Pferd – Sattel
  - Pferd – Reiter
  - Reiter – Sattel
  - Pferd – Sattel – Reiter

Es ist gleichgültig, welche der genannten Ursachen vorliegen, die Sattelkontrolle gehört als fester Baustein zur pferdeosteotherapeutischen Behandlung.

10.2 Der Sattel

Der bekannteste und in der Sportreiterei am häufigsten verwendete Sattel ist der sog. **englische Flachsattel** (▸ Abb. 10.1). Sein Herzstück ist der Sattelbaum, der in seinem Schwung und seiner Taillierung unbedingt zur Oberlinie des Pferderückens passen muss. Der Sattelbaum hat die Aufgabe, das Reitergewicht von der sehr empfindlichen Rückenpartie des Pferdes fernzuhalten.

Unter dem Sattelbaum werden die Sattelkissen angebracht, die – nur getrennt durch die Satteldecke – direkt auf der Rückenmuskulatur des Pferdes liegen und funktionell angepasst sein müssen. Am Übergang vom Kopfeisen zum Sattelbaum befindet sich die Steigbügelaufhängung, die auch als

▸ **Abb. 10.1**

a Alter englischer Flachsattel: Er erfordert Geschicklichkeit des Reiters. (Foto: DIPO)

b Militärsattel: Der Reiter wird nach vorne gegen den Widerrist gesetzt. (Foto: DIPO)

Steigbügelschloss bezeichnet wird. Die Strupfen für die Befestigung des Bauchgurts sind ebenfalls am Sattelbaum angebracht und sollten idealerweise ebenfalls auf der Schwerkraftlinie von Pferd und Reiter verlaufen. Die Positionierung des Reiters hat immer im Bereich des 12. Brustwirbels zu erfolgen, denn dies ist der Punkt, an den uns das Pferd auch setzt, wenn wir ohne Sattel reiten. Dieser Punkt liegt dicht hinter dem Widerrist (▶ **Abb. 4.17**) und gilt sowohl für die Dressur-, Vielseitigkeits-, Spring-, Distanz- als auch Islandreiter.

Leider hat sich in den vergangen Jahren ein unübersichtliches Angebot von allen möglichen Sattelzusammenbauten entwickelt, sodass der gutgläubige Reiter oftmals mit **völlig fehlerhaften und unfunktionellen Sätteln** ausgestattet wird. Dies liegt im Wesentlichen daran, dass es in Deutschland zwar den Ausbildungsberuf des Sattlers gibt, dieser ist aber rein handwerklich orientiert und vermittelt weder anatomische Kenntnisse noch Aspekte der funktionellen Sattelanpassung. Im Übrigen kann sich jeder Ungelernte als Sattelexperte bezeichnen, was für seriös arbeitende Therapeuten ein nicht zu unterschätzendes Problem darstellt.

Der klassische Sattelbaum ist der **Holzstahlfederbaum.** Er besteht aus mehreren verleimten Holzschichten, die vorne zur Stabilisierung über ein Kopfeisen verfügen. Außerdem befinden sich im Längsverlauf (von vorne nach hinten) 2 Stahlfedern, die eine geringe Elastizität aufweisen. Unter ihnen werden die Sattelkissen angebracht, die im Verbund mit den Stahlfedern die Auf- und Abbewegung der Rückenmuskulatur des Pferdes bei der Lokomotion abfangen.

! Merke

Die Taillierung des Sattelbaums und die Höhe bzw. Weite der Sattelkammer müssen zum Pferderücken passen. Ein zu stark taillierter oder zu weiter Baum, eine zu enge oder zu weite Kammer und eine Begurtung, die den Reiter zu weit nach hinten setzt, können nicht durch Sattelkissen und deren Polsterung ausgeglichen werden.

Der Holzstahlfederbaum wird durch längs und quer verlaufende Gurte gespannt, die den **Sitzpunkt des Reiters** genau festlegen (▶ **Abb. 10.2**). Die Sattelkissen sollten mit Naturwolle gefüllt sein. Zur Stabilisierung werden sie mit Filz ummantelt. Der Abstand zwischen den Sattelkissen, der sog. Kissenkanal, sollte etwa 4 Finger oder 8 cm betragen. Auch die Winkelung der Kissen muss zum Pferderücken passen, weil andernfalls fehlerhafte Drücke auf ihn einwirken.

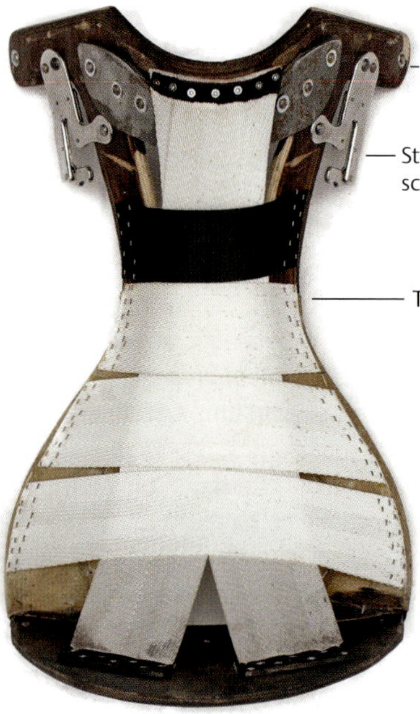

▶ **Abb. 10.2** Begurteter Holzstahlfederbaum: Durch die Begurtung kann der genaue Sitzpunkt des Reiters bestimmt werden. (Foto: DIPO)

Seit einiger Zeit werden Sättel angeboten, die über einen besonders breiten Sattelkanal verfügen und eine spezielle Entlastung des Pferderückens suggerieren. Dies ist aber nicht der Fall, denn sie sind so weit auseinandergezogen, dass sie auf den Rippenbögen aufliegen und die freie Bewegung dieser beim Atmen einschränken.

Ein neuer oder frisch gefüllter Sattel kann den Eindruck erwecken, dass der Reiter weit vom Pferderücken wegsitzt. Dies ist jedoch nur am Anfang der Fall und muss der Funktionalität wegen in Kauf genommen werden. Nach einigen Wochen des Gebrauchs „setzt" sich der Sattel und die Kissenfüllung passt sich der Kontur des Pferderückens an. Eine derartige Füllung passt sich auch kleineren Asymmetrien des Pferdes an.

Cave

Ein Sattel darf niemals asymmetrisch gepolstert werden, um die Unterschiedlichkeit des Muskelreliefs des Pferdes auszugleichen. Die Folge wäre immer eine verstärkte einseitige Einwirkung durch das Gewicht des Reiters. Asymmetrien beim Pferd sind nur durch sog. Correction Pads zu kompensieren, die z. B. über 4 Kammern verfügen, in die je nach Form des Rückenreliefs mehrere PolyFlex-Einlagen eingeschoben werden können.

Legt man den Sattel auf den Pferderücken und greift dem Pferd in den Armkopfmuskel (M. brachiocephalicus), hebt sich der Sattel hinten an, weil sich der Brustkorb des Pferdes in Flexion aufwölbt. Dabei bewegen sich die Rippen in Einatmungsstellung nach vorne und zur Seite. Diese Haltung nimmt ein Pferd ein, wenn es über den Rücken geritten wird, und diese Funktion muss der Sattel dem Pferd komplikationslos ermöglichen. Platziert der Sattel den Reiter zu weit nach hinten, hat das Pferd nicht genügend Kraft, um die Aufwölbung durchzuführen, und es wird früher oder später den Rücken „hängen" lassen. Im Sinne einer osteopathischen Ursache-Folge-Kette wird sich eine ganze Reihe funktioneller Veränderungen mit entsprechenden Symptomen entwickeln.

Sättel mit Holzstahlfederbäumen sind teuer und mancher Pferdebesitzer weicht deshalb auf preisgünstigere Sättel aus, die in aller Regel mit **Kunststoffbäumen** ausgestattet sind (▶ Abb. 10.3). Da man als Kunde dem Sattel nicht ansehen kann, welchen Baum er beinhaltet, sollte beim Sattelanpasser intensiv nachgefragt werden, wie das Innenleben des Sattels beschaffen ist. Viele Kunststoffbäume enthalten nicht einmal Metallverstärkungen (Kopfeisen) zur Stabilisierung der Sattelkammer.

Gerade bei Sätteln, die auch zum Springen eingesetzt werden, ist das **Kopfeisen** jedoch unerlässlich, weil ansonsten bei jedem Absprung und bei jeder Landung die Kunststofforte auseinanderweichen und sich in die Schultermuskulatur graben. Dies bedeutet z. B. bei 25 Sprüngen, dass 50-mal erheblicher Druck von den Ortspitzen auf die Schultern des Pferdes einwirkt. Kopfeisen sollten zudem aus Stahl geschmiedet sein. Eine Blechkonstruktion reicht natürlich nicht aus.

Seit mehreren Jahren befinden sich Sättel mit flexiblen und schwingenden Bäumen auf dem Markt. Die Hersteller versuchen, den Reitern zu vermitteln, dass diese besonders schonend für den Pferderücken seien. Doch auch hier ist das Gegenteil der Fall. Reiten stellt hohe koordinative Anforderungen an den Reiter (falsche Sitzpositionen ▶ Abb. 10.4, korrekte Sitzposition s. ▶ Abb. 9.1).

▶ **Abb. 10.3** Holzstahlfederbaum mit Kopfeisen (links), Kunststoffbaum ohne Kopfeisen (rechts). Die Ortspitzen (Ende des Kopfeisens) sollen leicht nach außen weisen. (Foto: DIPO)

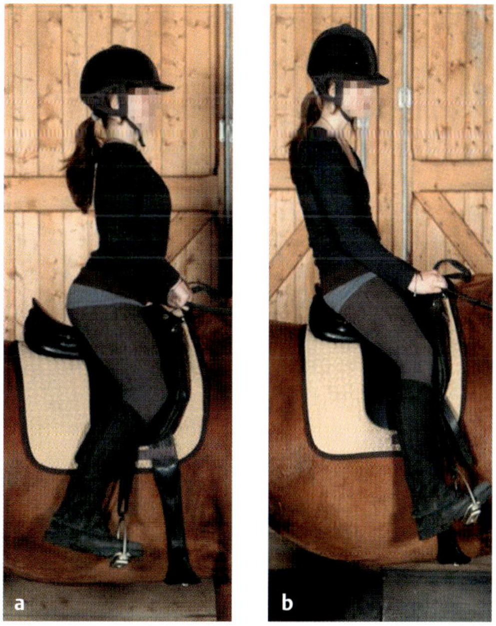

▶ **Abb. 10.4**

a Spaltsitz: Das Becken ist in Endposition nach vorne gekippt, der Schenkel rutscht nach hinten. (Foto: Ludwig Sauels)

b Stuhlsitz: Das Becken ist in Endpositon aufgerichtet, der Schenkel rutscht nach vorne. (Foto: LudwigSauels)

Durch eine gute Beckenbeweglichkeit und die doppelte S-Form seiner Wirbelsäule ist der Mensch in der Lage, den Bewegungen des Pferderückens (der sich flitzebogenartig aufwölbt) und dessen Rückenmuskeln, die sich im Wechsel heben und senken, zu folgen. Ein passender Sattel mit korrektem Baum und entsprechender Füllung und Winkelung der Sattelkissen fängt ebenfalls einen Teil dieser Bewegungen auf. Weist der Sattel aber eine Eigenbewegung auf, weil der Sattelbaum schwingt, kommt es zu gegensinnigen Schaukelbewegungen, die das Pferd völlig irritieren. Woran soll sich das Pferd orientieren, wenn ständig etwas diffus auf seinem Rücken schaukelt? Nur wenn die Gewichtshilfe, z. B. zum Angaloppieren, genau unter den Gesäßknochen des Reiters vom Pferd wahrgenommen wird, lernt es, dass es auf diesen Impuls hin angaloppieren soll.

Deshalb ist auch von luftgefüllten Sattelkissen abzuraten, weil durch die Luftkammern ebenfalls nur diffuse, über die gesamte Kammer sich hinziehende Reize auf den Pferderücken verteilt werden. Das Pferd erfährt keine Eindeutigkeit durch die Gewichtshilfe des Reiters, sondern wird irritiert und versteht nicht, was der Reiter ihm vermitteln möchte.

Ebenfalls ungeeignet sind Latexkissen. Hierbei handelt es sich um Formkissen, die nicht annähernd die Eigenschaft von Wollkissen haben. Sie passen sich nicht den Bewegungen der Pferdemuskulatur an, sondern rutschen über den Rücken an die Stellen, an denen sie „hängen bleiben". Durch die Belastungen kommt es dort zu Satteldruck.

Nicht weniger schädlich für das Pferd sind Sättel mit **austauschbaren Kopfeisen.** „Leicht zu wechseln von jedermann", verspricht die Werbung dieser Hersteller und liefert eine Messschablone gleich mit. Wer kann sich aber wirklich guten Gewissens als Laie entschließen, das passende Kopfeisen für sein Pferd zu bestimmen? Wenn man einmal in einer Sattlerei gesehen hat, wie viel handwerkliche Schmiedekunst für das Anbringen eines Kopfeisens erforderlich ist, das im Übrigen unterhalb und oberhalb der Sattelkammer verlaufen sollte, wird von solchen Vorschlägen schnell Abstand nehmen. Abgesehen davon verändert sich die Lage und damit der Schwerpunkt des Sattels, wenn nur das Kopfeisen enger oder weiter gemacht wird, ohne dass der Sattelbaum verändert wird.

Praxistipp
Sattelanpassung erfordert hohes Wissen und Geschick und nur zu schnell stellt sich schmerzhafter Satteldruck für das Pferd ein. Wenn es plötzlich triebig wird, mit dem Kopf schlägt, buckelt, im Galopp umspringt, die Hinterhand hereinstellt usw., ist ggf. eine osteopathische Behandlung und der Austausch des Sattels notwendig.

Eine weitverbreitete, aber leider fehlerhafte Auffassung besteht über die **Druckverteilung** des Sattels. So ist immer wieder zu lesen, dass ein Sattel das Gewicht gleichmäßig über seine gesamte Auflage verteilen soll. Dies ist nicht richtig! In der Biomechanik-Abteilung der Universitätstierklinik (Tierspital) in Zürich wurden Hunderte von Sattelmessungen in der Bewegung unter immer gleichen Bedingungen durchgeführt. Die an den Untersuchungen beteiligten Tierärzte weisen besonders darauf hin, dass die gleichzeitige Bewegung von Reiter und Pferderücken zusammen mit einem nicht vollständig fixierten Sattel eine komplexe dynamische Interaktion darstellt, deren Veränderungen aufgezeigt und richtig interpretiert werden müssen. Dies ist sicherlich nur von geschulten Fachleuten zu leisten.

Es gibt nur wenige – und ausnahmslos sehr teure – Messsysteme, die den Satteldruck in der Bewegung messen können. Am Tierspital in Zürich sind Tausende von Messungen mit dem Novel-System durchgeführt worden. Hierbei liegt die Messschabracke direkt auf dem Pferderücken und wird über ein Kabel mit dem Datenlogger verbunden, den der Reiter umgeschnallt bekommt. Der Datenlogger übermittelt die Daten an einen portablen Computer. Die zentrale Frage, die aussagekräftig beantwortet werden muss, lautet: Wie viel Druck an welchen Stellen führt zu Rückenbeschwerden und Satteldruck?

Aus der Humanmedizin und von Messungen bei Hunden weiß man, das Druckwerte von 4,5 KPa (1 KPa = 100 g/cm^2) zu örtlicher Mangeldurchblutung der Haut führen. Druckbelastungen von 9 KPa über 2 Stunden können bereits eine ischämische Nekrose (Absterben des Gewebes aufgrund fehlender Durchblutung) verursachen. Studien, die ebenfalls in der Abteilung Sportmedizin des Tierspitals Zürich durchgeführt wurden, haben eine Korrelation zwischen Spitzendruckwerten von mehr als 30 KPa und klinischen Symptomen wie Schmerzreaktionen bei Druck auf die Dornfortsätze oder Atrophie (Gewebeschwund aufgrund mangelnder Durchblutung) der Rückenmuskulatur ergeben.

In einer anderen Studie wurde Folgendes herausgefunden: Nachdem die Sattelfläche in einen vorderen, mittleren und hinteren Bereich geteilt und die Druckwerte aufgenommen wurden, zeigte sich, dass die Toleranzschwelle für Spitzendruckbelastungen im vorderen Drittel höher war als im mittleren und hinteren Drittel. Auch die durchschnittlichen Druckwerte wiesen deutlich nach, dass die Pferde im hinteren Bereich der Sattellage empfindlicher waren als vorne. Anlässlich des Sattel-Symposiums auf der Eurocheval 2008 in Offenburg gab Dr. med. vet. Katja von Peinen vom Tierspital in Zürich in ihrem Vortrag folgende Druckwerte an: Im vorderen Drittel werden 13,0 KPa toleriert, im mittleren Drittel 11,4 KPa und im hinteren Drittel 10,0 KPa. Diese Daten weisen darauf hin, dass das Pferd 30 % mehr Durchschnittsdruck im vorderen als im hinteren Drittel tolerieren kann.

Ein anderes häufig zu beobachtendes Problem ist die **Brückenbildung** bei Sätteln. Hierbei liegt der Sattel im vorderen und hinteren Bereich des Pferderückens verstärkt auf und bildet dadurch dazwischen eine Brücke. Auf diese Weise entstehen, im vorderen wie im hinteren Teil, Druckspitzen auf dem Pferderücken, die unweigerlich zu Satteldruck führen. Legt man die flache Hand zwischen Sattelkissen und Pferderücken und fährt mit den Fingerspitzen von vorne nach hinten über die Kissenoberfläche, soll sie von homogener Beschaffenheit sein. Hohlräume (Brücken) oder Knötchen sind ein deutlicher Hinweis auf fehlerhafte Füllungen. Solche Sättel müssen unbedingt fachgerecht korrigiert werden.

Ein heikler Punkt bei Rückenproblemen des Pferdes ist jedoch auch der **Reiter** selbst: Bei ihrem o. g. Vortrag anlässlich des DIPO-Seminars führte Frau Dr. von Peinen aus, dass Satteldruckmessungen ausgewiesen haben, welchen großen Einfluss das Können des Reiters auf das Druckmuster des Sattels hat. Es konnte dargestellt werden, dass sich das Druckmuster je nach Gewicht und Gewichtsverlagerung des Reiters ändert, respektive der vom Reiter geforderten Körperhaltung des Pferdes. Erfahrene Reiter, so wurde messtechnisch nachgewiesen, sitzen ruhiger auf dem Pferd und haben ein konstanteres Bewegungsmuster als weniger geübte Reiter. Ebenso sind die Spitzendruckwerte unter dem Sattel bei einem geübten Reiter vergleichsweise niedriger als bei einem Anfänger. Um relevante Aussagen zu computergesteuerten Messsystemen bzw. seiner aufgenommenen Daten zu machen, bedarf es einer langen Erfahrung sowie einer umfangreichen Datensammlung für Vergleiche.

▶ **Abb. 10.5a** zeigt ein Pferd mit akutem Satteldruck. Die Besitzer haben das Ausmaß offenbar völlig unterschätzt, denn sie fragten den Sattlermeister, ob sie am kommenden Wochenende mit dem Pferd wieder an einem Turnier teilnehmen könnten.

Auch ▶ **Abb. 10.5b** zeigt ein Pferd mit akutem Satteldruck. Deutlich sichtbar sind die weißen Sti-

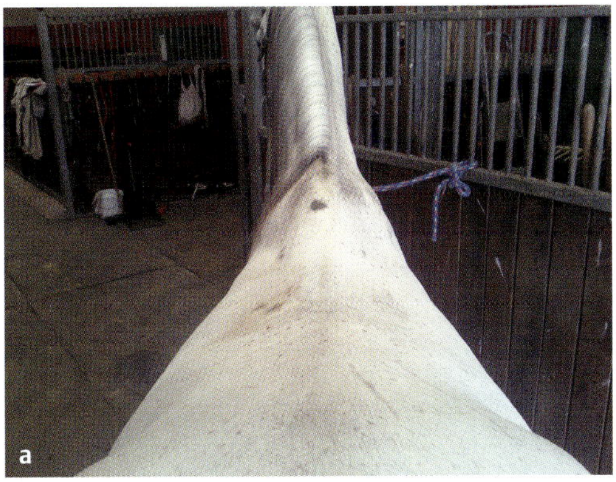

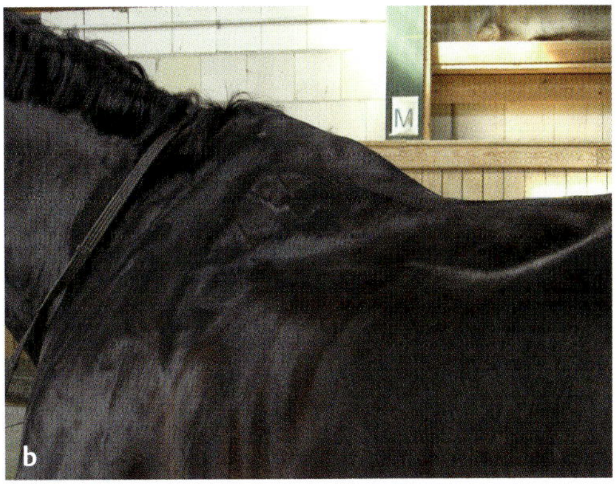

▶ **Abb. 10.5**
a Deutliche Fellabschürfungen durch Satteldruck. (Foto: Boris Ravenschlag)
b Unregelmäßigkeiten im Rückenrelief durch Satteldruck. (Foto: Boris Ravenschlag)

chelhaare, die durch den Druck entstanden sind. Das Pferd war bei der osteotherapeutischen Behandlung beiderseits an der Schultergürtelmuskulatur hochgradig berührungsempfindlich, ebenso in der Rückenmuskulatur im Bereich der hinteren Sattellage.

Bei der Sattelkontrolle ist auch der Verlauf der **Gurtstrupfen** zu beurteilen. Sie sollen, wie bereits erwähnt, möglichst auf der gleichen Linie verlaufen, die die Schwerkraftlinie von Reiter und Pferd bildet, und in ihrer Verlängerung sollen sie in die Gurtlage des Pferdes weisen.

Häufig findet man heute Strupfen, die vorne am Kopfeisen fixiert sind und hinten V-förmig verlaufen. Dies ist wenig hilfreich für die Reiterei, denn diese Art der Gurtung strippt das Pferd in der Geraden ein und verhindert, dass es sich korrekt biegt. Gerade im Bereich der BWS ist die Biegung aber bei jeder Volte, bei jeder Traversale und erst recht bei jeder Pirouette unerlässlich.

10.3 Überprüfung des Sattels

Als Anleitung für die Überprüfung des Sattels können folgende Sattelkennpunkte hilfreich sein:

10.3.1 Sattelbaum und Sitzprofil

Der Sattelbaum muss zur Oberlinie des Pferderückens passen und den Reiter so platzieren, dass er dicht an den Widerrist gesetzt wird. Dabei kann der Reiter den Oberschenkel locker nach unten fallen lassen, sodass Bügel und Fußballen sich treffen und das Lot vom Ohr des Reiters über die Schulter und Hüfte bis zur Ferse gefällt werden kann. Voraussetzung hierfür ist, dass die Pauschen nicht zu dick sind und das Bein in eine unphysiologische Haltung bringen, die sich wiederum ungünstig auf die gesamte posturale Situation des Reiters auswirkt.

10.3.2 Kopfeisenrichtung

Ein guter Sattel ist mit einem Kopfeisen ausgestattet, das senkrecht zum Boden an der hinteren Kante des Schulterblatts verlaufen sollte (▶ **Abb. 10.6**). Das Kopfeisen darf weder nach vorne Richtung Schulterblatt noch nach hinten weisen.

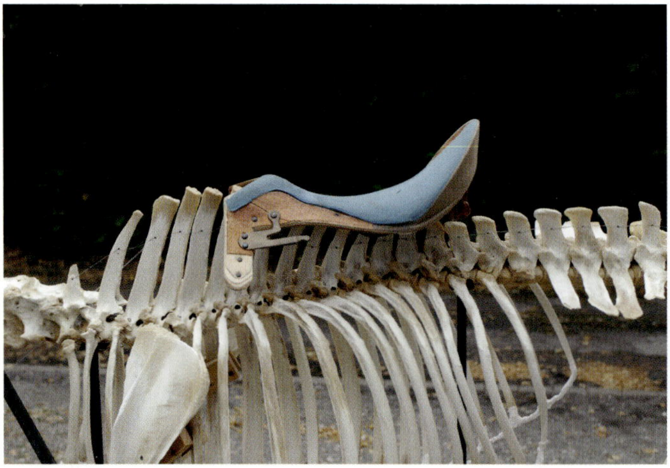

▶ **Abb. 10.6** Das Kopfeisen verläuft senkrecht hinter der Schulterblattkante. Der Sattelbaum setzt den Reiter dicht an den Widerrist. (Foto: DIPO)

10.3.3 Kopfeisenweite

Das Kopfeisen muss einerseits so weit sein, dass es den Widerrist nicht einklemmt, und andererseits darf es nur so weit sein, dass die Kammer nicht von oben auf den Widerrist drückt. Bei einem schiefen Pferd dürfen die Kopfeisen nicht der Schiefe nach geformt werden. Die unteren Enden des Kopfeisens müssen leicht vom Pferd weggebogen sein. Es darf sich keinesfalls in die Muskulatur des Pferdes „bohren".

10.3.4 Kissenfüllung

Die Kissen des Sattels sollten mit Naturwolle gefüllt sein, die lagenweise eingeführt wird. Es sollten nicht wahllos Füllschlitze in die Kissen geschnitten werden, in die dann die Füllung hineingestopft wird. Materialien wie Bauschaum, Papiertaschentücher und Kosmetikpads haben nichts im Sattelkissen zu suchen. Latexkissen sind abzulehnen, da es sich um fertig geformte Kissen handelt, die sich nicht der Kontur der Pferdemuskulatur anpassen.

10.3.5 Kissenbeschaffenheit

Die Kissen des Sattels müssen unbedingt von homogener Beschaffenheit sein. Sie dürfen keine Knötchen, Asymmetrien oder Brückenbildungen aufweisen. Sie müssen auf Fingerdruck nachgeben, dürfen aber nicht fest-elastisch oder gar hart sein. Sogenannte französische Kissen passen sich dem Pferderücken, sofern ihre Beschaffenheit und Winkelung stimmen, besonders gut an.

10.3.6 Kissenabstand

Die Faustregel bezüglich des Kissenabstands besagt, dass dieser etwa 4 Finger bzw. 8 cm betragen soll. Die Kissen müssen absolut parallel verlaufen.

10.3.7 Kissenwinkelung

Wird der Sattel auf dem Pferderücken von hinten betrachtet, muss die Winkelung der Kissen der Winkelung des Pferderückens entsprechen. Keinesfalls dürfen Gewichtskonzentrationen auf dem inneren oder äußeren Kissenrand entstehen.

10.3.8 Gewichtsverteilung des Sattels

Das Pferd kann das meiste Reitergewicht im vorderen Drittel der Sattelauflage tolerieren (Kap. 10.2). Nach hinten nimmt die Drucktoleranz ab. Die Meinung, der Sattel müsse das Gewicht gleichmäßig über die gesamte Auflage verteilen, ist falsch.

10.3.9 Satteldecke, Schabracke

Die Sattelunterlage muss im Bereich des Widerrists einen hohen Anschnitt aufweisen, damit sie nicht durch das Gewicht des Sattels auf die Dornfortsätze des Widerrists gedrückt wird. Die Sattelunterlage muss eine enge Steppung besitzen. Die Befestigungsschlaufen für die Gurtstrupfen des Sattels und die Führung für den Sattelgurt sollten aus Klettmaterial sein, damit sie individuell einstellbar sind. Die Sattelunterlage muss so groß sein, dass der Rand des Sattelkissens nicht auf die Einfassung bzw. deren Naht in den Pferderücken drückt.

10.3.10 Sattelstrupfen und Gurtlage

Die Sattelstrupfen sollten vertikal und in die natürliche Gurtlage des Pferdes laufen. Idealerweise sollte die Lotlinie des Reiters mit der Lotlinie des Pferdes und dem Verlauf von Steigbügeln und Gurt übereinstimmen. Der Sattelgurt (außer Schnurgurt) muss eine gute und richtig platzierte Ellenbogenfreiheit aufweisen. Kurzgurte müssen so lang sein, dass sie nach dem Nachgurten nahezu bis ans Sattelblatt reichen.

Strupfen sollten nicht am Kopfeisen befestigt sein, weil der Sattel eine zu starke Kippung nach vorne erfährt und verstärkt in die Schultermuskulatur drückt. Brüchige Gurte und Textilgurte mit schmalen Verstärkungsstreifen verursachen beim Pferd punktuelle Schmerzen.

Elastische Gurtstrupfen sollten immer rechts geschnallt sein, damit es beim Nachgurten (üblicherweise links) nicht zum Übergurten kommt. Ledergurte sollten am Brustbein eine große Auflagefläche aufweisen und weich gepolstert sein.

Auf Westernsättel und baumlose Sättel (► **Abb. 10.7**) wird in diesem Buch nicht eingegangen. Erstere sind wegen ihres weit nach hinten gelegenen Sitzpunkts für die heutigen Pferde äußerst

▶ **Abb. 10.7** Zusammengedrückter baumloser Sattel: Die Gesäßknochen des Reiters bohren sich in die Rückenmuskeln des Pferdes, weil der Sattelbaum fehlt. Außerdem liegt der Sitzpunkt viel zu weit kaudal. (Foto: DIPO)

problematisch. Letzteren fehlt das Herzstück, nämlich der Baum. Sie dürften deshalb richtigerweise nicht Sattel, sondern lediglich Reitkissen genannt werden. Ihnen fehlt das „Gewerk", welches das Reitergewicht von der Pferdewirbelsäule fernhält. Außerdem verläuft die Aufhängung der Steigbügel direkt über den Dornfortsätzen der Wirbelsäule und übt dort erheblichen Druck aus.

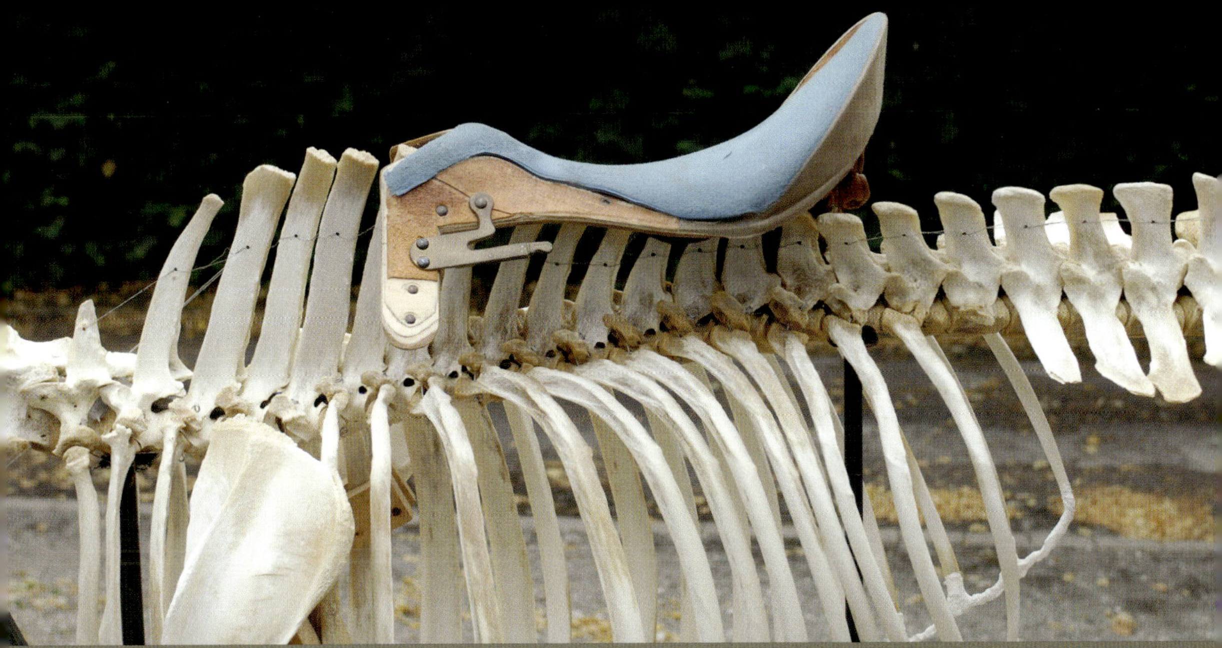

Teil 4
Anhang

Nützliche Adressen

Firma BionMed®Technologies GmbH
Science Park 2
66 123 Saarbrücken
Tel.: 0681/6 851 903
Fax: 0681/6 851 879
Internet: www.bionmed.de

AG Tierosteo- und -physiotherapie im Bundesverband selbstständiger Physiotherapeuten – IFK e. V.
Lise-Meitner-Allee 2
44 801 Bochum
Tel.: 0234/977 450
E-Mail: ifk@ifk.de

Deutsches Institut für Pferde-Osteopathie (DIPO)
Hof Thier zum Berge
48 249 Dülmen
Tel.: 02 594/782 270
Fax: 02 594/7 822 727
E-Mail: info@osteopathiezentrum.de
Internet: www.osteopathiezentrum.de

THERZ Trainings- und Therapiegerätezentrum GmbH
Mitwick 32
48 249 Dülmen
Tel.: 02 594/949 587
E-Mail: info@therz.de
Internet: www.therz.de

Medizinisches Glossar

A

Abdomen
Bauch

Abduktion
Abspreizen eines Körperteils

adaptieren
anpassen

Adduktion
Heranführen eines Körperteils

Adhäsion
Anhaftung

Adrenalin
Hormon aus der Gruppe der Katecholamine

Adspektion
optische Überprüfung

aerob
unter Sauerstoffzufuhr

afferent
aufsteigend

Aktinfilamente
strahlenförmige, dünne Proteinfäden mit Bindungsstellen für Ca^{2+}-Ionen

akut
unvermittelt auftretend

akzessorisch
zusätzlich, hinzukommend

anaerob
ohne Sauerstoffzufuhr

Antagonist
Gegenspieler

Aorta
Hauptschlagader, größte Arterie des Körpers

Aponeurosen
Sehnenplatten

Arachnoidea
Spinnwebenhaut

Articulatio (Art.)
Gelenk

ascendens
aufsteigend

Atlantookzipitalgelenk
Gelenk zwischen Atlas und Hinterhaupt

autochthon
an Ort u. Stelle bzw. von selbst (also ohne Fremdwirkung) entstanden

Axon
Fortsatz spezifischer Nervenzellen

C

Caecum (Zäkum)
Blinddarm

caudal (kaudal)
schwanzwärts

cava
Höhle

cervical (zervikal)
zum Hals gehörend

Colon
Grimmdarm

Cor
Herz

costal (kostal)
zur Rippe gehörend

cranial (kranial)
kopfwärts

Crus
Schenkel

D

Depolarisation
Verschiebung des Ruhemembranpotenzials

Dermatom
Hautbezirk

descendens
absteigend

dextra
rechts

Diaphragma
Zwerchfell

divergierend
auseinandergehend

Ductus
Gang, Kanal

Duodenum
Zwölffingerdarm
Dura mater
harte Hirnhaut

E

efferent
herausführend, ableitend
Emphysem
Luftansammlung im Gewebe
essenziell
unentbehrlich, lebensnotwendig
Exspiration
Ausatmung
Extension
Streckung
extern
außen

F

Falx
Sichel
Faszie
Muskelbinde
Filamente
fadenförmige Proteinstrukturen
flexibel
beweglich
Flexion
Beugung
Flexura
Biegung
Fontanelle
Lücke zwischen den Schädelknochen
Foramen
Loch, Öffnung

G

Ganglion
Anhäufung von Nervenzellen, Knoten
Ganglion stellatum
sternförmiges Nervengeflecht an der 1. Rippe
Gomphosis
Einkeilung, Sonderfall der Syndesmose, z. B. Zahn

H

Hepar
Leber
Hiatus
Spalt
Hypertrophie
Volumenzunahme von Zellgewebe bei gleichbleibender Zellenanzahl
Hypothalamus
Teil des Zwischenhirns

I

Ileum
Hüftdarm
Ilium
Darmbein
Innervation
Nervenversorgung
Inspiration
Einatmung
intercostal (interkostal)
zwischen den Rippen
intern
innen
intrafusale Fasern
dünne, quergestreifte Muskelfasern in der Arbeitsmuskulatur
intraperitoneal
im Peritoneum liegend
intrathorakal
im Brustraum gelegen

J

Jejunum
Leerdarm
Junctura fibrosa
spaltfreies Gelenk
Junctura synovialis
echtes Gelenk

K

konkav
nach innen gewölbt
Kontraktion
Anspannen/Verkürzen, z. B. eines Muskels

kontralateral
gegenüberliegend
konvergierend
zusammengehend, aufeinander zugehend
konvex
nach außen gewölbt

L

Lacuna
Grube, Lücke
lateral
seitlich
Lien
Milz
Liquor
Flüssigkeit
Lokomotion
Fortbewegung
lumbal
zur Lende gehörend

M

Manipulation
„Einrenken“, z. B. eines Wirbels
Manubrium sterni
Brustbein
Matrix
amorphe Grundsubstanz, in die eine Struktur eingelagert ist, Bindegewebe
Mediastinum
Mittelfell
Membran
dünne Haut
Meningen
Hirnhäute
Mesenterium
Gekröse, Bauchfelldoppelfalte, die von der hinteren Bauchwand an den Darm zieht
Metamer
aufeinander folgende Körperabschnitte (Segmente)
Motilität
Bewegungsfähigkeit
Motoneurose/Motoneurone
absteigende Nerven, die die Muskulatur kontrahieren
motorisch
der Bewegung dienend
Musculus
Muskel
Myelon
Mark
Myosinfilamente
dicke Proteinfäden mit Bindungsstelle für ATP
Myotom
vom Spinalnerv versorgte Muskeln

N

Nervus phrenicus
Zwerchfellnerv
Nervus vagus
10. Hirnnerv
Neuron
Fortsatz der Nervenzelle
Neurone
Nervenzellen
Noradrenalin
Transmitter des sympathischen Nervensystems
Nozizeptoren
Schmerzrezeptoren

O

Ösophagus
Speiseröhre

P

palpieren
tasten
Pankreas
Bauchspeicheldrüse
Parasympathikus
Teil des vegetativen Nervensystems
Pars
Teil
Perikard
Herzbeutel
Perikaryon
Zellkörper von Nervenzellen
Periost
Knochenhaut
peripher
am Rande liegend

Peristaltik
fortschreitende Kontraktion in Hohlorganen
Peritoneum
Bauchfell
Pia mater
weiche Hirnhaut
Pleura
Lungenfell
Plexus
Geflecht
Pneumothorax
Aufhebung des Unterdrucks im Thorax durch Luft (Folge: Lungenkollaps)
Prädilektionsstelle
von einem bestimmten Krankheitsprozess bevorzugte Körperregion
präganglionär
vor dem Ganglion liegend
Processus spinosus
Dornfortsatz
profund
tief liegend
Propriozeptor
Stellungsrezeptor
Pulmo
Lunge

R

Radius
Speiche
rektal
vom After her
Rektum
Mastdarm, Enddarm
Ren
Niere
resorbieren
aufsaugen
Rezeptoren
Struktur im Organismus, die spezifische Reize empfängt
rostral
zum Maul/Schnabel hin

S

sacral (sakral)
zum Kreuzbein gehörend
Segment
Teil des Rückenmarks
sensibel
die Empfindung/Reizaufnahme betreffend
serös
flüssig
serratus
gezähnt
sezernieren
absondern
sinistra
links
Sinus
Rundung, Krümmung
Sklerom
Verhärtung
Sklerotom
segmentales Bindegewebsareal
somatisch
körperlich
sternal
zum Brustbein gehörend
Sternum
Brustbein
superficial
oberflächlich
Sutura
Knochennaht
Sympathikus
Teil des vegetativen Nervensystems
Symphysis
faserknorpelige Verbindung
Synchondrosis
bandhafte Verbindung zweier Knochen
Syndesmosis
bindegewebig verbundenes Gelenk
Synovia
Gelenkflüssigkeit

T

thorakal
zum Brustkorb gehörend
Thorax
Brustkorb

Trachea
Luftröhre
Transmitter
Überträgersubstanz
transversal
quer liegend
Truncus
Stamm
Tuber
Höcker

U

Ulna
Elle
Uterus
Gebärmutter

V

Vagina
Scheide
Vasodilatation
Gefäßerweiterung
vegetativ
die Funktion des vegetativen Nervensystems betreffend
Vena jugularis externa
Drosselvene
ventral
bauchwärts gelegen
Ventriculus
Magen, Kammer
viszeral
zu den Eingeweiden gehörend

Literaturverzeichnis

Adler E. Störfeld und Herd im Trigeminusbereich. 4. Aufl. Heidelberg: VfM; 2000

Ashdown RR, Done S. Topographische Anatomie. Stuttgart: Enke; 1988

Baker GJ, Easley J. Equine Dentistry. 2. Aufl. London: Saunders; 2000

Budras KD, Röck S. Atlas der Anatomie des Pferdes. 4. Aufl. Hannover: Schlütersche Verlagsgesellschaft; 2000

Bürger K. Vollendete Reitkunst. 4. Aufl. Berlin, Hamburg: Parey; 1975

Bürger U, Zietzschmann O. Der Reiter formt das Pferd. Warendorf: FN-Verlag; 2003

Bürger U. Vollendete Reitkunst. Stuttgart: Müller Rüschlikon; 2006

Collin B. Anatomie du cheval. Liége: Editions Derouaux Ordina; 1993

Denoix JM, Pailloux JP. Physiotherapie und Massage bei Pferden. Stuttgart: Ulmer; 2000

Deutsche Reiterliche Vereinigung. Richtlinien Bd. 1: Grundausbildung für Reiter und Pferde. 27. Aufl. Warendorf: FN-Verlag; 2000

Deutsche Reiterliche Vereinigung. Richtlinien Bd. 2: Grundausbildung für Fortgeschrittene. 13. Aufl. Warendorf: FN-Verlag; 2001

Dickreiter B. Rückenschmerzen – eine bedeutsame Volkskrankheit. Neue Sichtweisen in der Prävention und Theorie von muskuloskelettalen Beschwerden. Erfahrungsheilkunde 2004; 11: 687–693

Dickreiter B. Neues aus der Forschung zum Infrarot. Internes Scriptum; 2007

Dickreiter B. Zellbiologische Regulationstherapie als Basis neuer Therapie- und Präventionskonzepte. Eigenverlag; 2008

DIPO. GPS – Gemeinsam Pferde stärken (DVD). Dülmen: DIPO; 2007

Donner HD, Habel M, Schridde H, Specht D. Ausbildung für Fortgeschrittene. Band 2: Richtlinien für Reiten und Fahren. 10. Aufl. Warendorf: FN-Verlag; 1987

Du Paty de C. Theorie und Praxis der höheren Reitkunst. Hildesheim: Olms Presse; 1987

Ellinger S. Pferde über den Rücken reiten. Stuttgart: Franckh-Kosmos; 2012

Gösmeier I. Akupressur für Pferde. Löst Verspannungen. Stärkt die Lebensenergie. Stuttgart: Kosmos; 2005

Gräf U. Feines Reiten auf motivierten Pferden. Warendorf: FN-Verlag; 2012

Gräfe C. Die Haltung und der Sitz des Reiters. Hildesheim: Olms Presse; 1991

Grönberg P. ABC of the Horse. Helsinki: Otava Book Printing; 2002

Hartmann LS. Lehrbuch der Osteopathie. München: Pflaum; 1997

Hecht K. Multimineralien für Haustiere und Nutzvieh. Wissenschaftliche Information des Internationalen Forschungszentrums für Gesundheits- und Ökologie-Technologie e. V. Berlin

Hecht K, Hecht-Savoley E. Naturmineralien, Regulation, Gesundheit. Uckerland: Schibri; 2005

Hertsch B. Anatomie des Pferdes. 3. Aufl. Warendorf: FN-Verlag; 2000

Hübener E. Schmeichelnder Sitz, atmender Schenkel, flüsternder Zügel. 2. Aufl. Hildesheim: Olms Presse; 2002

Kainer RA. Horse Anatomy. Fallbrook: Alpine Publishing; 1998

Kaltenborn F. Manuelle Mobilisation der Extremitätengelenke. Manuelle Untersuchung und Gelenk-Mobilisation in der Grundausbildung. 7. Aufl. Loreland: Olaf Norlis Bokhandel and Mc. Cracken, Th. alpine Publications; 1985

Kamen D. The well adjusted horse. 2. Aufl. Cambridge/USA: Brookline Books; 2001

Kapandji IA. Funktionelle Anatomie der Gelenke. Bd. 1: Obere Extremität. Stuttgart: Enke; 1985

Kapandji IA. Funktionelle Anatomie der Gelenke. Bd. 2: Untere Extremität. Stuttgart: Enke; 1985

Kapandji IA. Funktionelle Anatomie der Gelenke. Bd. 3: Rumpf und Wirbelsäule. Stuttgart: Enke; 1985

Karl P. Irrwege der modernen Dressur. Brunsbek: Cadmos; 2006

Klimke I, Klimke R. Profi-Tips, Cavaletti Dressur und Springen. 6. Aufl. Stuttgart: Kosmos; 1997

Klimke I, Klimke R. Grundausbildung des jungen Reitpferdes. 6. Aufl. Stuttgart: Kosmos; 2005

Koch L. Die Reitkunst im Bilde. 2. Aufl. Hildesheim: Olms Presse; 1998

König HE, Liebich HG. Anatomie der Haussäugetiere. 3. Aufl. Stuttgart: Schattauer; 2004

Leonhardt H. Histologie, Zytologie und Mikroanatomie des Menschen. 7. Aufl. Stuttgart: Thieme; 1985

Levmann M. Hareness Horse Lameness. Toronto: Horsemans Veterinary Publishing; 1974

Loeffler K. Anatomie und Physiologie der Haustiere. 3. Aufl. Stuttgart: UTB; 1977

Löscher W, Ungemach FR, Kroker R. Pharmakotherapie bei Haus- und Nutztieren. Berlin: Parey; 1997

Macioca G. Die Grundlagen der chinesischen Medizin. Kötzting: Verlag für TCM; 1994

Miesner S, Putz M, Plewa M; Deutsche Reiterliche Vereinigung e.V. Richtlinien für Reiten und Fahren. 27. Aufl. Warendorf: FN-Verlag; 2001

Müseler W. Reitlehre. 45. Aufl. Stuttgart: Müller-Rüschlikon; 1996

Netter F. Altas der Anatomie des Menschen. 2. Aufl. Stuttgart: Thieme; 2000

Nickel R, Schummer A, Seiferle E. Lehrbuch der Anatomie der Haustiere. Band 1: Bewegungsapparat. 8. Aufl. Berlin: Parey; 2004

Otte M. Geschichte des Reitens. Von der Antike bis zur Neuzeit. Warendorf: FN-Verlag; 1994

Paoletti S. Faszien, Anatomie, Strukturen, Techniken, spezielle Anatomie. München: Urban & Fischer; 2001

Pence P. Equine Dentistry. A Practical Guide. Philadelphia: Lippincott Williams & Wilkins; 2002

Pischinger A. Das System der Grundregulation. Grundlagen einer ganzheitsbiologischen Medizin. 10. Aufl. Stuttgart: Haug; 2004

Pollitt C. Farbatlas Huf. Anatomie und Klinik. Hannover: Schlütersche Verlagsgesellschaft; 1999

Racinet JC. François Baucher – Enfant terrible oder Genie. Hildesheim: Olms; 2005

Riegel R, Hakola S. Illustrated Atlas of Clinical Equine Anatomy and Common Disorders of the Horse. 2. Aufl. Marysville/USA: Equistar Publications; 1997

Rimpler M, Bräuer H. Matrixtherapie. Tuningen: Ulmer; 2004

Rohen J. Funktionelle Anatomie des Menschen. 3. Aufl. Stuttgart: Schattauer; 1977

Rooney JR. The Lame Horse. Causes, Symptoms und Treatment. Melvin Powers: Wilshire Book; 1974

Ross und Reiter TV. Mit den Händen heilen. Pferde-Osteopathie mit Beatrix Schulte Wien (DVD). Hürth: argus film & video produktion; 2011

Salis B. Ankaufsuntersuchung. Cham: Müller Rüschlikon; 1996

Salis B. Erkranktes Pferd – was tun? Cham: Müller Rüschlikon; 1998

Salomon FV, Geyer H. Atlas der angewandten Anatomie der Haustiere. 2. Aufl. Stuttgart: Enke; 2003

Salomon FV, Geyer H, Gille U. Anatomie für die Tiermedizin. Stuttgart: Enke; 2005

Schaller O. Illustrated Veterinary Anatomical Nomenclature. Stuttgart: Enke; 1992

Schott W. Pulsierende Magnetfeld-Therapie bei Pferden und Kleintieren. Eigenverlag; 2005

Schulte Wien B. Osteopathie – Gesundes Pferd. 2. Aufl. Cham: Müller Rüschlikon; 2001

Schulte Wien B. Pferdezähne – Gesundes Pferd. Cham: Müller Rüschlikon; 2003

Schulte Wien B, Lamparter A. Der passende Sattel – Ihrem Pferd zuliebe! Cham: Müller Rüschlikon; 2009

Schünke M, Schulte E, Schumacher K, Voll M, Wesker K. Prometheus Lernatlas der Anatomie. Kopf und Neuroanatomie. Stuttgart: Thieme; 2006

Silbernagl S, Despopoulos A. Taschenatlas der Physiologie. 7. Aufl. Stuttgart: Thieme; 2007

Smythe RH. Horse Structure and Movement. 3. Aufl. London: J. A. Allen; 1993

Sobotta J, Becher H. Atlas der Anatomie des Menschen, Band 3. 17. Aufl. München: Urban & Schwarzenberg; 1973

Spring H, Dvorak J, Dvorak V, Schneider W, Trischler T, Villiger B. Theorie und Praxis der Trainingstherapie. Beweglichkeit – Kraft – Ausdauer – Koordination. 2. Aufl. Stuttgart: Thieme; 2005

Spring H, Illi U, Kunz HR, Röthlin K, Schneider W, Trischler T. Theorie und Praxis der Trainingstherapie. 2. Aufl. Stuttgart: Thieme; 2005

Spring H, Illi U, Kunz HR, Röthlin K, Trischler T, Schneider W. Dehn- und Kräftigungsgymnastik, Stretching und dynamische Kräftigung. 6. Aufl. Stuttgart: Thieme; 2005

Stashak TS, Adams OR. Adams Lahmheit bei Pferden. 4. Aufl. Hannover: Schaper; 1989

Steinbrecht G. Das Gymnasium des Pferdes. Hildesheim: Olms Presse; 1996

Stensbeck OM, Dreyhausen G, Walzer I. Grundzüge der Reitkunst. 2. Aufl. Hildesheim: Olms Presse; 1996

Still AT. Philosophy of Osteopathy. 6. Aufl. Indianapolis: American Academy of Osteopathy; 1986

Still AT. Osteopathy Research & Pratice. Seattle: Eastland Press; 1992

Still AT. Autobiography of A. T. Still. Indianapolis: American Academy of Osteopathy; 1994

Teslau C. Stresspunktmassage nach Jack Meagher. Cham: Müller Rüschlikon; 2006

Tittel K. Beschreibende und funktionelle Anatomie des Menschen. 11. Aufl. Stuttgart: Fischer; 1989

Upledger J, Vredevoogd J. Lehrbuch der Kraniosakraltherapie. 3. Aufl. Heidelberg: Haug; 1996

Warnke U. Risiko Wohlstandsleiden. Saarbrücken: Populär Academic Verlags GmbH; 1993

Warnke U. Innovation in der Biomedizin & Bionik. Information für medizinische Fachkreise. Saarbrücken: Warnke United Research & Development; 2006

Weller R. Untersuchung zum diagnostischen Wert von Radiographie, Szintigraphie und Ultrasonographie am Kauapparat des Pferdes [Dissertation]. München: LMU; 2000

Wilbricht J. Medical Coaching und bionische Gesundheitsförderung – Profession mit Perspektive. Internes Scriptum; 2007

Wissdorf H, Gerhards H, Huskamp B, Deegen E. Praxisorientierte Anatomie und Propädeutik des Pferdes. 2. Aufl. Hannover: Schaper; 2002

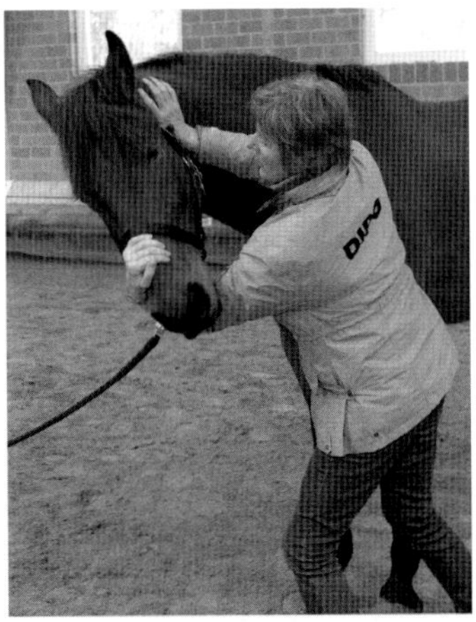

Sachverzeichnis

Pferde-Osteopathie auf den Punkt gebracht!

E-Book
unter www.thieme.de/web

Die Checkliste beinhaltet alle nötigen Informationen, die ein Osteopath bei sich haben sollte: von den anatomischen Grundlagen über die Diagnostik und Techniken bis hin zu den osteopathischen Befunden, deren Therapie und Indikationen bzw. Leitsymptomen: Sowohl parietale, viszerale als auch kraniosakrale Osteopathie sind enthalten.

K. Eser
Checkliste
Osteopathie Pferd
2011, 558 S., 137 Abb., 168 Tab., kart.
ISBN 978-3-8304-9231-3
69,99 € [D]/
72,00 € [A]/ 98,00 CHF

Versandkostenfreie Lieferung innerhalb Deutschlands!

Telefonbestellung: 0711/8931-900
Faxbestellung: 0711/8931-901
kundenservice @thieme.de
www.sonntag-verlag.de
MVS Medizinverlage Stuttgart GmbH & Co. KG
Oswald-Hesse-Str. 50
70469 Stuttgart

Sonntag